高等院校"十三五"精品规划教材

基于 ARM Cortex-M4 内核的物联网/嵌入式系统开发教程

主 编 刘 雯

副主编 姜铁增 陈 炜 雷 磊

中国水利水电出版社
www.waterpub.com.cn
·北京·

内 容 提 要

本书主要内容包括：物联网技术的架构及应用；嵌入式系统的组成以及开发工具；Cortex-M4 内核；STM32F401 芯片的体系架构以及功能模块；基于 STM32F401 芯片的实例开发，包括 GPIO、中断机制、串口通信、AD 转换器、低功耗蓝牙、传感器模块、小型物联网系统和云服务系统最简模型等。

本书面向物联网开发的初学者和大专院校电子科学与技术及通信类专业的学生。全书贯穿物联网核心内容——感知、通信、信息处理、端到云的拓展等组成部分，以应用最广的基于 ARM 的经典嵌入式设备为载体，结合应用需求，用浅显易懂的语言以及各种实例对嵌入式物联网开发的知识进行系统讲解，使读者快速上手，并且为以后的物联网开发打下坚实的基础。

图书在版编目（Ｃ Ｉ Ｐ）数据

基于ARM Cortex-M4内核的物联网/嵌入式系统开发教
程 / 刘雯主编. -- 北京 : 中国水利水电出版社，
2018.1（2023.1 重印）
高等院校"十三五"精品规划教材
ISBN 978-7-5170-6275-2

Ⅰ．①基… Ⅱ．①刘… Ⅲ．①互联网络－应用－高等
学校－教材②智能技术－应用－高等学校－教材③网络编
程－高等学校－教材 Ⅳ．①TP393.409②TP18
③TP311.1

中国版本图书馆CIP数据核字(2018)第012663号

策划编辑：杨庆川　　责任编辑：王玉梅　　加工编辑：高双春　　封面设计：李　佳

书　名	高等院校"十三五"精品规划教材 基于 ARM Cortex-M4 内核的物联网/嵌入式系统开发教程 JIYU ARM Cortex-M4 NEIHE DE WULIANWANG / QIANRUSHI XITONG KAIFA JIAOCHENG
作　者	主　编　刘雯 副主编　姜铁增　陈　炜　雷　磊
出版发行	中国水利水电出版社 （北京市海淀区玉渊潭南路 1 号 D 座　100038） 网址：www.waterpub.com.cn E-mail: mchannel@263.net（答疑） 　　　　sales@mwr.gov.cn 电话：(010) 68545888（营销中心）、82562819（组稿）
经　售	北京科水图书销售有限公司 电话：(010) 68545874、63202643 全国各地新华书店和相关出版物销售网点
排　版	北京万水电子信息有限公司
印　刷	三河市鑫金马印装有限公司
规　格	184mm×260mm　16 开本　15 印张　370 千字
版　次	2018 年 1 月第 1 版　　2023 年 1 月第 3 次印刷
印　数	6001—7000 册
定　价	39.00 元

前　　言

物联网技术（IoT）是新一代信息技术的重要组成部分，它将物理设备（传感器设备）与网络系统连接起来，并允许信息的全球共享。物联网在智能交通、智能电网、智能家居、智慧医疗以及工业和农业等多领域都有着广泛的应用，它与我们的生活越来越密不可分。随着云计算的发展，云服务在各个行业的应用迅速增加。物联网服务从端到云的拓展，大大提升了服务的可用性和可达性。同时，云端可以提供更多的已被设计完善、可共享或可定制的服务项目或引擎。对开发人员来说，学习物联网技术便是迫切的需求。嵌入式控制技术是物联网技术中重要的一环，而当前嵌入式开发相关教材众多，与物联网应用以及云服务紧密联系的教材有限，初学者想进行相应的学习在选择上有一定困难。

本书依托北京邮电大学电子工程学院开设的基于 ARM 的物联网应用实验课程，力图在书中兼顾嵌入式开发的核心内容及基于物联网架构的典型应用实例，希望读者可以通过本书的实训实例，在掌握物联网的基本架构的同时，利用分立或集成的传感器、嵌入式设备等硬件，能按照自己身边的实际需求，搭建不同的物联网应用原型。

本书的主要篇幅放在 Cortex-M4 内核、STM32F401 芯片的体系架构以及相关功能模块和基于 STM32F401 芯片的实例开发上。其中实例部分包括 GPIO、中断机制、串行通信、AD 转换器、低功耗蓝牙、传感器模块、小型物联网系统和简单的云服务系统等，读者可以逐步了解到一个物联网架构从局部到整体的搭建过程。如果对相应基础知识有了深刻的认识，读者也可跳过相应章节进行第 5 章以后相应模块的学习。

本书相关课程的开发得到了北京邮电大学电子工程学院提供的实践教学课程开发环境支持，感谢实验中心赵同刚主任和饶岚老师的支持。在本书编写过程中，ARM 中国大学计划负责人陈炜博士在内容及章节安排上提供了建设性的意见，并在代码编写以及其他资料上给予了极大的帮助；ARM 公司雷磊工程师在实验课程开发过程中提供了技术支持，他也作为副主编参与了物联网课程端到云部分的编撰工作；王梦馨助理提供了资料查询的帮助；同时感谢本书编辑杨庆川社长的大力支持。研究生莫耀凯、綦航、隋钰童、程倩倩和郑心雨等同学参与完成了的资料查找、文献翻译、代码调试以及校对工作。需要指出的是，本书的编写参考了大量的同类型教材以及相关技术论坛资料。在此对所有提到的单位和个人表示感谢。

物联网技术发展迅速，加之时间仓促，本书难免存在缺漏和错误，恳请同行及广大读者批评指正。提出书中的问题以及索要相关实例与 PPT 文件请发邮件至 qrswlw@163.com。

编　者
2017 年 11 月

目 录

前言

第1章　嵌入式物联网开发绪论 ……… 1
　1.1　物联网的基本概念 ……………… 1
　　1.1.1　物联网的定义与特征 ……… 1
　　1.1.2　物联网的应用 ……………… 1
　1.2　物联网的体系架构 ……………… 2
　　1.2.1　感知层 ………………………… 2
　　1.2.2　网络层 ………………………… 3
　　1.2.3　应用层 ………………………… 4
　1.3　嵌入式系统 ……………………… 4
　　1.3.1　嵌入式系统简介 …………… 4
　　1.3.2　嵌入式系统的组成 ………… 5
　　1.3.3　物联网与嵌入式系统的关系 … 8
　　1.3.4　嵌入式系统开发软件——Keil … 9
　　1.3.5　物联网设备开发与 Mbed … 10
　　参考资料 …………………………… 12

第2章　ARM Cortex-M4 技术 ……… 13
　2.1　背景概述 ………………………… 13
　2.2　核心技术 ………………………… 14
　　2.2.1　内部架构 …………………… 14
　　2.2.2　内核比较 …………………… 15
　　2.2.3　Thumb-2 指令集 …………… 17
　　2.2.4　流水线技术 ………………… 18
　　2.2.5　寄存器 ……………………… 19
　　2.2.6　工作模式 …………………… 21
　　2.2.7　异常 ………………………… 22
　　参考资料 …………………………… 23

第3章　STM32F401 体系结构 ……… 25
　3.1　STM32F401 架构 ……………… 25
　　3.1.1　片内结构 …………………… 25
　　3.1.2　功能单元描述 ……………… 25
　3.2　封装与引脚说明 ………………… 28
　　参考资料 …………………………… 32

第4章　STM32F401 功能模块设计 … 34
　4.1　电源模块 ………………………… 34

　　4.1.1　电源 ………………………… 34
　　4.1.2　电源监控器 ………………… 35
　　4.1.3　低功耗模式 ………………… 37
　　4.1.4　电源控制寄存器 …………… 38
　4.2　复位模块 ………………………… 43
　　4.2.1　系统复位 …………………… 43
　　4.2.2　电源复位 …………………… 44
　　4.2.3　备份域复位 ………………… 44
　4.3　时钟管理模块 …………………… 44
　　4.3.1　HSE 时钟 …………………… 46
　　4.3.2　HSI 时钟 …………………… 46
　　4.3.3　PLL 配置 …………………… 47
　　4.3.4　LSE 时钟 …………………… 47
　　4.3.5　LSI 时钟 …………………… 47
　　4.3.6　系统时钟（SYSCLK）选择 … 48
　4.4　定时器与看门狗 ………………… 48
　　4.4.1　高级控制定时器（TIM1）… 48
　　4.4.2　通用定时器（TIMx）……… 49
　　4.4.3　独立看门狗（IWDG）…… 49
　　4.4.4　窗口看门狗（WWDG）…… 50
　　4.4.5　SysTick 定时器 …………… 52
　4.5　内部存储器模块 ………………… 52
　　4.5.1　STM32F401 内部存储空间 … 52
　　4.5.2　Flash 存储器 ……………… 52
　　4.5.3　RAM 数据存储器 ………… 55
　　参考资料 …………………………… 56

第5章　通用 I/O 接口 ……………… 57
　5.1　通用 I/O 功能描述 …………… 57
　　5.1.1　GPIO 端口 ………………… 57
　　5.1.2　输入输出多路复用器和映射 … 57
　　5.1.3　I/O 端口寄存器 …………… 58
　　5.1.4　GPIO 模式 ………………… 59
　5.2　通用 I/O 配置寄存器 ………… 60
　　5.2.1　GPIO 端口模式寄存器

　　　　（GPIOx_MODER）·············· 60

　　5.2.2　GPIO 输出类型寄存器

　　　　　　（GPIOx_OTYPER）·········· 60

　　5.2.3　GPIO 端口输出速度寄存器

　　　　　　（GPIOx_OSPEEDR）········· 61

　　5.2.4　GPIO 端口上拉下拉寄存器

　　　　　　（GPIOx_PUPDR）··········· 61

　　5.2.5　GPIO 端口输入数据寄存器

　　　　　　（GPIOx_IDR）············· 62

　　5.2.6　GPIO 端口输出数据寄存器

　　　　　　（GPIOx_ODR）············· 62

　　5.2.7　GPIO 端口比特置位复位寄存器

　　　　　　（GPIOx_BSRR）··········· 63

　　5.2.8　GPIO 端口配置锁存器

　　　　　　（GPIOx_LCKR）··········· 63

　　5.2.9　GPIO 复用功能低位寄存器

　　　　　　（GPIOx_AFRL）··········· 64

　　5.2.10　GPIO 复用功能高位寄存器

　　　　　　（GPIOx_AFRH）··········· 65

　　5.2.11　RCC AHB1 外设时钟使能寄存器

　　　　　　（RCC_AHB1ENR）········· 66

　5.3　应用实例 ······················· 66

　　5.3.1　开发环境与实例说明 ·········· 66

　　5.3.2　Keil 软件使用 ················ 68

　　5.3.3　寄存器操作技巧 ·············· 71

　　5.3.4　GPIO 实例代码 ·············· 71

　　5.3.5　测试结果及分析 ·············· 73

　参考资料 ··························· 73

第 6 章　STM32F401 中断机制 ············· 74

　6.1　中断控制 ······················· 74

　　6.1.1　基本概念 ···················· 74

　　6.1.2　中断优先级 ·················· 74

　　6.1.3　中断控制位 ·················· 75

　　6.1.4　中断过程 ···················· 75

　　6.1.5　外部中断/事件控制器（EXTI）····· 76

　　6.1.6　外部中断/事件线映射 ·········· 77

　6.2　中断控制寄存器 ················· 78

　　6.2.1　NVIC 寄存器 ················ 78

　　6.2.2　EXTI 寄存器 ················ 79

　6.3　应用实例 ······················· 81

　　6.3.1　开发环境与实例说明 ·········· 81

　　6.3.2　中断实例代码 ················ 82

　　6.3.3　测试结果及分析 ·············· 84

　参考资料 ··························· 85

第 7 章　STM32F401 串行通信 ············· 86

　7.1　USART 简介及主要功能 ········· 86

　7.2　USART 功能描述 ··············· 87

　　7.2.1　USART 结构 ················ 87

　　7.2.2　USART 字符描述 ············ 87

　　7.2.3　发送器 ······················ 89

　　7.2.4　接收器 ······················ 92

　　7.2.5　多处理器通信 ················ 95

　　7.2.6　LIN（局域互联网络）模式 ···· 96

　　7.2.7　USART 同步模式 ············ 97

　　7.2.8　单线半双工通信 ·············· 98

　7.3　应用实例 ······················· 98

　　7.3.1　开发环境与实例说明 ·········· 98

　　7.3.2　UART 实例代码 ············· 99

　　7.3.3　测试结果及分析 ············· 103

　参考资料 ·························· 104

第 8 章　STM32F401 AD 转换器 ········· 105

　8.1　功能描述 ······················ 105

　　8.1.1　ADC 介绍 ················· 105

　　8.1.2　ADC 功能描述 ············· 105

　8.2　ADC 寄存器配置 ·············· 112

　　8.2.1　ADC 状态寄存器（ADC_SR）····· 112

　　8.2.2　ADC 控制寄存器 1（ADC_CR1）·· 114

　　8.2.3　ADC 寄存器 2（ADC_CR2）··· 117

　　8.2.4　ADC 采样时间寄存器 1

　　　　　　（ADC_SMPR1）········· 120

　　8.2.5　ADC 采样时间寄存器 2

　　　　　　（ADC_SMPR2）········· 121

　　8.2.6　ADC 注入通道数据偏移寄存器

　　　　　　（ADC_JOFRx）（x=1..4）········· 122

　　8.2.7　ADC 看门狗高阈值寄存器

　　　　　　（ADC_HTR）··········· 122

　　8.2.8　ADC 看门狗低阈值寄存器

　　　　　　（ADC_LTR）··········· 123

8.2.9　ADC 规则序列寄存器 1
　　　　（ADC_SQR1）·············· 123
8.2.10　ADC 规则序列寄存器 2
　　　　（ADC_SQR2）·············· 124
8.2.11　ADC 规则序列寄存器 3
　　　　（ADC_SQR3）·············· 124
8.2.12　ADC 注入序列寄存器
　　　　（ADC_JSQR）·············· 125
8.2.13　ADC 注入数据寄存器 x
　　　　（ADC_JDRx）（x=1..4）···· 126
8.2.14　ADC 规则数据寄存器
　　　　（ADC_DR）················· 126
8.2.15　ADC 通用控制寄存器
　　　　（ADC_CCR）·············· 126
8.2.16　ADC 寄存器映射 ·········· 127
8.3　应用实例 ······················· 128
8.3.1　开发环境与实例说明 ······· 128
8.3.2　实例代码 ··················· 128
8.3.3　测试结果及分析 ············ 132
参考资料 ·························· 132
第 9 章　STM32F401 低功耗蓝牙 ···· 133
9.1　功能描述 ······················· 133
9.1.1　蓝牙技术简介 ··············· 134
9.1.2　BlueNRG ··················· 142
9.1.3　BALF-NRG-01D3 ·········· 142
9.2　蓝牙模块配置 ·················· 143
9.2.1　Mbed ······················· 143
9.2.2　可能用到的函数 ············ 144
9.2.3　程序框架 ··················· 145
9.3　应用实例 ······················· 146
9.3.1　开发环境与实例说明 ······· 146
9.3.2　蓝牙实例代码 ··············· 147
9.3.3　测试结果及分析 ············ 149
参考资料 ·························· 149
第 10 章　STM32F401 传感器模块 ······ 151
10.1　功能描述 ····················· 151
10.2　传感器模块配置 ·············· 157
10.2.1　传感器 I²C 地址的选择········ 157

10.2.2　传感器的断开 ············ 157
10.2.3　可能用到的函数 ·········· 157
10.2.4　程序框架 ················· 159
10.3　应用实例 ····················· 159
10.3.1　开发环境与实例说明 ······ 159
10.3.2　传感器模块实例代码 ······ 160
10.3.3　测试结果及分析 ·········· 161
参考资料 ·························· 161
第 11 章　嵌入式物联网系统设计与实例 ···· 163
11.1　传感器数据采集 ·············· 163
11.1.1　温度传感器 ··············· 163
11.1.2　温湿度传感器 ············· 163
11.1.3　超声波传感器 ············· 164
11.1.4　烟雾传感器 ··············· 164
11.1.5　声音传感器 ··············· 165
11.1.6　光敏传感器 ··············· 165
11.2　蓝牙气象站实例 ·············· 165
11.2.1　开发环境与实例说明 ······ 166
11.2.2　蓝牙气象站实例代码 ······ 166
11.2.3　测试结果及分析 ·········· 177
11.3　设计建议 ····················· 177
第 12 章　物联网和云 ··············· 180
12.1　物联网需要云 ················· 180
12.1.1　云计算 ···················· 180
12.1.2　云计算的基本概念术语 ····· 180
12.1.3　云计算的安全 ············· 188
12.2　物联网与云的结合 ············ 189
12.2.1　物联网的端到云 ·········· 189
12.2.2　物联网与云计算结合的模式分类·· 190
12.2.3　物联网与云计算的分阶段融合···· 191
12.2.4　物联网与云计算的结合优势···· 191
12.2.5　物联网与云的结合实例 ···· 193
12.3　使用 Bluemix 连接设备实例 ···· 195
12.3.1　开发环境与实例说明 ······ 196
12.3.2　测试结果及分析 ·········· 202
参考资料 ·························· 203
附录 1　Keil 软件使用详细教程 ······ 205
附录 2　Mbed 编程实例代码 ········· 217

第 1 章　嵌入式物联网开发绪论

1.1　物联网的基本概念

1.1.1　物联网的定义与特征

物联网（Internet of Things，IoT）是新一代信息技术的重要组成部分，也是"信息化"时代的重要发展阶段。其定义为：通过射频识别（RFID）、红外感应器、全球定位系统、激光扫描器等信息传感设备，按约定的协议把任何物品与互联网连接起来，进行信息交换和通信，以实现智能化识别、定位、跟踪、监控和管理的一种网络。

由于物联网是通过各种感知设备和互联网连接物体与物体，实现全自动、智能化采集，传输与处理信息，达到随时随地进行科学管理目的的一种网络，所以，"感知化""互联化""智能化"是物联网的基本特征。

（1）感知化：物联网是各种感知技术的广泛应用。物联网上部署了海量的不同类型的传感器，包括射频识别（RFID）装置、红外感应器、全球定位系统、激光扫描器等信息传感设备，它们是物联网不可或缺的关键元器件。有了它们才可以实现近（远）距离、无接触、自动化感应和数据读出、数据发送等。

（2）互联化：物联网是一种建立在互联网上的泛在网络。物联网技术的重要基础和核心仍旧是互联网，通过各种有线和无线网络与互联网融合，将物体的信息实时准确地传递出去。在物联网上的传感器定时采集的信息需要通过网络传输，由于其数量极其庞大，形成了海量信息，在传输过程中，为了保障数据的正确性和及时性，必须适应各种异构网络和协议。

（3）智能化：物联网不仅仅提供了传感器的连接，其本身也具有智能处理的能力，能够对物体实施智能控制。物联网将传感器和智能处理相结合，利用云计算、模式识别等各种智能技术，扩充其应用领域。从传感器获得的海量信息中分析、加工和处理出有意义的数据，以适应不同用户的不同需求，发现新的应用领域和应用模式。

1.1.2　物联网的应用

物联网用途广泛，遍及智能交通、智能家居、智慧医疗、智能电网、智能工业、智慧农业、智能物流、智能安保等多个领域。本节重点讲述智能交通、智能电网、智能家居、智慧医疗四个方面。

1.　智能交通

智能交通系统包括电子收费系统、实时交通信息服务、智能交通管理等应用。这里简单介绍电子收费系统和实时交通信息服务。

在电子收费系统中，车辆需安装一个系统可唯一识别的称为电子标签的设备，且在收费站的车道或公路上设置可读/写该电子标签的标签读写器和相应的计算机收费系统。车辆通过收费站点时，驾驶员不必停车交费，只需以系统允许的速度通过，车载电子标签便可自动与安装在路侧或门架上的标签读写器进行信息交换，收费计算机收集通过车辆信息，并将收集到的信息上传给后台服务器，服务器根据这些信息识别出道路使用者，然后自动从道路使用者的账户中扣除通行费。实时交通信息服务是一种协同感知类任务，设置在各交通路口的传感器实时感知路况信息，并实时上传到主控中心，经过数据挖掘与交通规划分析系统，对海量信息进行数据融合和分析处理，并经通信塔发布给市民。

2. 智能电网

智能电网是以双向数字科技创建的输电网络，用来传送电力。它可以侦测电力供应者的电力供应状况和一般家庭用户的电力使用状况，从而调整家用电器的耗电量，以此达到节约能源、降低损耗、增强电网可靠性的目的。具体而言，感知控制子层主要通过各种新型 MEMS 传感器、基于嵌入式系统的智能传感器、智能采集设备等技术手段，实现对物质属性、环境状态、行为态势等静态或动态的信息进行大规模、分布式的信息获取。网络层以电力光纤网为主，以电力线载波通信网、无线宽带网为辅，将感知层设备采集数据进行转发，负责物联网与智能电网专用通信网络之间的接入，主要用来实现信息的传递、路由和控制。面向智能电网的应用通过运用智能计算、模式识别等技术来实现电网相关数据信息的整合分析处理，进而实现智能化的决策、控制和服务。

3. 智能家居

智能家居产品融合自动化控制系统、计算机网络系统和网络通信技术于一体，将各种家庭设备（如音视频设备、照明系统、窗帘控制、空调控制、安防系统、数字影院系统、网络家电等）通过智能家庭网络实现自动化。用户通过运营商的宽带、固定电话和无线网络，可以实现对家庭设备的远程操控。与普通家居相比，智能家居不仅能提供舒适宜人且高品位的家庭生活空间，实现更智能的家庭安防系统，还将家居环境由原来的被动静止结构转变为具有能动智慧的工具，提供全方位的信息交互功能。

4. 智慧医疗

智慧医疗系统借助简单实用的家庭医疗传感设备，对家中病人或老人的生理指标进行检测，并将生成的生理指标数据通过固定网络或 4G 无线网络传送给护理人或有关医疗单位。根据客户的需求，信息服务商还提供相关增值业务，如紧急呼叫救助服务、专家咨询服务、终生健康档案管理服务等。

1.2　物联网的体系架构

物联网作为一种形式多样的聚合性复杂系统，涉及了信息技术自上而下的每一个层面，其体系架构一般可分为感知层、网络层、应用层 3 个层面，如图 1-1 所示。其中，公共技术不属于物联网技术的某个特定层面，而是与物联网技术架构的 3 层都有关系，它包括标识与解析、安全技术、网络管理和服务质量（QoS）管理等内容。

1.2.1　感知层

感知层主要解决对物理世界数据获取的问题，从而达到对数据全面感知的目的。它由数据采集子层、短距离通信技术和协同信息处理子层组成。数据采集子层通过各种类型的传感器获取物理世界中发生的物理事件和数据信息，例如，各种物理量、标识、音视频多媒体数据。物联网的数据采集涉及传感器、RFID、多媒体信息采集、二维码和实时定位等技术。短距离通信技术和协同信息处理子层将采集到的数据在局部范围内进行协同处理，以提高信息的精准度，降低信息冗余度，并通过具有自组织能力的短距离传感网接入广域承载网络。感知层处于物联网三层架构的最底层，是物联网中最基础的连接与管理对象。在物联网中，各类感知装置不仅要解决"上行"的感知与检测问题，而且要实现"下行"的监测与控制问题，达到"监、督、控"的一体化。

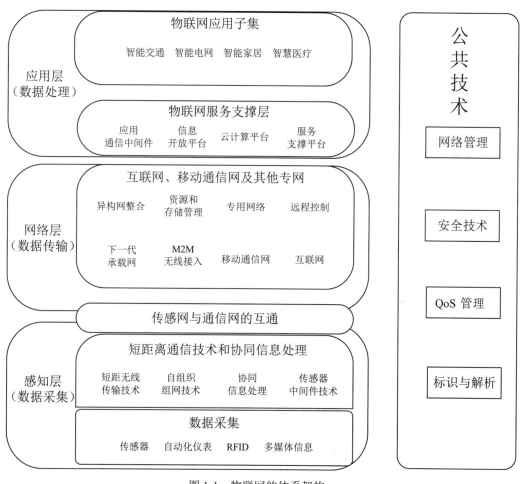

图 1-1　物联网的体系架构

1.2.2　网络层

网络层主要实现信息的传递、路由和控制，以及将来自感知层的各类信息通过基础承载网络传输到应用层，包括移动通信网、互联网、卫星网、广电网、行业专网，及形成的融合网络等。根据应用需求，可作为透传的网络层，也可升级以满足未来不同内容传输的要求。网络层主要关注来自于感知层的、经过初步处理的数据经由各类网络的传输问题。这涉及智能路由器，不同网络传输协议的互通、自组织通信等多种网络技术。

1.2.3 应用层

应用层的任务是利用云计算、模糊识别等智能计算技术，将各类物联网的服务以用户需要的形式呈现出来，达到信息最终为人所用的目的。应用层主要包括物联网服务支撑层和物联网应用子集层。物联网的核心功能是对信息资源进行采集、开发和利用，因此这部分内容十分重要。服务支撑层的主要功能是根据底层采集的数据，形成与业务需求相适应、实时更新的动态数据资源库。该部分将采用元数据注册、发现元数据、信息资源目录、互操作元模型、分类编码、并行计算、数据挖掘、数据收割、智能搜索等各项技术开展物联网数据体系结构、信息资源规划、信息资源库设计和维护等技术；各个业务场景可以在此基础上，根据业务需求特点，开展相应的数据资源管理。应用层将为各类业务提供统一的信息资源支撑，通过建立并实时更新和重组使用的信息资源库和应用服务资源库，使得各类业务服务根据用户的需求组合，对于业务的适应能力明显提高。该层能够提升对应用系统资源的重用度，为快速构建新的物联网应用奠定基础，满足在物联网环境中复杂多变的网络资源应用需求和服务。

除此之外，物联网还需要信息安全、物联网管理、服务质量管理等公共技术支撑，以采用现有标准为主。在各层之间，信息不是单向传递的，是有交互、控制等操作的，所传递的信息多种多样，其中最为关键的是围绕物品信息，完成海量数据采集、标识解析、传输、智能处理等各个环节，与各业务领域应用融合，完成各业务功能。因此，物联网的系统架构和标准体系是一个紧密关联的整体，引领了物联网领域研究的方向。

1.3 嵌入式系统

1.3.1 嵌入式系统简介

嵌入式系统是以计算机技术为基础，以应用为中心，并且软、硬件可裁剪，适用于应用系统对功能、可靠性、功耗、成本等有严格要求的专用计算机系统。IEEE 定义嵌入式系统是"控制、监视或者辅助设备、机器和工厂运行的装置"。嵌入式系统包括 CPU、存储器和输入/输出设备三部分。其核心由一个或几个预先编程好以用来执行少数几项任务的微处理器或者单片机组成。与通用计算机能够运行的用户选择的软件不同，嵌入式系统上的软件通常是暂时不变的，所以经常称为"固件"。其主要特点包括系统的可靠性、稳定性高，容错能力良好；嵌入式系统的软、硬件面向特定任务对象进行开发；大多嵌入式系统对于实时性及系统快速反应能力有很高要求；具有丰富的外设接口及友好的交互界面等。嵌入式系统从早期的军事航天领域开始发展，逐步广泛应用于汽车电子、通信、消费电子、工业控制等领域。随着医疗电子、智能家居、物流管理和电力控制等方面的不断风靡，嵌入式系统利用自身积累的底蕴经验，重视和把握这个机会，在已经成熟的平台和产品基础上与应用传感单元结合，扩展物联和感知的支持能力，发掘某种领域的物联网应用。

嵌入式系统的主要研究内容如下：

（1）VHDL/Verilog 硬件描述语言；FPGA/CPLD 固件载体；相应 EDA 工具。

（2）IP Core 与基于 IP Core 的 SoC/SoPC 芯片级设计。

（3）EMPU/EMC/DSP 与基于平台的嵌入式系统设计。

（4）CPU 硬核（硬微处理机）与固核（固微处理器）。

（5）RTOS 的移植与裁减。

（6）嵌入式系统软/硬件协同设计。

（7）嵌入式系统低功耗设计。

（8）嵌入式 Internet 系统。

（9）关键技术：USB、TCP/IP、FAT、GUI。

1.3.2　嵌入式系统的组成

一个嵌入式系统装置一般都由嵌入式计算机系统和执行装置组成，如图 1-2 所示，其中，嵌入式计算机系统是整个嵌入式系统的核心，由硬件层、中间层、系统软件层和应用软件层组成。执行装置也称为被控对象，它可以接受嵌入式计算机系统发出的控制命令，执行所规定的操作或任务。

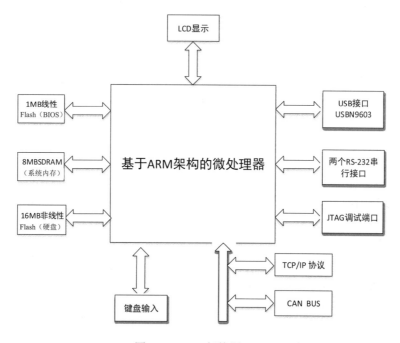

图 1-2　ARM 架构图

1. 硬件层

硬件层中包含嵌入式微处理器、存储器（SDRAM、ROM、Flash 等）、通用设备接口和 I/O 接口（A/D、D/A、I/O 等）。在一片嵌入式处理器基础上添加电源电路、时钟电路和存储器电路，就构成了一个嵌入式核心控制模块。其中操作系统和应用程序都可以固化在 ROM 中。本书介绍的嵌入式系统就是 STM32F401 开发板。

（1）嵌入式微处理器。

嵌入式系统硬件层的核心是嵌入式微处理器，嵌入式微处理器与通用 CPU 最大的不同在于嵌入式微处理器大多工作在为特定用户群所专门设计的系统中，它将通用 CPU 中许多由板卡完成的任务集成在芯片内部，从而有利于嵌入式系统在设计时趋于小型化，同时还具有很高的效率和可靠性。

嵌入式微处理器的体系结构可以采用冯·诺依曼体系或哈佛体系结构；指令系统可以选用精简指令系统（Reduced Instruction Set Computer，RISC）和复杂指令系统（Complex Instruction Set Computer，CISC）。RISC 计算机在通道中只包含最有用的指令，确保数据通道快速执行每一条指令，从而提高了执行效率并使 CPU 硬件结构设计变得更为简单。

嵌入式微处理器有各种不同的体系，即使在同一体系中也可能具有不同的时钟频率和数据总线宽度，或集成了不同的外设和接口。据不完全统计，目前全世界嵌入式微处理器已经超过 1000 多种，体系结构有 30 多个系列，其中主流的体系有 ARM、MIPS、PowerPC、X86 和 SH 等。但与全球 PC 市场不同的是，没有一种嵌入式微处理器可以主导市场，仅以 32 位的产品而言，就有 100 种以上的嵌入式微处理器。嵌入式微处理器的选择是根据具体的应用而决定的。

（2）存储器。

嵌入式系统需要存储器来存放和执行代码。嵌入式系统的存储器包含 Cache、主存和辅助存储器。

1）Cache。

Cache 是一种容量小、速度快的存储器阵列，它位于主存和嵌入式微处理器内核之间，存放的是最近一段时间微处理器使用最多的程序代码和数据。在需要进行数据读取操作时，微处理器尽可能地从 Cache 中读取数据，而不是从主存中读取，这样就大大改善了系统的性能，提高了微处理器和主存之间的数据传输速率。Cache 的主要目标就是：减小存储器（如主存和辅助存储器）给微处理器内核造成的存储器访问瓶颈，使处理速度更快，实时性更强。

2）主存。

主存是嵌入式微处理器能直接访问的寄存器，用来存放系统和用户的程序及数据。它可以位于微处理器的内部或外部，其容量为 256KB～1GB，根据具体的应用而定，一般片内存储器容量小，速度快，片外存储器容量大。

3）辅助存储器。

辅助存储器用来存放大数据量的程序代码或信息，它的容量大、但读取速度与主存相比就慢很多，用来长期保存用户的信息。

（3）通用设备接口和 I/O 接口。

嵌入式系统和外界交互需要一定形式的通用设备接口，如 A/D、D/A、I/O 等，外设通过和片外其他设备或传感器的连接来实现微处理器的输入/输出功能。每个外设通常都只有单一的功能，它可以在芯片外，也可以内置在芯片中。外设的种类很多，可从一个简单的串行通信设备到非常复杂的 802.11 无线设备。

目前嵌入式系统中常用的通用设备接口有 A/D（模/数转换接口）、D/A（数/模转换接口），I/O 接口有 RS-232 接口（串行通信接口）、Ethernet（以太网接口）、USB（通用串行总线接口）、音频接口、VGA 视频输出接口、I^2C（现场总线）、SPI（串行外围设备接口）和 IrDA（红外线接口）等。

2．中间层

硬件层与软件层之间为中间层，也称为硬件抽象层（Hardware Abstract Layer，HAL）或板级支持包（Board Support Package，BSP），它将系统上层软件与底层硬件分离开来，使系统的底层驱动程序与硬件无关，上层软件开发人员无需关心底层硬件的具体情况，根据 BSP 层提供的接口即可进行开发。该层一般包含相关底层硬件的初始化、数据的输入/输出操作和硬件设备的配置功能。

实际上，BSP 是一个介于操作系统和底层硬件之间的软件层次，包括了系统中大部分与硬件联系紧密的软件模块。设计一个完整的 BSP 需要完成两部分工作：①嵌入式系统的硬件初始化以及 BSP 功能；②设计硬件相关的设备驱动。

（1）嵌入式系统硬件初始化。

系统初始化过程可以分为 3 个主要环节，按照自底向上、从硬件到软件的次序依次为：片级初始化、板级初始化和系统级初始化。

1）片级初始化。

完成嵌入式微处理器的初始化，包括设置嵌入式微处理器的核心寄存器和控制寄存器、嵌入式微处理器核心工作模式和嵌入式微处理器的局部总线模式等。片级初始化把嵌入式微处理器从上电时的默认状态逐步设置成系统所要求的工作状态。这是一个纯硬件的初始化过程。

2）板级初始化。

完成嵌入式微处理器以外的其他硬件设备的初始化。另外，还需设置某些软件的数据结构和参数，为随后的系统级初始化和应用程序的运行建立硬件和软件环境。这是一个同时包含软硬件两部分在内的初始化过程。

3）系统初始化。

该初始化过程以软件初始化为主，主要进行操作系统的初始化。BSP 将对嵌入式微处理器的控制权转交给嵌入式操作系统，由操作系统完成余下的初始化操作，包含加载和初始化与硬件无关的设备驱动程序，建立系统内存区，加载并初始化其他系统软件模块，如网络系统、文件系统等。最后，操作系统创建应用程序环境，并将控制权交给应用程序的入口。

（2）硬件相关的设备驱动程序。

BSP 的另一个主要功能是硬件相关的设备驱动。硬件相关的设备驱动程序的初始化通常是一个从高到低的过程。尽管 BSP 中包含硬件相关的设备驱动程序，但是这些设备驱动程序通常不直接由 BSP 使用，而是在系统初始化过程中由 BSP 将他们与操作系统中通用的设备驱动程序关联起来，并在随后的应用中由通用的设备驱动程序调用，实现对硬件设备的操作。与硬件相关的驱动程序是 BSP 设计与开发中另一个非常关键的环节。

3. 系统软件层

系统软件层由实时多任务操作系统（Real-time Operation System，RTOS）、文件系统、图形用户接口（Graphic User Interface，GUI）、网络系统及通用组件模块组成。RTOS 是嵌入式应用软件的基础和开发平台。

（1）嵌入式操作系统。

嵌入式操作系统（Embedded Operation System，EOS）是一种用途广泛的系统软件，过去它主要应用于工业控制和国防系统领域。EOS 负责嵌入系统的全部软、硬件资源的分配和任务调度，控制、协调并发活动。它必须体现其所在系统的特征，能够通过装卸某些模块来达到系统所要求的功能。目前，已推出一些应用比较成功的 EOS 产品系列。随着 Internet 技术的发展、信息家电的普及应用及 EOS 的微型化和专业化，EOS 开始从单一的弱功能向高专业化的强功能方向发展。嵌入式操作系统在系统实时高效性、硬件的相关依赖性、软件固化以及应用的专用性等方面具有较为突出的特点。

（2）实时操作系统。

实时操作系统（Real Time Operating System，RTOS）是指具有实时性，能支持实时控制系统工作的操作系统。实时操作系统的首要任务是调动一切可利用的资源完成实时控制任务，其次才着眼于提高计算机系统的工作效率，其重要特点是通过任务调度来满足对于重要事件在规定时间内作出正确的响应。

实时操作系统是嵌入式应用软件的基础和开发平台，也是一段嵌入在目标代码中的软件，用户的其他应用程序都建立在 RTOS 之上。不但如此，RTOS 还是一个可靠性和可信性很高的实时内核，将 CPU 时间、中断、I/O、定时器等资源都包装起来，留给用户一个标准的 API，并根据各个任务的优先级，合理地在不同任务之间分配 CPU 时间。

1.3.3　物联网与嵌入式系统的关系

首先，在技术层面上，物联网与嵌入式系统都是多学科、多种技术融合的综合性应用技术，物联网技术包含了嵌入式系统技术，物联网的发展需要嵌入式系统的支持。其次，在物联网的"物"与嵌入式系统关系层面上，物联网的"物"需要用到复杂的、网络化的、智能化的嵌入式系统。而在应用领域方面，两者几乎是相同的，当前物联网涉足的领域，嵌入式系统都已经在其中被使用了。综上所述，物联网与嵌入式系统关系非常紧密，物联网的发展离不开嵌入式系统的支持，而物联网又给嵌入式系统带来了新的发展机遇和挑战。

简单讲，物联网是物与物、人与物之间的信息传递与控制；专业上讲，物联网则是智能终端的网络化。嵌入式系统无所不在，有嵌入式系统的地方才会有物联网的应用。从另一个意义上也可以说，物联网的产生是嵌入式系统高速发展的必然产物，更多的嵌入式智能终端产品有了联网的需求，催生了物联网这个概念的产生。

从两者的定义来看，物联网强调的是物联网中设备具有感知、计算、执行、协同工作和通信能力及能提供的服务；嵌入式系统强调的是嵌入到宿主对象的专用计算系统，其功能或能提供的服务也比较单一。嵌入式系统具有的功能和物联网设备中某个子功能类似。因此，嵌入式系统被广泛应用于物联网各层的设备中。简单的嵌入式系统与物联网定义中的设备或者物有较大的区别，具有的功能不如物联网中的设备。但是随着嵌入式系统的不断发展，目前出现的一些复杂的嵌入式系统（如智能移动电话）基本上达到了物联网定义中的设备要求。从技术角度来看，首先，物联网与嵌入式系统都是各种技术融合的综合性技术，融合的技术大致相同；其次，物联网技术中又包含有嵌入式系统技术，如表 1-1 所示。

表 1-1　各种技术与物联网嵌入式系统的关系

技术	物联网	嵌入式系统
射频识别技术	需要	可选
电子技术	必需	必需
传感器技术	需要	必需
半导体技术	必需	必需
通信技术	必需	可选
智能计算技术	必需	可选

技术	物联网	嵌入式系统
自动控制技术	可选	可选
软件技术	必需	必需

物联网的应用领域相当广泛，如航空航天、汽车工业、通信业、智能建筑、医药与医疗设备、交通运输、零售物流与供应链管理、农业种植、多媒体与娱乐、节能环保、环境监测等。经过近 20 年的快速发展，嵌入式系统已经从控制设备输入、输出的简单应用扩展到了影响人们生产生活的各个领域之中。嵌入式系统的行业应用有办公设备、建筑物设计、制造和流程设计、医疗、监视、卫生设备、交通运输、通信等。比较嵌入式系统与物联网的应用领域，可以发现它们几乎是一致的。这也说明了嵌入式系统是物联网发展的基础，物联网是嵌入式系统发展到一定阶段的产物。

1.3.4 嵌入式系统开发软件——Keil

1. Keil C51

Keil C51 是美国 Keil Software 公司出品的 51 系列兼容单片机 C 语言软件开发系统，与汇编相比，C 语言在功能性、结构性、可读性、可维护性上有明显的优势，因而易学易用。Keil 提供了包括 C 语言编译器、宏汇编、链接器、库管理和一个功能强大的仿真调试器等在内的完整开发方案，通过一个集成开发环境（μVision）将这些部分组合在一起。

C51 工具包的整体结构，μVision 与 Ishell 分别是用于 Windows 和用于 Dos 的集成开发环境（IDE），可以完成编辑、编译、连接、调试、仿真等整个开发流程。开发人员可用 IDE 本身或其他编辑器编辑 C 语言或汇编源文件。然后分别由 C51 及 C51 编译器编译生成目标文件（.obj）。目标文件可由 LIB51 创建生成库文件，也可以与库文件一起经 L51 连接定位生成绝对目标文件（.abs）。abs 文件由 OH51 转换成标准的 hex 文件，以供调试器 dScope51 或 tScope51 使用进行源代码级调试，可由仿真器使用直接对目标板进行调试，也可以直接写入程序存储器如 EPROM 中。

Keil 的优点：Keil C51 生成目标代码效率非常之高，多数语句生成的汇编代码很紧凑，容易理解。在开发大型软件时更能体现高级语言的优势。

与汇编相比，C 语言在功能上、结构性、可读性、可维护性上有明显的优势，因而易学易用。用过汇编语言后再使用 C 语言来开发，体会更加深刻。

2. Keil MDK

Keil MDK 则是为基于 ARM 的微处理器设计的最广泛的软件开发工具，它包含了所有需要创建、编译以及调试嵌入式应用的组件，如图 1-3 所示。

Keil MDK 软件工具包括 MDK-Core 和 DS-MDK。前者是基于 μVision（只有 Windows 操作系统支持）的服务于 Cortex-M 系列设备的工具，后者则是基于 Eclipse（支持 Windows 和 Linux 操作系统）的服务于 Cortex-A 系列 32 位处理器（也向下包括 Cortex-M 系列）的工具。

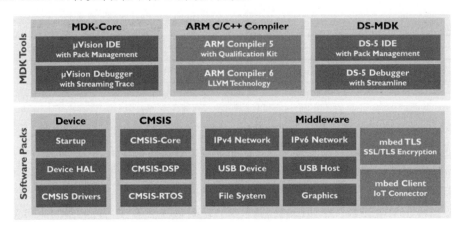

图 1-3　Keil MDK 产品组成图

1.3.5　物联网设备开发与 Mbed

1．物联网设备开发

嵌入式微控制器以低成本、低功耗、易于开发等特点，被广泛应用于物联网设备当中。然而物联网设备作为近年来快速发展的新领域，又与传统的嵌入式系统应用场景，如家电、汽车、工业控制设备等相比，有其独特的关注点与开发方式。

（1）数据连接。

物联网设备的最大特点是设备连接到网络。不论是既有设备的物联网化，还是新兴的智能硬件终端，都需要通过一定的硬件与对应的软件，连接到互联网上进行信息的交互，才能归类在物联网系统范围内。

一部分传统的嵌入式系统连接技术，如以太网、WiFi 等，借助网关设备实现互联网连接后，在物联网领域仍有很大的发挥空间。这些连接技术往往在硬件支持与软件协议方面十分成熟，中间设备丰富、成本较低，往往是既有设备进行物联网化的简便途径。另一些连接技术随着物联网的兴起，有针对性地进行升级以适应新的需求。蓝牙技术在经历了 4.0 版本的兼容性阵痛之后，由于其提供的低功耗特性，以及后续版本增加的短距离定位等新功能，已经成功地被基于网关的物联网系统所接受。以蜂窝网络为基础的 NB-IoT 技术，更新了对接入设备数量的更完善的支持，加上本身网络覆盖优异的特点，成为很多静止/低速、高密度物联网设备的优先选择。Thread 连接协议对 ZigBee 进行了新的标准化，改进了过去协议碎片化的问题，并借助 IPv6 实现海量设备的低功耗长连接，也具备了一定的发展潜力。与此同时，一些专门针对小型设备低速、低功耗设计的新技术也出现在这个领域中。例如基于 LoRa 的连接协议，在同等传输速度与功耗条件下，可以覆盖更远的传输距离，引起了业界的广泛关注。

不论是哪一种连接方式，软件协议栈都是程序开发当中比较复杂的一部分。程序需要通过一定的协议来建立连接，并对数据进行打包、加密以及解密、解包等处理。这些协议常利用连接技术提供方发布的协议栈库或者经过验证的开源协议栈库来实现，这些公用协议栈也会随着版本的更新不断完善功能并改进问题。

（2）安全与加密。

随着物联网设备渗入到人们生活的方方面面，设备的安全也关系到了我们的人身安全与财产安全。设备本身应该能够抵御外界对硬件配置、软件程序的恶意读取、注入或窜改,在进行传统嵌入式系统开发时同样存在这个问题。微控制器应对不同的程序段和外设提供对存储器与外设的不同访问权限,开发者应能够对这些权限进行方便的控制。物联网设备面临的新挑战是,由于设备长时间利用有线或无线的方式进行网络连接并交换数据,设备对数据应该进行必要的加密。外界即使获得通信的原始信号,也不能读取出传输数据的值,或者利用伪造数据破坏系统的可信性。结合上面一点,设备的加密方式或密钥也应存放在处理器的保护区域内。这种连接安全性在涉及计费和支付的设备中尤其重要。

(3)多任务处理。

物联网设备的软件程序通常是多任务处理程序。

一方面,传感器的通信与数据读取、执行器的信号发送需要较高的实时响应能力,在短时间内完成简单的外设操作;另一方面,互联网的连接协议,有些连接协议还需要定时使用"心跳"来保持长时间的连接;与此同时,很多终端设备还需要在通信响应的空闲时间进行一些运算,例如传感器数据的基本处理以及传输数据的打包、解包等。这些任务各自需要的实时性是不同的,需要使用的处理器的外设也是不一样的。这就要求软件程序能够以不同的优先级来响应各个任务的请求,并判断各任务对内核和外设的需求以控制系统功耗。微控制器的实时操作系统(RTOS)非常适合这一类应用。主流的实时操作系统,例如 Keil RTX、FreeRTOS、μC/OS等,都提供了对多任务调度、硬件资源管理、低功耗的支持。值得注意的是,以上几点对于嵌入式微控制器的外设并没有非常具体的要求。对于提供网络连接的外设,例如以太网MAC/PHY、无线通信外设等,芯片厂商一般会根据对应连接标准进行设计,并提供完善的软件库支持,而对于其他厂商私有外设比如 PWM 输出/捕获等,在很多物联网设备中并不是设计重点。

针对物联网设备的这些特点,一些区别于传统嵌入式系统的新的开发方式正在逐渐成为主流。这些开发方式中,工具链提供对通用通信外设的高度抽象,淡化不同厂商生产的处理器之间的外设差异,并将数据连接协议栈、安全与加密程序、实时操作系统等标准通用程序进行模块化封装,使得开发者不需要关心具体的外设操作,能够更快速地构建自己的物联网设备产品。ARM 公司的 Mbed 物联网设备平台是其中典型的代表。

2. Mbed

Mbed 是一个面向 ARM 处理器的原型开发平台,其中对物联网设备提供了基于 ARM 的Mbed OS 及各种模块,包括连接、安全、实时操作系统、传感器和其他输入输出设备的接口。

Mbed OS 支持几十种基于 ARM Cortex-M 处理器的微控制器、上百个型号的原型开发板以及数百种传感器和输入输出设备。这些板卡可以作为原型开发阶段的调试工具,并以原理图开放的方式为硬件开发者提供参考。

对于这些处理器和设备,Mbed OS 使用 C++语言进行开发,以统一的方式提供了输入输出接口的抽象,包括数字/模拟输入输出引脚、PWM 输出、基本定时器、UART、SPI、I²C、CAN 等常用外设和中断、休眠控制。

利用外设的硬件抽象层,Mbed OS 进一步提供了包括以太网、WiFi、低功耗蓝牙、蜂窝网、LoRa、Thread 等在内的连接模块,以及包含 ARMv8-M 硬件安全支持和 Mbed TLS 的安全模块,并允许合作伙伴和其他服务提供商在 Mbed 社区发布上层协议栈库。这些模块与协议栈为开发者提供了可靠的程序来源。

Mbed OS 集成基于 CMSIS-RTOS RTX 的实时操作系统，与底层硬件高度整合，可以方便地配置并调用，满足了物联网设备对多任务调度和硬件资源管理的需求。使用 Mbed 平台进行物联网设备的开发具有两个优点：

（1）Mbed 平台对设备的安全性连接具有天然适应性。

（2）Mbed 平台使外设抽象化，用户可根据自己的需求选择相应的功能。

在工具链方面，Mbed 平台提供了一个基于网页的在线开发环境，可以利用浏览器完成代码编写、程序编译、工程管理与版本控制等工作。网站上的在线社区包括用户和服务提供商发布的各种功能模块，也可以进行版本管理。程序编译结果会以二进制文件的方式下载到本地，并烧录到板卡上。同时也可以将在线工程导出到本地命令行界面（CLI）开发环境，或常用的离线开发环境（如 Keil MDK、GCC 等）中。

参考资料

[1]　彭力．嵌入式物联网技术应用[M]．西安：西安电子科技大学出版社，2015．

[2]　王金甫，王亮，胡冠宇，等．物联网概论[M]．北京：北京大学出版社，2012．

[3]　宗平．物联网概论[M]．北京：电子工业出版社，2012．

[4]　詹国华．物联网概论[M]．北京：清华大学出版社，2016．

[5]　韩毅刚，王大鹏，李琪．物联网概论[M]．北京：电子工业版社，2012．

[6]　百度百科，Keil[EB]/[OL]，https://baike.baidu.com/item/keil/4082184?fr=aladdin．

[7]　物联网融入智能交通 典型应用案例分析，http://www.afzhan.com/news/detail/33050.html．

[8]　物联网技术在智能电网的应用，http://tech.rfidworld.com.cn/2011_08/e99d237f3524f328.html．

第 2 章 ARM Cortex-M4 技术

2.1 背景概述

1. ARM 版本Ⅰ：v1 版架构

该版架构只在原型机 ARM1 出现过，只有 26 位的寻址空间，没有用于商业产品。

其基本性能有：

- 基本的数据处理指令（无乘法）。
- 基于字节、半字和字的 Load/Store 指令。
- 转移指令，包括子程序调用及链接指令。
- 供操作系统使用的软件中断指令 SWI。
- 寻址空间：64MB。

v2 对 v1 版进行了扩展，包含了对 32 位结果的乘法指令和协处理器指令的支持。v3 是 ARM 公司第一个微处理器 ARM6 的核心，它作为 IP 核、独立的处理器、具有片上高速缓存、MMU 和写缓冲的集成 CPU。

目前 v1、v2、v3 版架构已废弃。下面简要介绍一下 v4 至 v7 版架构。

2. ARM 版本Ⅳ：v4 版架构

v4 版架构在 v3 版上作了进一步扩充，v4 版架构是目前应用最广的 ARM 体系结构，ARM7、ARM8、ARM9 和 StrongARM 都采用该架构。v4 不再强制要求与 26 位地址空间兼容，而且还明确了哪些指令会引起未定义指令异常。

指令集中增加了以下功能：

- 符号化和非符号化半字及符号化字节的存/取指令。
- 增加了 T 变种，处理器可工作在 Thumb 状态，增加了 16 位 Thumb 指令集。
- 完善了软件中断 SWI 指令的功能。
- 处理器系统模式引进特权方式时使用用户寄存器操作；把一些未使用的指令空间捕获为未定义指令。

3. ARM 版本Ⅴ：v5 版架构

v5 版架构是在 v4 版基础上增加了一些新的指令，ARM10 和 Xscale 都采用该版架构。

这些新增命令有：

- BLX 带有链接和交换的转移指令；CLZ 计数前导零指令；BRK 中断指令。
- 增加了数字信号处理指令（v5TE 版）；为协处理器增加更多可选择的指令；改进了 ARM/Thumb 状态之间的切换效率。
- E——增强型 DSP 指令集，包括全部算法操作和 16 位乘法操作。
- J——支持新的 Java，提供字节代码执行的硬件和优化软件加速功能。

4．ARM 版本Ⅵ：v6 版架构

v6 版架构是 2001 年发布的，首先在 2002 年春季发布的 ARM11 处理器中使用。在降低耗电量的同时，还强化了图形处理性能。通过追加有效进行多媒体处理的 SIMD（Single Instruction Multiple Data，单指令多数据）功能，将语音及图像的处理功能提高到了原型机的 4 倍。

此架构在 v5 版基础上增加了以下功能：

● THUMBTM：35%代码压缩。

● DSP 扩充：高性能定点 DSP 功能。

● JazelleTM：Java 性能优化，可提高 8 倍。

● Media 扩充：音/视频性能优化，可提高 4 倍。

5．ARM 版本Ⅶ：v7 版架构

ARMv7 架构分成三类：Cortex-A/R/M。Cortex-A 系列面向尖端的基于虚拟内存的操作系统和用户应用；Cortex-R 系列针对实时系统；Cortex-M 系列针对微控制器。

Application Processors（应用处理器）——面向移动计算、智能手机、服务器等市场的高端处理器。这类处理器运行在很高的时钟频率（超过 1GHz），支持像 Linux、Android、MS Windows 和移动操作系统等完整操作系统需要的内存管理单元（MMU）。如果规划开发的产品需要运行上述中的一个操作系统，需要选择 ARM 应用处理器。

Real-time Processors（实时处理器）——面向实时应用的高性能处理器系列，例如硬盘控制器，汽车传动系统和无线通信的基带控制。多数实时处理器不支持 MMU，不过通常具有 MPU、Cache 和其他针对工业应用设计的存储器功能。实时处理器运行在比较高的时钟频率（例如200MHz到 1GHz 以上），响应延迟非常低。虽然实时处理器不能运行完整版本的 Linux 和 Windows 操作系统，但是支持大量的实时操作系统（RTOS）。

Microcontroller Processors（微控制器处理器）——微控制器处理器通常设计的面积很小并且要求能效比很高。通常这些处理器的流水线很短，最高时钟频率很低（虽然市场上有此类的处理器可以运行在200MHz之上）。并且，新的 Cortex-M 处理器家族设计得非常容易使用。因此，ARM 微控制器处理器在单片机和深度嵌入式系统市场非常受欢迎。

2.2　核心技术

2.2.1　内部架构

Cortex-M 处理器可以分为几个架构规范，如表 2-1 所示。

表 2-1　Cortex-M 处理器 ARM 架构规范

架构	描述
ARMv6-M	Cortex-M0、Cortex-M0+和 Cortex-M1 支持的架构
ARMv7-M	Cortex-M3、Cortex-M4 和 Cortex-M7 支持的架构.ARMv7-M 扩展的 DSP 类型指令（SMID）也被称为 ARMv7E-M
ARMv8-M	Baseline 子规范——Cortex-M23 对应的架构
	Mainline 子规范——Cortex-M33 对应的架构

ARMv7-M 架构：

- Thumb-2 技术。
- SIMD 和 DSP。
- 单周期乘加指令（支持 32x32+64->64）。
- 可选配的单精度浮点运算单元。
- 集成可配置的可嵌套矢量中断控制器 NVIC。
- 兼容 Cortex-M3。

微内核架构：

- 带分支预测的三级流水线。
- 三套 AHB-Lite 总线接口。

可配置超低功耗：

- 深度睡眠模式，中断可唤醒。
- 浮点运算单元可单独关闭电源。

灵活配置：

- 可配置中断控制器（1～240 个中断源可配置，优先级可配置）。
- 可选配的内存保护单元 MPU（Memory Protection Unit）。
- 可选配的调试和跟踪模块。

2.2.2　内核比较

1．经典 ARM 处理器与 Cortex-M 处理器的比较

不同于老的经典 ARM 处理器（例如 ARM7TDMI、ARM9），Cortex-M 处理器有一个非常不同的架构，如表 2-2 所示。例如：

- 从仅支持 ARM Thumb 指令，扩展到同时支持 16 位和 32 位指令的 Thumb-2 版本。
- 内置的嵌套向量中断控制负责中断处理，自动处理中断优先级，中断屏蔽，中断嵌套和系统异常处理。
- 中断处理函数可以使用标准的 C 语言编程，嵌套中断处理机制避免了使用软件判断哪一个中断需要响应处理。同时，中断响应速度是确定性的，低延迟的。
- 向量表从跳转指令变为中断和系统异常处理函数的起始地址。
- 寄存器组和某些编程模式也做了改变。

这些变化意味着许多为经典 ARM 处理器编写的汇编代码需要修改，老的项目需要修改和重新编译才能迁移到 Cortex-M 的产品上。

2．Cortex-M0、M3 和 M4 的比较

Cortex-M0、M0+、M3、M4 和 M7 之间有很多的相似之处，例如：

- 基本编程模型。
- 嵌套向量中断控制器（NVIC）的中断响应管理。
- 架构设计的休眠模式：睡眠模式和深度睡眠模式。
- 操作系统支持特性。
- 调试功能。
- 易用性。

支持许多外围设备的中断输入、一个不可屏蔽的中断请求、一个来自内置时钟（SysTick）的中断请求和一定数量的系统异常请求。NVIC 负责处理这些中断和异常的优先级和屏蔽管理，如表 2-3 所示。

表 2-2　Cortex 系列处理器介绍

处理器	描述
Cortex-M0	Cortex-M0 是目前最小的 ARM 处理器，该处理器的芯片面积非常小，能耗极低，且编程所需的代码占用量很少，这就使得开发人员可以直接跳过 16 位系统，以接近 8 位系统的成本开销获取 32 位系统的性能。Cortex-M0 处理器超低的门数开销，使得它可以用在仿真和数模混合设备中
Cortex-M0+	针对小型嵌入式系统的最高能效的处理器，以 Cortex-M0 处理器为基础，拥有与 Cortex-M0 处理器接近的尺寸大小和编程模式，但是具有扩展功能，如单周期 I/O 接口和向量表重定位功能。保留了全部指令集和数据兼容性，同时进一步降低了能耗，提高了性能。二级流水线，性能效率可达 1.08 DMIPS/MHz
Cortex-M1	针对 FPGA 设计优化的小处理器，利用 FPGA 上的存储器块实现了紧耦合内存（TCM）。和 Cortex-M0 有相同的指令集
Cortex-M3	针对低功耗微控制器设计的处理器，面积小但是性能强劲，支持可以使处理器快速处理复杂任务的丰富指令集。具有硬件除法器和乘加指令（MAC）。并且，M3 支持全面的调试和跟踪功能，使软件开发者可以快速地开发他们的应用。此处理器具有出色的计算性能以及对事件的优异系统响应能力，同时可应对实际中对低动态和静态功率需求的挑战
Cortex-M4	不但具备 Cortex-M3 的所有功能，并且扩展了面向数字信号处理（DSP）的指令集，比如单指令多数据指令（SMID）和更快的单周期 MAC 操作。此外，它还有一个可选的支持 IEEE754 浮点标准的单精度浮点运算单元
Cortex-M7	在 ARM Cortex-M 处理器系列中，Cortex-M7 的性能最为出色，是针对高端微控制器和数据处理密集的应用开发的高性能处理器，具备 Cortex-M4 支持的所有指令功能，扩展支持双精度浮点运算的指令集，并且具备扩展的存储器功能。它拥有六级超标量流水线、灵活的系统和内存接口（包括 AXI 和 AHB）、缓存（Cache）以及高度耦合内存（TCM），为 MCU 提供出色的整数、浮点和 DSP 性能
Cortex-M23	面向超低功耗，低成本应用设计的小尺寸处理器，和 Cortex-M0 相似，但是支持各种增强的指令集和系统层面的功能特性，还支持 TrustZone 安全扩展
Cortex-M33	主流的处理器设计，与之前的 Cortex-M3 和 Cortex-M4 处理器类似，但系统设计更灵活，能耗比更高效，性能更高，还支持 TrustZone 安全扩展

表 2-3　Cortex 系列处理器与 ARM7 对比

	ARM7TDMI	Cortex-M0	Cortex-M3	Cortex-M4
架构版本	v4T	v6-M	v7-M	v7-ME
指令集	ARM，Thumb	Thumb，Thumb-2 系统指令	Thumb + Thumb-2	Thumb + Thumb-2，DSP，SIMD，FP
DMIPS/MHz	0.72 (Thumb)，0.95 (ARM)	0.9	1.25	1.25
总线接口	None	1	3	3
集成中断控制器	No	Yes	Yes	Yes

续表

	ARM7TDMI	Cortex-M0	cortex-M3	Cortex-M4
中断个数	2 (IRQ and FIQ)	1-32 + NMI	1-240 + NMI	1-240 + NMI
中断优先级	None	4	8-256	8-256
断点，Watchpoints	2 Watchpoint Units	4,2	8,2	8,2
内存保护单元（MPU）	No	No	Yes (Option)	Yes (Option)
集成跟踪模块（ETM）	Yes (Option)	No	Yes (Option)	Yes (Option)
单周期乘法	No	Yes (Option)	Yes	Yes
硬件除法	No	No	Yes	Yes
唤醒中断控制器	No	Yes	Yes	Yes
Bit banding	No	No	Yes	
单周期 DSP/SIMD	No	No	No	Yes
浮点单元	No	No	No	Yes
总线	Use AHB bus wrapper	AHB Lite	ARB Lite, APB	ARB Lite, APB

2.2.3　Thumb-2 指令集

所有的 Cortex-M 处理器都支持 Thumb 指令集。整套 Thumb 指令集扩展到 Thumb-2 版本时变得相当大。但是，不同的 Cortex-M 处理器支持不同的 Thumb 指令集的子集。

ARM 指令集为 32 位指令集，可以实现 ARM 架构下的所有功能。Thumb 指令集是对 32 位 ARM 指令集的扩充，它的目标是实现更高的代码密度。Thumb 指令集实现的功能只是 32 位 ARM 指令集的子集，它仅仅把常用的 ARM 指令压缩成 16 位的指令编码方式。在指令的执行阶段，16 位的指令被重新解码，完成对等的 32 位指令所实现的功能。与全部用 ARM 指令集的方式相比，使用 Thumb 指令可以在代码密度方面改善大约 30%。但是，这种改进是以代码的效率降低为代价的。尽管每个 Thumb 指令都有相对应的 ARM 指令，但是，相同的功能，需要更多的 Thumb 指令才能完成。因此，当指令预取需要的时间没有区别时，ARM 指令相对 Thumb 指令具有更好的性能。

Thumb-2 技术是对 ARM 架构非常重要的扩展，它可以改善 Thumb 指令集的性能。Thumb-2 指令集在现有的 Thumb 指令的基础上做了如下的扩充：增加了一些新的 16 位 Thumb 指令来改进程序的执行流程，增加了一些新的 32 位 Thumb 指令以实现一些 ARM 指令的专有功能。32 位的 ARM 指令也得到了扩充，增加了一些新的指令来改善代码性能和数据处理的效率。给 Thumb 指令集增加 32 位指令，解决了之前 Thumb 指令集不能访问协处理器、特权指令和特殊功能指令的局限。新的 Thumb 指令集现在可以实现所有的功能，这样就不需要在 ARM/Thumb 状态之间反复切换了，代码密度和性能得到显著的提高。

Thumb-2 技术可以极大地简化开发流程，尤其是在性能、代码密度和功耗之间的关系并不清楚的情况下。并且，在 Thumb-2 技术下也不再像以往那样需要在 ARM/Thumb 两套指令之间切换。对于之前在 ARM 处理器上已经有长时间开发经验的开发者来说，使用 Thumb-2 技术是非常简单的。开发者只需要关注对整体性能影响最大的那部分代码，其他的部分可以使用缺省的编译配置就可以了。这样在享有高性能、高代码密度的优势的时候，可以很快地更新设计并迅速将产品推向市场。

2.2.4　流水线技术

流水线技术通过多个功能部件并行工作来缩短程序执行时间，提高处理器核的效率和吞吐率，从而成为微处理器设计中最为重要的技术之一。ARM7 处理器核使用了典型三级流水线的冯·诺依曼结构，ARM9 系列则采用了基于五级流水线的哈佛结构。通过增加流水线级数简化了流水线各级的逻辑，进一步提高了处理器的性能。

简单来说，执行某条指令至少要通过取值、解码、执行三个步骤。这就好像盲人在吃饭，第一步是用筷子夹出要吃的东西（从内存中取出指令），第二步是把吃的东西举到鼻子底下闻一下看看是否能吃（分析该指令），第三步是放到嘴里吃（执行指令）。

我们假设盲人又只有一只手，而每一个步骤都要一秒钟的时间，那么这位盲人至少需要三秒钟才能吃到一样东西，很显然这种吃饭的方法效率低。所以，如果 CPU 也采取同样的方法，那就意味着 CPU 需消耗三个指令周期才能完成一个动作，可见其运行效率的低下。

为了弥补这个问题，ARM 采用了一种多级流水线的指令执行方式。例如，在 ARM7 就采用了三级流水线的处理方法。

我们为了提升 CPU 的指令执行速度，就希望取值、解码和执行三个模块同时都处于工作状态。例如，当执行第一条指令时，第二条指令处于解码阶段，而第三条指令已被读到 CPU 中；当执行第二条指令时，第三条指令处于解码阶段，而第四条指令已被读到 CPU 中。这样对指令的执行就处于流水线操作状态，这就是指令流水线的概念。

1．三级流水线（见图 2-1）

（1）获取指令 Fetch：通过 PC 指针，从内存中获取指令码。

（2）解析指令 Decode：使用 CPU 内部的指令解码器对指令码进行解析，从而得知指令功能。

（3）执行指令 Execute：按照解码器得知的功能，调用寄存器、ALU（及 Shift）运算单元和内存及寄存器的回写功能来完成操作。

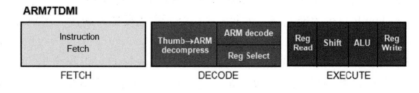

图 2-1　三级流水线方法

2．五级流水线（见图 2-2）

ARM 的五级流水线是在执行阶段中，添加两级，用来专门执行存储器访问和寄存器写入之类的功能，ARM9 就使用了五级流水线。

也就是当我们执行 STR（或者 LDR，内存与寄存器访问）之类指令时，将内存访问和寄存器回写功能交付给 Memory Access 和 Register Write 流水线来完成，它们的指令时钟将与后续指令的取指、解码和执行的指令时钟共用，因此它们不单独消耗指令时钟。这样就保证了指令执行又处于 CPI=1 状态。不过,这种方式也有缺陷。当相邻两条指令同时出现相同的寄存器时,并且前一条指令是带有内存操作的,例如:LDR R4,[R2]将 R2 指定的内存中的数据加载到 R4 中 SUB R3,R4,R5 将 R4-R5 值保存到 R3 中。

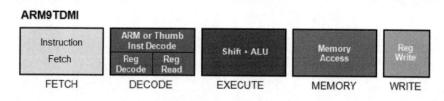

图 2-2 五级流水线方法

因为 LDR 对 R4 的操作依赖于第四条和第五条流水线,而这两条流水线执行,又是与后面 SUB 指令共用指令时钟,也就是两条指令将会同时访问 R4 寄存器,将产生冲突。这时,系统将插入一个 interlock 互锁指令时钟来完成,也就是依旧采用添加指令时钟(提升 CPI 值)方式解决。当然用户也可调整一下程序顺序,或在其之间插入一条其他指令来缓和该问题。这种现象经常发生在 LDM 和 STM 等与内存访问密切相关的指令中。

ARM 公司指令流水线已经发展到十多级,不管如何,三级流水线是一种标准,CPI=1 是我们所追求的目标。(CPI:指令周期数,一段时间内走过的指令时钟数除以被执行的指令条数,CPI≥1。)

所以在程序代码中计算一些中断返回,或函数调用返回时,都是采用三级流水线计算,即:当前执行的指令是 PC-8 取出的指令,而下条(第二条)要执行的指令是 PC-4,当前的 PC 取出的指令将是第三条要执行的指令。如果在 Thumb 指令集下,则分别为 PC-4(当前)、PC-2(第二条)和 PC(第三条)指令。

2.2.5 寄存器

寄存器分类如图 2-3 所示。

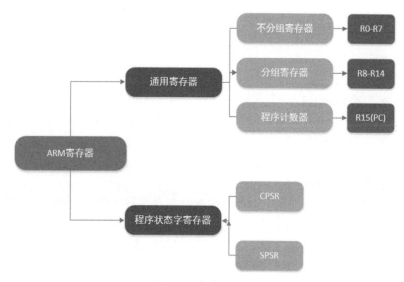

图 2-3 寄存器分类

ARM 有 7 种工作模式、37 个寄存器（都是 32 位长度），每种工作模式下除去开部分可以通用的寄存器外，还有各自独有的寄存器（虽然名称一样），如图 2-4 所示。

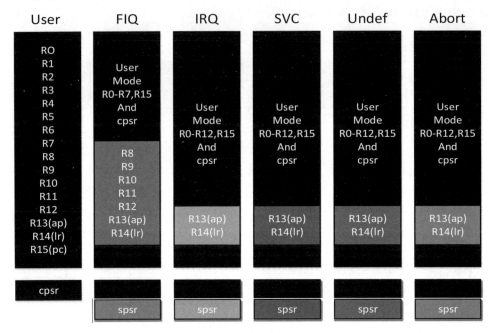

图 2-4　独有寄存器

这 37 个寄存器中，30 个为"通用"型，1 个固定用作 PC，一个固定用作 CPSR，5 个固定用作 5 种异常模式下的 SPSR。

这里尤其要注意区别的是 ARM 自身寄存器和它的一些外设的寄存器的区别。

ARM 自身是统一架构的，也就意味着 37 个寄存器无论在哪个公司的芯片里面都会出现。但是各家公司会对 ARM 进行外设的扩展，所以就出现了许多外设寄存器，一定要与这 37 个寄存器区别开来。

通用寄存器包括 R0～R15，可以分为 3 类：

（1）未分组寄存器 R0～R7。

（2）分组寄存器 R8～R14。

（3）程序计数器 PC（R15）。

1．未分组寄存器 R0～R7

在所有运行模式下，未分组寄存器都指向同一个物理寄存器，它们未被系统用作特殊的用途。因此在中断或异常处理进行运行模式转换时，由于不同的处理器运行模式均使用相同的物理寄存器，可能造成寄存器中数据的破坏，所以在进行模式切换时必须加以保护。

2．分组寄存器 R8～R14

对于分组寄存器，它们每一次所访问的物理寄存器都与当前处理器的运行模式有关。

对于 R8～R12 来说，每个寄存器对应 2 个不同的物理寄存器，当使用 FIQ（快速中断模式）时，访问寄存器 R8_fiq～R12_fiq；当使用除 FIQ 模式以外的其他模式时，访问寄存器 R8_usr～R12_usr。所以在 FIQ 模式下可不保护和恢复中断现场。

对于 R13、R14 来说，每个寄存器对应 6 个不同的物理寄存器，其中一个是用户模式与系统模式共用，另外 5 个物理寄存器对应其他 5 种不同的运行模式，并采用以下记号来区分不同的物理寄存器 R13 和 R14。

寄存器 R13 在 ARM 指令中常用作堆栈指针，用户也可使用其他的寄存器作为堆栈指针，而在 Thumb 指令集中，某些指令强制性地要求使用 R13 作为堆栈指针。

由于处理器的每种运行模式均有自己独立的物理寄存器 R13，在用户应用程序的初始化部分，一般都要初始化每种模式下的 R13，使其指向该运行模式的栈空间。这样，当程序的运行进入异常模式时，可以将需要保护的寄存器放入 R13 所指向的堆栈，而当程序从异常模式返回时，则从对应的堆栈中恢复，采用这种方式可以保证异常发生后程序的正常执行。

R14 称为链接寄存器（Link Register），当执行子程序调用指令（BL）时，R14 可得到 R15（程序计数器 PC）的备份。在每一种运行模式下，都可用 R14 保存子程序的返回地址，当用 BL 或 BLX 指令调用子程序时，将 PC 的当前值复制给 R14，执行完子程序后，又将 R14 的值复制回 PC，即可完成子程序的调用返回。

3. 程序计数器 PC（R15）

寄存器 R15 用作程序计数器（PC），在 ARM 状态下，位[1:0]为 0，位[31:2]用于保存 PC，在 Thumb 状态下，位[0]为 0，位[31:1]用于保存 PC。由于 ARM 体系结构采用了多级流水线技术，对于 ARM 指令集而言，PC 总是指向当前指令的下两条指令的地址，即 PC 的值为当前指令的地址值加 8 个字节。

4. 寄存器 R16

寄存器 R16 用作 CPSR（CurrentProgram Status Register，当前程序状态寄存器），CPSR 可在任何运行模式下被访问，它包括条件标志位、中断禁止位、当前处理器模式标志位，以及其他一些相关的控制和状态位。

每一种运行模式下又都有一个专用的物理状态寄存器，称为 SPSR（Saved Program Status Register，备份的程序状态寄存器），当异常发生时，SPSR 用于保存 CPSR 的当前值，从异常退出时则可由 SPSR 来恢复 CPSR。

由于用户模式和系统模式不属于异常模式，它们没有 SPSR，当在这两种模式下访问 SPSR，结果是未知的。

2.2.6　工作模式

ARM 体系的 CPU 有两种工作状态：

（1）ARM 状态：处理器执行 32 位的字对齐的 ARM 指令。

（2）Thumb 状态：处理器执行 16 位的、半字对齐的 Thumb 指令。

在程序运行的过程中，可以在两种状态之间进行相应的转换。处理器工作状态的转变并不影响处理器的工作模式和相应寄存器中的内容。CPU 上电处于 ARM 状态。

ARM 体系的 CPU 有以下 7 种工作模式：

（1）用户模式（USR）：用于正常执行程序。

（2）快速中断模式（FIQ）：用于高速数据传输。

（3）外部中断模式（IRQ）：用于通常的中断处理。

（4）管理模式（SVC）：操作系统使用的保护模式。

（5）数据访问终止模式（ABT）：当数据或指令预取终止时进入该模式，可用于虚拟存储以及存储保护。

（6）系统模式（SYS）：运行具有特权的操作系统任务。

（7）未定义指令中止模式（UND）：当未定义的指令执行时进入该模式，可用于支持硬件。

ARM 的工作模式切换有两种方法：

被动切换：在 ARM 运行的时候产生一些异常或者中断来自动进行模式切换。

主动切换：通过软件改变，即软件设置寄存器来进行 ARM 的模式切换，因为 ARM 的工作模式都是可以通过相应寄存器的赋值来切换的。

注意：当处理器运行在用户模式下，某些被保护的系统资源是不能被访问的。

除用户模式外，其余 6 种工作模式都属于特权模式；特权模式中除了系统模式以外的其余 5 种模式称为异常模式；大多数程序运行于用户模式；进入特权模式是为了处理中断、异常，或者访问被保护的系统资源。

ARMv7-M 定义了两种操作模式：线程模式与处理器模式。

这两种模式是为了区别正在执行代码的类型；处理器模式为异常处理例程的代码；线程模式为普通应用程序的代码。

处理器模式可以设置为普通模式，也就是说，在不需要时，软件可以不启用该特性。处理器模式主要被用于处理异常情况，线性模式则用于用户进程。模式间的转化基本上是自动的。如异常情况发生，处理器模式自动启用，异常处理完成后，处理器模式自动退出。SVCall 指令是软件进入处理器模式的主要方法（将启动的 IRQ 设定为未决状态，可令处理器执行异常操作）。

此外 Cortex-M4 提供了特权的分级——特权级和用户级。这可以提供一种存储器访问的保护机制，使得普通的用户程序代码不能意外地，甚至是恶意地执行涉及到要害的操作。处理器支持两种特权级，这也是一个基本的安全模型。

在 Cortex-M4 运行主应用程序时（线程模式），既可以使用特权级，也可以使用用户级；但是异常服务例程必须在特权级下执行。复位后，处理器默认进入线程模式，特权级访问。在特权级下，程序可以访问所有范围的存储器（如果有 MPU，还要在 MPU 规定的禁地之外），并且可以执行所有指令。

2.2.7　异常

Cortex-M 内核实现了一个高效异常处理模块，可以捕获非法内存访问和数个程序错误条件。

Cortex-M3（以下简称 CM3）和 Cortex-M4（以下简称 CM4）内核的 Fault 异常可以捕获非法内存方法和非法编程行为。Fault 异常能够检测到以下情况：

（1）总线 Fault：在取址、数据读/写、取中断向量、进入/退出中断时、寄存器堆栈操作（入栈/出栈）时检测到内存访问错误。

（2）存储器管理 Fault：检测到内存访问违反了 MPU 定义的区域。

（3）用法 Fault：检测到未定义的指令异常，未对齐的多重加载/存储内存访问。如果使能相应控制位，还可以检测出除数为零以及其他未对齐的内存访问。

（4）硬 Fault：如果上面的总线 Fault、存储器管理 Fault、用法 Fault 的处理程序不能被执行（例如禁用了总线 Fault、存储器管理 Fault、用法 Fault 或者在这些异常处理程序执行过程中又出现了 Fault）则触发硬 Fault。

异常处理模型和嵌套向量中断控制器 NVIC

所有的 Cortex-M 处理器都包含了 NVIC 模块，采用同样的异常处理模型。如果一个异常中断发生，它的优先等级高于当前运行等级，并且没有被任何的中断屏蔽寄存器屏蔽，处理器会响应这个中断/异常，把某些寄存器入栈到当前的堆栈上。这种堆栈机制下，中断处理程序可以编写为一个普通的 C 函数，许多小的中断处理函数可以立即直接响应工作而不需要额外的堆栈处理花销。

一些 ARMv7-M/ARMv8-M Mainline 系列的处理器使用的中断和系统异常并不被 ARMv6-M/ARMv8-M Baseline 的产品支持。Cortex-M4 处理器可以支持到多达 240 个外围设备中断。

ARMv7-M 架构：根据面积的限制，ARMv7-M 系列处理器的可编程优先级等级数范围可以配置成 8 级（3 位）到 256 级（8 位）。ARMv7-M 处理器还有一个称为中断优先级分组的功能，可以把中断优先级寄存器再进一步分为组优先级和子优先级，这样可以详细地制定抢占式优先级的行为。

所有的 Cortex-M 处理器在异常处理时都要依靠向量表。向量表保存着异常处理函数的起始地址。向量表的起始地址由向量表偏移寄存器（VTOR）决定，其中 Cortex-M4 的向量表默认放在存储空间的起始地址（地址 0x0）。

大部分情况下，对 NVIC 的中断控制特性的操作都是通过 CMSIS-CORE 提供的 APIs 处理的，他们在微控制器厂商提供的设备驱动程序库里。对于 Cortex-M3/M4/M7/M23/M33 处理器，即使中断被使能了，它的优先级也可以被改变。ARMv6-M 处理器不支持动态优先等级调整，当需要改变中断优先等级时，需要暂时关掉这个中断。

参考资料

[1]　ARM Cortex-M 处理器，http://www.dzsc.com/data/2017-4-26/112031.html.

[2]　ARMv7-A/R/M 系列，http://blog.csdn.net/maochengtao/article/details/39519439.

[3]　ARM 版本及系列，https://wenku.baidu.com/view/c490036aad02de80d5d84010.html.

[4]　ARM 高校培训-CortexM4，https://wenku.baidu.com/view/f4756df904a1b0717fd5dda5.html.

[5]　论 ARMv7 Thumb-2 指令集的性能（含 Thumb 指令集介绍），http://blog.csdn.net/sddzycnqjn/article/details/7748233.

[6]　ARM Cortex-M 处理器入门，http://www.eechina.com/thread-361479-1-1.html.

[7]　ARM 流水线技术，http://blog.csdn.net/hudieping/article/details/5044859.

[8]　ARM 流水线技术，https://wenku.baidu.com/view/1c2108ac195f312b3169a5bd.html.

[9]　ARM 三级流水线，http://blog.csdn.net/alan0521/article/details/7685106.

[10]　ARM 流水线技术解析，http://blog.csdn.net/pan337520/article/details/53510285.

[11]　ARM7/ARM9 流水线技术，http://www.ndiy.cn/thread-5566-1-1.html.

[12]　关于 ARM 指令流水线知识，https://wenku.baidu.com/view/a63bc9661711cc7931b71649.html.

[13]　ARM 流水线关键技术分析与代码优化，http://www.cnblogs.com/getyoulove/p/3850345.html.

[14]　ARM 的 37 个寄存器详解，http://m.blog.csdn.net/linnoo/article/details/53260345.

[15]　ARM 寄存器介绍，http://blog.csdn.net/gaojinshan/article/details/47002059.

[16] ARM 寄存器组成，http://www.cnblogs.com/Yandy-Dang/p/3597020.html.

[17] ARM 关键几个寄存器，http://blog.csdn.net/jscese/article/details/46547985.

[18] 嵌入式-ARM 寄存器基本概念，http://www.21ic.com/app/embed/201206/128895.htm.

[19] ARM 的 37 个通用寄存器，https://www.2cto.com/kf/201611/567803.html.

[20] ARM 寄存器详解，http://blog.csdn.net/sandeldeng/article/details/52954781.

[21] ARM 工作模式，http://www.cnblogs.com/zzx1045917067/archive/2012/11/26/2789736.html.

[22] ARM 体系的 7 种工作模式，https://wenku.baidu.com/view/0afa85ba960590c69ec376db.html.

[23] ARM 的工作模式和状态，http://blog.chinaunix.net/uid-20671208-id-4212075.html.

[24] ARM 处理器工作模式，http://blog.csdn.net/a1875566250/article/details/8507388.

第 3 章　STM32F401 体系结构

3.1　STM32F401 架构

3.1.1　片内结构

STM32F401 器件基于高性能的 ARM Cortex-M4 32 位 RISC 内核，工作频率高达 84MHz。Cortex-M4 内核带有单精度浮点运算单元（FPU），支持所有 ARM 单精度数据处理指令和数据类型。器件集成了高速嵌入式存储器（Flash 存储器和 SRAM 的容量分别高达 512KB 字节和 96KB 字节）和大量连至 2 条 APB 总线、2 条 AHB 总线和 1 个 32 位多 AHB 总线矩阵的增强型 I/O 与外设。器件带有 1 个 12 位 ADC、1 个低功耗 RTC、6 个通用 16 位定时器（包括 1 个用于电机控制的 PWM 定时器）、2 个通用 32 位定时器。同时带有标准与高级通信接口：高达 3 个 I^2C、4 个 SPIs；两个全双工 I^2S，为达到音频级的精度，I^2S 外设可通过专用内部音频 PLL 提供时钟，或使用外部时钟以实现同步；3 个 USART；SDIO 接口；USB 2.0 全速接口。器件的工作温度范围是-40℃到+105℃，供电电压范围是 1.7V（PDR 关闭）到 3.6V。全面的节能模式支持低功耗应用的设计。

上述特点使得 STM32F401 微控制器适用领域广泛，包括电机驱动与应用控制、医疗设备、工业应用（PLC、逆变器、断路器）、打印机、扫描仪、警报系统、视频电话、HAVC、家庭音响设备以及手机 sensor hub。

STM32F401 的模块框图如图 3-1 所示。

3.1.2　功能单元描述

带有 FPU 处理器的 ARM Cortex-M4 是新一代的嵌入式系统 ARM 处理器。该处理器引脚数少、功耗低，能够提供满足 MCU 实现要求的低成本平台，同时具备卓越的计算性能和先进的中断响应。带有 FPU 内核的 ARM Cortex-M4 处理器是一款 32 位 RISC 处理器，具有优异的代码效率，通常采用 8 位和 16 位器件的存储器空间即可发挥 ARM 内核的高性能。该处理器支持一组 DSP 指令，能够实现有效的信号处理和复杂的算法执行。它的单精度 FPU（浮点单元）通过使用元语言开发工具，可加速开发，防止饱和。

ART 加速器是一种存储器加速器，它为 STM32 工业标准的配有 FPU 处理器的 ARM Cortex-M4 做了优化。该加速器平衡了配有 FPU 的 ARM Cortex-M4 在 Flash 技术方面的固有性能优势，克服了通常条件下，高速处理器在运行中需要经常等待 Flash 的情况。为了发挥处理器在此频率时的 105DMIPS 全部性能，该加速器将实施指令预取队列和分支缓存，从而提高了 128 位 Flash 的程序执行速度。根据 CoreMark 基准测试，凭借 ART 加速器所获得的性能相当于 Flash 在 CPU 频率高达 84MHz 时以 0 个等待周期执行程序。

STM32F401 具有 512KB 的 Flash 存储器（可存储数据和程序）和 96KB 的系统 SRAM（以

CPU 时钟速度读/写，0 等待状态）。另外还带有存储保护单元（MPU），用于管理 CPU 对存储器的访问，防止一个任务意外损坏另一个激活任务所使用的存储器或资源。器件集成有循环冗余校验计算单元 CRC，CRC 计算单元使用一个固定的多项式发生器从一个 32 位的数据字中产生 CRC 码。在众多的应用中，基于 CRC 的技术还常用来验证数据传输或存储的完整性。

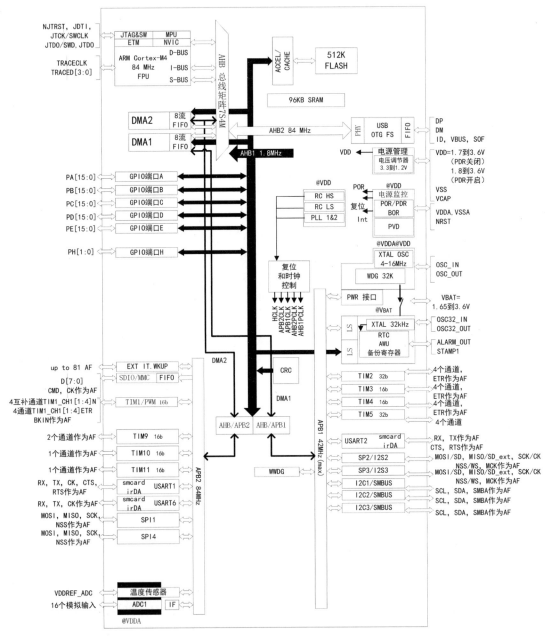

图 3-1　STM32F401 的模块框图

STM32F401 具有两个通用双端口 DMA（DMA1 和 DMA2），每个都有 8 个流。它们能够管理存储器到存储器、外设到存储器、存储器到外设的传输。它们具有用于 APB/AHB 外设的专用 FIFO，支持突发传输，其设计可提供最大外设带宽（AHB/APB）。32 位的 multi-AHB 总线矩阵将所有主设备（CPU、DMA）和从设备（Flash 存储器、RAM、AHB 和 APB 外设）互连，确保了即使多个高速外设同时工作时，工作也能无缝、高效。

STM32F401 内置有嵌套向量中断控制器 NVIC，能够管理 16 个优先等级并处理 ARM Cortex-M4 的高达 62 个可屏蔽中断通道和 16 个中断线。该硬件块以最短中断延迟提供灵活的中断管理功能。同时器件具有外部中断/事件控制器 EXTI 包含 21 根用于产生中断/事件请求的边沿检测中断线。每根中断线都可以独立配置以选择触发事件（上升沿触发、下降沿触发或边沿触发），并且可以单独屏蔽。挂起寄存器用于保持中断请求的状态。EXTI 可检测到脉冲宽度小于内部 APB2 时钟周期的外部中断线。外部中断线最多有 16 根，可从最多 81 个 GPIO 中选择连接。

STM32F401 复位时，16MHz 内部 RC 振荡器被选作默认的 CPU 时钟。该 16MHz 内部 RC 振荡器在工厂调校，可在约 25℃ 提供 1% 的精度。应用可选择 RC 振荡器或外部 4～26MHz 时钟源作为系统时钟。此时钟的故障可被监测。若检测到故障，则系统自动切换回内部 RC 振荡器并生成软件中断（若启用）。此时钟源输入至 PLL，因此频率可增至 84MHz。类似地，必要时（例如，当间接使用的外部振荡器发生故障时）可以对 PLL 时钟输入进行完全的中断管理。可通过多个预分频器配置两个 AHB 总线、高速 APB（APB2）域、低速 APB（APB1）域。两个 AHB 总线的最大频率为 84MHz，高速 APB 域的最大频率为 84MHz。低速 APB 域的最大允许频率为 42MHz。该器件内置有一个专用 PLL（PLLI2S），可达到音频级性能。在此情况下，I^2S 主时钟可生成 8kHz 至 192kHz 的所有标准采样频率。

STM32F401 提供了众多优秀的电源管理功能，使电池寿命更长。器件的供电方案主要有两种，不使用内部稳压器时，器件工作电压（VDD）为 1.7V 到 3.6V；使用内部稳压器时，器件工作电压（VDD）为 1.8V 到 3.6V。而当主电源 VDD 断电时，可通过 VBAT 电压为实时时钟（RTC）、RTC 备份寄存器供电。器件带有电源监控器，集成了上电复位电路、可编程电压检测器等用于保持电路复位状态和在中断服务程序中执行紧急关闭系统的任务。同时器件提供多种低功耗模式，可在 CPU 不需要运行时（例如等待外部事件时）节省功耗。

STM32F401 的备份包括实时时钟 RTC 和 20 个备份寄存器。实时时钟是一个独立的 BCD 定时器/计数器。RTC 提供了可编程的闹钟和可编程的周期性中断，可从停止和待机模式唤醒。此外，还可提供二进制格式的亚秒值。备份寄存器为 32 位寄存器，用于在 VDD 电源不存在时存储 80 字节的用户应用数据。备份寄存器不会在系统复位或电源复位时复位，也不会在器件从待机模式唤醒时复位。

STM32F401 内置有一个高级控制定时器、七个通用定时器和两个看门狗定时器。在调试模式下，可以冻结所有定时器计数器。高级控制定时器、通用定时器可用于输入捕获、输出比较；看门狗定时器可检测并解决由软件错误导致的故障。

STM32F401 具有多达 3 个可以在多主模式或从模式下工作的 I^2C 总线接口和高达 4 个通信模式为主从模式、全双工和单工的 SPI。器件内置有三个通用同步/异步收发器（USART1、USART2 和 USART6），这 3 个接口可提供异步通信、IrDA SIR ENDEC 支持、多处理器通信模式和单线半双工通信模式，并具有 LIN 主/从功能。USART1 和 USART2 还提供了 CTS 和 RTS 信号的硬件管理、智能卡模式（符合 ISO 7816）和与 SPI 类似的通信功能。所有接口均可使用 DMA 控制器。

STM32F401 可使用两个标准内部集成音频 I^2S，它们可工作于主或从模式，全双工和单工通信模式，可配置为 16/32 位分辨率的输入或输出通道工作。器件具有额外的专用音频 PLL（PLLI2S），用于音频 I^2C 和 SAI 应用。它可达到无误差的 I^2S 采样时钟精度，在使用 USB 外设的同时不降低 CPU 性能。除了音频 PLL，可使用主时钟输入引脚将 I^2C/SAI 流与外部 PLL（或编解码器输出）同步。

STM32F401 提供了 SD/MMC/SDIO（安全数字输入/输出）主机接口，它支持多媒体卡系统规范版本 4.2 中三种不同的数据总线模式：1 位（默认）、4 位和 8 位。

STM32F401 内置有集成了收发器的 USB OTG 全速器件/主机/OTG 外设。USB OTG FS 外设与 USB 2.0 规范和 OTG 1.0 规范兼容。它具有可由软件配置的端点设置，并支持挂起/恢复功能。USB OTG 全速控制器需要专用的 48MHz 时钟，由连至 HSE 振荡器的 PLL 产生。其支持会话请求协议（SRP）和主机协商协议（HNP）。

STM32F401 具有 1 个 12 位模数转换器，其共享多达 16 个外部通道，在单发或扫描模式下执行转换。在扫描模式下，将对一组选定的模拟输入执行自动转换。ADC 可以使用 DMA 控制器，利用模拟看门狗功能，可以非常精确地监视一路、多路或所有选定通道的转换电压。当转换电压超出编程的阈值时，将产生中断。

STM32F401 内置的 ARM 串行线 JTAG 调试端口（SWJ-DP）由 JTAG 和串行线调试端口结合而成，可以实现要连接到目标的串行线调试探头或 JTAG 探头，接口提供实时的编程和测试功能且仅使用 2 个引脚执行调试。

STM32F401 内置有温度传感器产生随温度线性变化的电压，转换范围为 1.7V 至 3.6V。温度传感器内部连接到 ADC_IN16 的同一输入通道，该通道用于将传感器输出电压转换为数字值。由于工艺不同，温度传感器的偏移因芯片而异，因此内部温度传感器主要适合检测温度变化，而不是用于检测绝对温度。如果需要读取精确温度，则应使用外部温度传感器部分。

STM32F401 的每个通用输入/输出（GPIO）引脚都可以由软件配置为输出（推挽或开漏、带或不带上拉/下拉）、输入（浮空、带或不带上拉/下拉）或外设复用功能。大多数 GPIO 引脚都具有数字或模拟复用功能。所有 GPIO 都有大电流的功能，具有速度选择以更好地管理内部噪声、功耗、电磁辐射。在特定序列后锁定 I/O 配置，可避免对 I/O 寄存器执行意外写操作。快速 I/O 处理最大 I/O 切换可高达 84MHz。

3.2　封装与引脚说明

STM32F401 有五种封装引脚定义，分别是 49 引脚的 WLCSP 封装，48 引脚的 UFQFPN 封装，64 引脚的 LQFP 封装，100 引脚的 LQFP 封装，100 引脚的 UFBAGA 封装。本节主要介绍 STM32F401RE 对应的 64 引脚 LQFP 封装，封装顶视图如图 3-2 所示。

表 3-1 是 STM32F401 LQFP 的引脚定义。

下面是对该表的一些特别说明：

（1）可用功能取决于所选器件。

（2）PC13、PC14、和 PC15 通过电源开关供电。由于该开关的灌电流能力有限（3mA），因此在输出模式下使用 GPIO PC13 到 PC15 时存在以下限制：速率不得超过 2MHz；最大负载为 30pF；这些 I/O 不能用作电流源（如用于驱动 LED）。

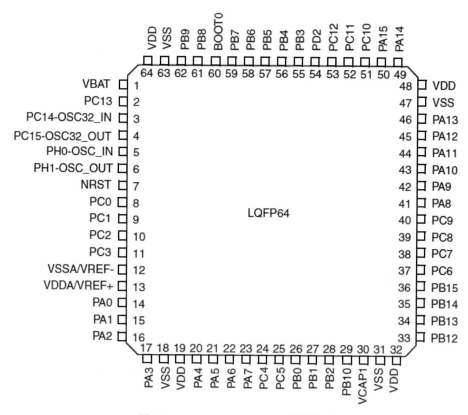

图 3-2　STM32F401 LQFP64 引脚排列

（3）备份域第一次上电后的主要功能。之后，即使复位，这些引脚的状态也取决于 RTC 寄存器的内容（因为主复位不会复位这些寄存器）。

（4）除了模拟模式或振荡器模式（PC14、PC15、PH0、PH1），噪音容限 FT 设置为 5V。

另外，对于引脚名称，除非在引脚名下面的括号中特别说明，复位期间和复位后的引脚功能与实际引脚名相同；对于注释，若无特别注释说明，否则在复位期间和复位后所有 I/O 都设为浮空输入；复用功能为通过 GPIOx_AFR 寄存器选择的功能；其他函数表示通过外设寄存器直接选择/启用的功能。引脚定义如表 3-1 所示。

表 3-1　引脚定义

引脚号	引脚名（复位后的功能）	引脚类型	I/O 结构	复用功能	其他函数
1	VBAT	电源	5V 容量 I/O	SPI4_SCK,TRACECLK, EVENTOUT	——
2	PC13	输入/输出	5V 容量 I/O	EVENTOUT	RTC_TAMP1, RTC_OUT, RTC_TS
3	PC14-OSC32_IN(PC14)	输入/输出	5V 容量 I/O	EVENTOUT	OSC32_IN
4	PC15-OSC32_OUT(PC15)	输入/输出	5V 容量 I/O	EVENTOUT	OSC32_OUT
5	PH0-OSC_IN(PH0)	输入/输出	5V 容量 I/O	EVENTOUT	OSC_IN

续表

引脚号	引脚名（复位后的功能）	引脚类型	I/O 结构	复用功能	其他函数
6	PH1-OSC_OUT(PH1)	输入/输出	5V 容量 I/O	EVENTOUT	OSC_OUT
7	NRST	输入/输出	5V 容量 I/O	EVENTOUT	——
8	PC0	输入/输出	5V 容量 I/O	EVENTOUT	ADC_IN10
9	PC1	输入/输出	5V 容量 I/O	EVENTOUT	ADC_IN11
10	PC2	输入/输出	5V 容量 I/O	SPI2_MISO, I2S2ext_SD,EVENTOUT	ADC_IN12
11	PC3	输入/输出	5V 容量 I/O	SPI2_MOSI/I2S2_SD, EVENTOUT	ADC_IN13
12	VSSA/VREF-	电源	——	——	——
13	VDDA/VREF-	电源	——	——	——
14	PA0	输入/输出	5V 容量 I/O	USART2_CTS, TIM2_CH1/TIM2_ETR, TIM5_CH1, EVENTOUT	ADC1_IN0, WKUP
15	PA1	输入/输出	5V 容量 I/O	USART2_RTS,TIM2_CH2, TIM5_CH2,EVENTOUT	ADC1_IN1
16	PA2	输入/输出	5V 容量 I/O	USART2_TX,TIM2_CH3, TIM5_CH3,TIM9_CH1, EVENTOUT	ADC1_IN2
17	PA3	输入/输出	5V 容量 I/O	USART2_RX,TIM2_CH4, TIM5_CH4,TIM9_CH2, EVENTOUT	ADC1_IN3
18	VSS	电源	——	——	——
19	VDD	电源	——	——	——
20	PA4	输入/输出	5V 容量 I/O	SPI1_NSS, SPI3_NSS/I2S3_WS, USART2_CK,EVENTOUT	ADC1_IN4
21	PA5	输入/输出	5V 容量 I/O	SPI1_SCK,TIM2_CH1/TIM2_ETR,EVENTOUT	ADC1_IN5
22	PA6	输入/输出	5V 容量 I/O	SPI1_MISO,TIM1_BKIN, TIM3_CH1,EVENTOUT	ADC1_IN6
23	PA7	输入/输出	5V 容量 I/O	SPI1_MOSI,TIM1_CH1N, TIM3_CH2,EVENTOUT	ADC1_IN7
24	PC4	输入/输出	5V 容量 I/O	EVENTOUT	ADC1_IN14
25	PC5	输入/输出	5V 容量 I/O	EVENTOUT	ADC1_IN15
26	PB0	输入/输出	5V 容量 I/O	TIM1_CH2N,TIM3_CH3, EVENTOUT	ADC1_IN8
27	PB1	输入/输出	5V 容量 I/O	TIM1_CH3N,TIM3_CH4, EVENTOUT	ADC1_IN9
28	PB2	输入/输出	5V 容量 I/O	EVENTOUT	BOOT1

续表

引脚号	引脚名（复位后的功能）	引脚类型	I/O 结构	复用功能	其他函数
29	PB10	输入/输出	5V 容量 I/O	SPI2_SCK/I2S2_CK,I2C2_SCL,TIM2_CH3,EVENTOUT	——
30	VCAP1	电源	——	——	——
31	VSS	电源	——	——	——
32	VDD	电源	——	——	——
33	PB12	输入/输出	5V 容量 I/O	SPI2_NSS/I2S2_WS,I2C2_SMBA,TIM1_BKIN,EVENTOUT	——
34	PB13	输入/输出	5V 容量 I/O	SPI2_SCK/I2S2_CK,TIM1_CH1N,EVENTOUT	——
35	PB14	输入/输出	5V 容量 I/O	SPI2_MISO,I2S2ext_SD,TIM1_CH2N,EVENTOUT	——
36	PB15	输入/输出	5V 容量 I/O	SPI2_MOSI/I2S2_SD,TIM1_CH3N,EVENTOUT	RTC_REFIN
37	PC6	输入/输出	5V 容量 I/O	I2S2_MCK,USART6_TX,TIM3_CH1,SDIO_D6,EVENTOUT	——
38	PC7	输入/输出	5V 容量 I/O	I2S3_MCK,USART6_RX,TIM3_CH2,SDIO_D7,EVENTOUT	——
39	PC8	输入/输出	5V 容量 I/O	USART6_CK,TIM3_CH3,SDIO_D0,EVENTOUT	——
40	PC9	输入/输出	5V 容量 I/O	I2S_CKIN,I2C3_SDA,TIM3_CH4,SDIO_D1,MCO_2,EVENTOUT	——
41	PA8	输入/输出	5V 容量 I/O	I2C3_SCL,USART1_CK,TIM1_CH1,OTG_FS_SOF,MCO_1,EVENTOUT	——
42	PA9	输入/输出	5V 容量 I/O	I2C3_SMBA,USART_TX,TM1_CH2,EVENTOUT	OTG_FS_VBUS
43	PA10	输入/输出	5V 容量 I/O	USART1_RX,TIM1_CH3,OTG_FS_ID,EVENTOUT	——
44	PA11	输入/输出	5V 容量 I/O	USART1_CTS,USART6_TX,TIM1_CH4,OTG_FS_DM,EVENTOUT	——
45	PA12	输入/输出	5V 容量 I/O	USART1_RTS,USART6_RX,TIM1_ETR,OTG_FS_DP,EVENTOUT	——
46	PA13(JTMSSWDIO)	输入/输出	5V 容量 I/O	JTMS-SWDIO,EVENTOUT	——
47	VSS	电源	——	——	——

续表

引脚号	引脚名（复位后的功能）	引脚类型	I/O 结构	复用功能	其他函数
48	VDD	电源	——	——	——
49	PA14(JTCKSWCLK)	输入/输出	5V 容量 I/O	JTCK-SWCLK,EVENTOUT	——
50	PA15（JTDI）	输入/输出	5V 容量 I/O	JTDI,SPI1_NSS,SPI3_NSS/ I2S3_WS,TIM2_CH1/TIM2_ ETR,JTDI,EVENTOUT	——
51	PC10	输入/输出	5V 容量 I/O	SPI3_SCK/I2S3_CK, SDIO_D2,EVENTOUT	——
52	PC11	输入/输出	5V 容量 I/O	I2S3ext_SD,SPI3_MISO, SDIO_D3,EVENTOUT	——
53	PC12	输入/输出	5V 容量 I/O	SPI3_MOSI/I2S3_SD, SDIO_CK,EVENTOUT	——
54	PD2	输入/输出	5V 容量 I/O	TIM3_ETR,SDIO_CMD, EVENTOUT	——
55	PB3(JTDO-SWO)	输入/输出	5V 容量 I/O	JTDO-SWO,SPI1_SCK,SPI3_ SCK/I2S3_CK,I2C2_SDA,TI M2_CH2,EVENTOUT	——
56	PB4(NJTRST)	输入/输出	5V 容量 I/O	NJTRST,SPI1_MISO,SPI3_ MISO,I2S3ext_SD,I2C3_SDA, TIM3_CH1,EVENTOUT	——
57	PB5	输入/输出	5V 容量 I/O	SPI1_MOSI,SPI3_MOSI/I2S3_ SD,I2C1_SMBA,TIM3_CH2, EVENTOUT	——
58	PB6	输入/输出	5V 容量 I/O	I2C1_SCL,USART1_TX, TIM4_CH1,EVENTOUT	——
59	PB7	输入/输出	5V 容量 I/O	I2C1_SDA,USART1_RX, TIM4_CH2,EVENTOUT	——
60	BOOT0	仅输入	专用 BOOT0 引脚	——	VPP
61	PB8	输入/输出	5V 容量 I/O	I2C1_SCL,TIM4_CH3, TIM10_CH1,SDIO_D4, EVENTOUT	——
62	PB9	输入/输出	5V 容量 I/O	SPI2_NSS/I2S2_WS,I2C1_ SDA,TIM4_CH4,TIM11_CH1, SDIO_D5,EVENTOUT	——
63	VSS	电源	——	——	——
64	VDD	电源	——	——	——

参考资料

[1]　张燕妮. STM32F0 系列 Cortex-M0 原理与实践[M]. 北京：电子工业出版社，2016.

[2]　RM0368 Reference Manual，http://www.st.com/content/ccc/resource/technical/document/reference_manual/5d/b1/ef/b2/a1/66/40/80/DM00096844.pdf/files/DM00096844.pdf/jcr:content/translations/en.DM00096844.pdf.

[3]　STM32F401 数据手册，http://www.st.com/content/ccc/resource/technical/document/datasheet/30/91/86/2d/db/94/4a/d6/DM00102166.pdf/files/DM00102166.pdf/jcr:content/translations/en.DM00102166.pdf.

[4]　从繁至简，颠覆传统设计的云端开发，http://www.stmcu.org/module/forum/thread-586607-1-1.html.

第 4 章　STM32F401 功能模块设计

4.1　电源模块

4.1.1　电源

电源框图如图 4-1 所示，器件供电方案主要有以下两种。

器件工作电压（VDD）：1.7V 到 3.6V，不使用内部稳压器时，通过 VDD 引脚可为 I/O 提供外部电源。此时外部电源需要连接 VDD 和 PDR_ON 引脚。

器件工作电压（VDD）：1.8V 到 3.6V，使用内部稳压器时，通过 VDD 引脚可为 I/O 和内部稳压器提供外部电源。

而当主电源 VDD 断电时，可通过 VBAT 电压为实时时钟（RTC）、RTC 备份寄存器供电。

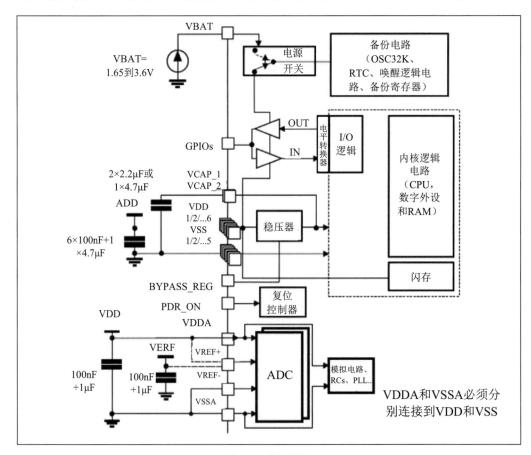

图 4-1　电源框图

1．独立 A/D 转换器电源和参考电压

为了提高转换精度，ADC 配有独立电源，可以单独滤波并屏蔽 PCB 上的噪声。ADC 电源电压从单独的 VDD 引脚输入。VSSA 引脚提供了独立的电源接地连接。

为了确保测量低电压时具有更高的精度，用户可以在 VREF 上连接单独的 ADC 外部参考电压输入。VREF 电压在 1.7V 到 VDDA 之间。

2．电池备份域

要在 VDD 关闭后保留 RTC 备份寄存器和备份 SRAM 的内容并为 RTC 供电，可以将 VBAT 引脚连接到通过电池或其他电源供电的可选备份电压。要使 RTC 即使在主数字电源（VDD）关闭后仍然工作，VBAT 引脚需要为以下各模块供电：

- RTC。
- LSE 振荡器。
- PC13 到 PC15 I/O。

VBAT 电源的开关由复位模块中内置的掉电复位电路进行控制。

4.1.2　电源监控器

1．上电复位（POR）/掉电复位（PDR）

器件内部集成有 POR/PDR 电路，可从 1.8V 起正常工作。在工作电压低于 1.8V 时，必须利用 PDR_ON 引脚关闭内部电源监控器。当 VDD/VDDA 低于指定阈值 VPOR/PDR 时，器件无需外部复位电路便会保持复位状态，上电复位/掉电复位波形如图 4-2 所示。

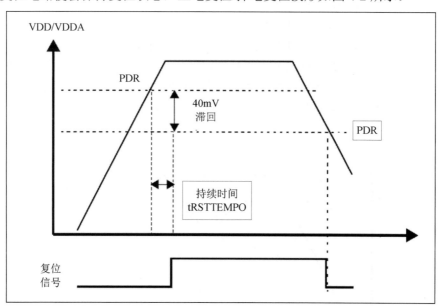

图 4-2　上电复位/掉电复位波形

2．欠压复位（BOR）

上电期间，欠压复位（BOR）将使器件保持复位状态，直到电源电压达到指定的 VBOR 阈值，如图 4-3 所示。VBOR 通过器件选项字节进行配置。BOR 默认关闭，可选择 3 个 VBOR 阈值。

当电源电压（VDD）降至所选 VBOR 阈值以下时，将使器件复位。通过对器件选项字节进行编程可以禁止 BOR。如果 PDR 已通过 PDR_ON 引脚关闭，此时电源的通断由 POR/PDR 或者外部电源监控器监控。BOR 阈值滞回电压约为 100mV。

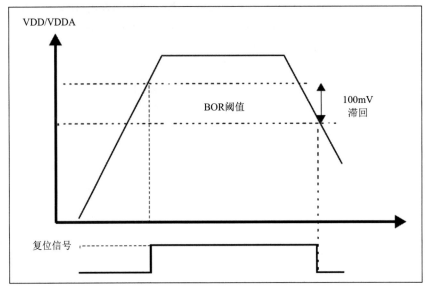

图 4-3　欠压复位阈值

3．可编程电压检测器（PVD）

使用 PVD 可监视 VDD 电源，将其与 PWR 电源控制寄存器（PWR_CR）中 PLS[2:0]位所选的阈值进行比较。可通过设置 PVDE 位来使能 PVD。PWR 电源控制/状态寄存器（PWR_CSR）中提供了 PVDO 标志，用于指示 VDD 是大于还是小于 PVD 阈值，如图 4-4 所示。该事件内部连接到 EXTI 线 16，如果通过 EXTI 寄存器使能，则可以产生中断。当 VDD 降至 PVD 阈值以下以及/或者当 VDD 升至 PVD 阈值以上时，可以产生 PVD 输出中断，具体取决于 EXTI 线 16 上升沿/下降沿的配置。该功能的用处之一就是可以在中断服务程序中执行紧急关闭系统的任务。

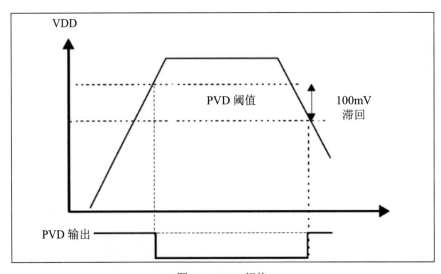

图 4-4　PVD 阈值

4.1.3　低功耗模式

默认情况下，系统复位或上电复位后，微控制器进入运行模式。在运行模式下，CPU 通过 HCLK 提供时钟，并执行程序代码。系统提供了多个低功耗模式，可在 CPU 不需要运行时（例如等待外部事件时）节省功耗，如表 4-1 所示。由用户根据应用选择具体的低功耗模式，以在低功耗、短启动时间和可用唤醒源之间寻求最佳平衡。

表 4-1　低功耗模式汇总

模式名称	进入	唤醒	对 1.2V 域时钟的影响	对 VDD 域时钟的影响	调压器
睡眠（立即休眠或退出时休眠）	WFI 或 ISR 返回	任意中断	CPU CLK 关闭对其他时钟或模拟时钟源无影响	无	开启
	WFE	唤醒事件			
停止	PDDS 位+停止模式设置 +SLEEPDEEP 位+WFI、ISR 返回或 WFE	任意 EXTI 线（在 EXTI 寄存器中配置，内部线和外部线）	所有 1.2V 域时钟都关闭	HSI 和 HSE 振荡器关闭	主调压器或低功耗调压器（取决于 PWR 电源控制寄存器（PWR_CR））
待机	PDDS 位+SLEEPDEEP 位+WFI、ISR 返回或 WFE	WKUP 引脚上升沿、RTC 闹钟（闹钟 A 或闹钟 B）、RTC 唤醒事件、RTC 入侵事件、RTC 时间戳事件、NRST 引脚外部复位、IWDG 复位			关闭

器件有三个低功耗模式：睡眠模式（带 FPU 的 Cortex-M4 内核停止，外设保持运行）、停止模式（所有时钟停止）、待机模式（1.2V 域断电）。此外还可以通过下列方法之一降低运行模式的功耗：降低系统时钟速度或不使用 APBx 和 AHBx 外设时，将其对应的外设时钟关闭。

1. 进入低功耗模式

由 MCU 执行 WFI（等待中断）或 WFE（等待事件）指令，又或带 FPU 的 Cortex-M4 系统控制寄存器的 SLEEPONEXIT 位已设置从 ISR 返回即可进入低功耗模式。

2. 退出低功耗模式

MCU 退出睡眠模式和停止模式的方式取决于其进入低功耗模式的方式。若使用 WFI 指令或 ISR 返回的指令进入低功耗模式，则 NVIC 确认的任意外设中断都将会唤醒器件。若使用 WFE 指令进入低功耗模式，MCU 将在有事件发生时立即退出低功耗模式。唤醒事件可通过以下方式产生：

（1）NVIC IRQ 中断。

当带 FPU 的 Cortex-M4 系统控制寄存器的 SEVONPEND=0 时，在外设的控制寄存器和 NVIC 中使能一个中断。当 MCU 从 WFE 恢复时，需要清除相应外设的中断挂起位和 NVIC 外设中断通道挂起位（在 NVIC 中断清除挂起寄存器中）。只有足够优先的 NVIC 中断能唤醒并中断 MCU。

当带 FPU 的 Cortex-M4 系统控制寄存器的 SEVONPEND=1 时，在外设的控制寄存器和

NVIC 中的可选项中使能一个中断。当 MCU 从 WFE 恢复时，需要清除相应外设的中断挂起位和使能的 NVIC 外设中断通道挂起位（在 NVIC 中断清除挂起寄存器中）。所有 NVIC 请求都会唤醒 MCU，即使没有使能。只有足够优先的使能 NVIC 中断能唤醒并中断 MCU。

（2）事件。

由配置为事件模式的 EXIT 线完成。当 CPU 从 WFE 恢复时，无需清除 EXIT 外设中断挂起位或 NVIC 中断通道挂起位，因为与事件线相对应的挂起位并没有设置。而清除相应外设中断标志可能是必要的。

MCU 退出待机模式需要通过一个外部复位（NRST 引脚）、一个 IWDG 复位、一个来自的使能 WKUPx 引脚的上升沿或者 RTC 事件的出现。从待机模式唤醒后，程序将按照复位（启动引脚采样、选项字节加载、复位向量已获取等）后的方式重新执行。只有足够优先的使能 NVIC 中断能唤醒并中断 MCU。

3. 降低系统时钟速度

在运行模式下，可通过对预分频器编程来降低系统时钟（SYSCLK、HCLK、PCLK1 和 PCLK2）速度。进入睡眠模式之前，也可以使用这些预分频器降低外设速度。

4. 外设时钟门控

在运行模式下，可随时停止各外设和存储器的 HCLKx 和 PCLKx 以降低功耗。要进一步降低睡眠模式的功耗，可在执行 WFI 或 WFE 指令之前禁止外设时钟。外设时钟门控由 AHB1 外设时钟使能寄存器（RCC_AHB1ENR）、AHB2 外设时钟使能寄存器（RCC_AHB2ENR）进行控制。在睡眠模式下，复位 RCC_AHBxLPENR 和 RCC_APBxLPENR 寄存器中的对应位可以自动禁止外设时钟。

4.1.4　电源控制寄存器

1. 电源控制寄存器（PWR_CR）（见图 4-5）

31	30	29	28	27	26	25	24	23	22	21	20	19	18	17	16
								预留							

15	14	13	12	11	10	9	8	7	6	5	4	3	2	1	0
VOS		ADCDC1	预留	MRLV DS	LPLV DS	FPDS	DBP	PLS[2:0]			PVDE	CSBF	CWUF	PDDS	LPDS
rw	rw	rw		rw	rw	rw	rw	rw	rw	rw	rw	w	w	rw	rw

图 4-5　电源控制寄存器

对位[31:16]：进行保留，不使用。

对位[15:14]的 VOS：这些位控制调压器输出电压级别，用来控制内部主调压器的输出电压，以便在器件未以最大频率工作时使性能与功耗实现平衡，只有在关闭 PLL 时才可以修改这些位。新的编程值只在 PLL 开启后才生效。PLL 关闭后将选择独立于 VOS 寄存器内容的电压级别 3。位描述如表 4-2 所示。

对位 13 的 ADCDC1：需要注意仅当在 2.7V 到 3.6V 之间的电源电压范围内工作且关闭预取指功能时，才可以设置此位。位描述如表 4-3 所示。

表 4-2　相关位描述

值	描述
00	预留（选择级别 3 模式）
01	级别 3 模式
10	级别 2 模式
11	预留（选择级别 2 模式）

表 4-3　相关位描述

值	描述
0	无操作
1	有关如何使用此位的详细信息，请参见 AN4073

对位 12：进行保留，不使用。

对位 11 的 MRLVDS：用于控制深度睡眠低压主调压器。位描述如表 4-4 所示。

表 4-4　相关位描述

值	描述
0	器件进入停止模式时主调压器处于电压级别 3
1	器件进入停止模式时主调压器处于低压状态且闪存处于深度睡眠模式

对位 10 的 LPLVDS：用于控制深度睡眠低压低功率调压器。位描述如表 4-5 所示。

表 4-5　相关位描述

值	描述
0	器件进入停止模式时当 LPDS 置 1 低功率调压器开启
1	器件进入停止模式时当 LPDS 置 1 低功率调压器处于低压状态且闪存处于深度睡眠模式

对位 9 的 FPDS：用于控制停止模式下 Flash 掉电。将此位置 1 时，Flash 将在器件进入停止模式后掉电。这样可以降低停止模式的功耗，但会延长重新启动时间。位描述如表 4-6 所示。

表 4-6　相关位描述

值	描述
0	器件进入停止模式时 Flash 不掉电
1	器件进入停止模式时 Flash 掉电

对位 8 的 DBP：用于禁止备份域写保护。在复位状态下，RCC_BDCR 寄存器、RTC 寄存器（包括备份寄存器）以及 PWR_CSR 寄存器 BRE 位均受到写访问保护。必须将此位置 1 才能使能对这些寄存器的写访问。位描述如表 4-7 所示。

表 4-7　相关位描述

值	描述
0	禁止对 RTC 和 RTC 备份寄存器访问
1	允许对 RTC 和 RTC 备份寄存器访问

对位[7:5]的 PLS[2:0]：用于控制 PVD 级别选择。这些位由软件写入，用于选择电压检测器检测的电压阈值。位描述如表 4-8 所示。

表 4-8　相关位描述

值	描述
000	2.2V
001	2.3V
010	2.4V
011	2.5V
100	2.6V
101	2.7V
110	2.8V
111	2.9V

对位 4 的 PVDE：用于使能电源电压检测器。此位由软件置 1 和清零。位描述如表 4-9 所示。

表 4-9　相关位描述

值	描述
0	禁止 PVD
1	使能 PVD

对位 3 的 CSBF：此位为待机标志清零，始终读为 0。位描述如表 4-10 所示。

表 4-10　相关位描述

值	描述
0	无操作
1	写 1 将待机标志清零

对位 2 的 CWUF：此位为唤醒标志清零，始终读为 0。位描述如表 4-11 所示。

表 4-11　相关位描述

值	描述
0	无操作
1	2 个系统时钟周期后将 WUF 唤醒标志清零

对位 1 的 PDDS：用于控制深度睡眠掉电，此位由软件置 1 和清零。与 LPDS 位结合使用。位描述如表 4-12 所示。

表 4-12　相关位描述

值	描述
0	CPU 进入深度睡眠模式时进入停止模式，校准器状态由 LPDS 位决定
1	CPU 进入深度睡眠模式时进入待机模式

对位 0 的 LPDS：用于控制低功耗深度睡眠，此位由软件置 1 和清零。与 PDDS 位结合使用。位描述如表 4-13 所示。

表 4-13　相关位描述

值	描述
0	停止模式下稳压器开启
1	停止模式下调压器开启低功耗稳压器

地址偏移为 0x00。

复位值为 0x0000 8000（从待机模式唤醒时复位）。

2. 电源控制/状态寄存器（PWR_CSR）（见图 4-6）

与标准的 APB 读操作相比，读取此寄存器需要额外的 APB 周期。

31	30	29	28	27	26	25	24	23	22	21	20	19	18	17	16
预留															
15	**14**	**13**	**12**	**11**	**10**	**9**	**8**	**7**	**6**	**5**	**4**	**3**	**2**	**1**	**0**
预留	VOS RDY	预留				BRE	EWUP	预留				BRR	PVDO	SBF	WUF
	r					rw	rw					r	r	r	r

图 4-6　电源控制/状态寄存器

对位[31:15]：进行保留，不使用。

对位 14 的 VOSRDY：用于控制调压器输出电压级别选择就绪位。位描述如表 4-14 所示。

表 4-14　相关位描述

值	描述
0	未就绪
1	就绪

对位[13:10]：进行保留，不使用。

对位 9 的 BRE：用于控制使能备份调压器。备份调压器（用于维护备份域内容）开启时设置。若 BRE 复位，则备份调压器关闭。一旦设置，应用程序必须等待备份调节器的就绪标志（BRR）设置指明写入的数据会保持在待机和 VBAT 模式。在设备通过系统复位或电源复位从待机状态被唤醒时该位不会复位。位描述如表 4-15 所示。

表 4-15   相关位描述

值	描述
0	备份调压器关闭
1	备份调压器开启

对位 8 的 EWUP：用于使能 WKUP 引脚。此位由软件置 1 和清零，通过系统复位进行复位。位描述如表 4-16 所示。

表 4-16   相关位描述

值	描述
0	WKUP 引脚用作通用 I/O，WKUP 引脚上的事件不会把器件从待机模式唤醒
1	WKUP 用于从待机模式唤醒器件并被强制配置成输入下拉（WKUP 引脚出现上升沿时从待机模式唤醒系统）

对位[7:4]：进行保留，不使用。

对位 3 的 BRR：用于控制备份调压器就绪。由硬件置 1，用以指示备份调压器已就绪。注意此位不会在器件从待机模式唤醒时复位，也不会通过系统复位或电源复位进行复位。位描述如表 4-17 所示。

表 4-17   相关位描述

值	描述
0	WKUP 引脚用作通用 I/O，WKUP 引脚上的事件不会把器件从待机模式唤醒
1	WKUP 用于从待机模式唤醒器件并被强制配置成输入下拉（WKUP 引脚出现上升沿时从待机模式唤醒系统）

对位 2 的 PVDO：用于控制 PCD 输出。此位通过硬件置 1 和清零。仅当通过 PVDE 位使能 PVD 时此位才有效。PVD 在进入待机模式时停止，因此，进入待机模式或执行复位后，此位等于 0，直到 PVDE 位置 1。位描述如表 4-18 所示。

表 4-18   相关位描述

值	描述
0	VDD 高于 PLS[2:0]位选择的 PVD 阈值
1	VDD 低于 PLS[2:0]位选择的 PVD 阈值

对位 1 的 SBF：此位为待机标志。由硬件置 1，清零则只能通过 POR/PDR（上电复位/掉电复位）或将 PWR_CR 寄存器中的 CSBF 位置 1 来实现。位描述如表 4-19 所示。

表 4-19   相关位描述

值	描述
0	器件未进入待机模式
1	器件已进入待机模式

对位 0 的 WUF：此位为唤醒标志。由硬件置 1，清零则可通过系统复位或将 PWR_CR 寄存器中的 CWUF 置 1 来实现。如果使能 WKUP 引脚（将 EWUP 位置 1）时 WKUP 引脚已为高电平，系统将检测到另一唤醒事件。位描述如表 4-20 所示。

表 4-20　相关位描述

值	描述
0	未发生唤醒事件
1	收到唤醒事件，可能来自 WKUP 引脚、RTC 闹钟（闹钟 A 和闹钟 B）、RTC 入侵事件、RTC 时间戳事件或 RTC 唤醒事件

地址偏移为 0x04。

复位值为 0x0000 0000（不从待机模式唤醒进行复位）。

4.2　复位模块

STM32F401 有三种复位：系统复位、电源复位和备份域复位，如图 4-7 所示。

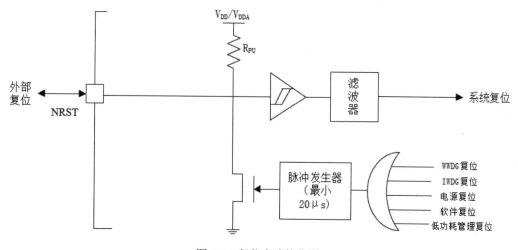

图 4-7　复位电路简化图

4.2.1　系统复位

除了时钟控制寄存器 CSR 中的复位标志和备份域中的寄存器外，系统复位会将其他全部寄存器都复位为复位值（参见图 4-7）。

只要发生以下事件之一，就会产生系统复位：

（1）NRST 引脚低电平（外部复位）。

（2）窗口看门狗计数结束（WWDG 复位）。

（3）独立看门狗计数结束（IWDG 复位）。

（4）软件复位（SW 复位）。

（5）低功耗管理复位。

1. 软件复位

可通过查看 RCC 时钟控制和状态寄存器（RCC_CSR）中的复位标志确定。要对器件进行软件复位，必须将 Cortex-M4F 应用中断和复位控制寄存器中的 SYSRESETREQ 位置 1。

2. 低功耗管理复位

引发低功耗管理复位的方式有两种：

（1）进入待机模式时产生复位。

此复位的使能方式是清零用户选项字节中的 nRST_STDBY 位。使能后，只要成功执行进入待机模式序列，器件就将复位，而非进入待机模式。

（2）进入停止模式时产生复位。

此复位的使能方式是清零用户选项字节中的 nRST_STOP 位。使能后，只要成功执行进入停止模式序列，器件就将复位，而非进入停止模式。

4.2.2　电源复位

只要发生以下事件之一，就会产生电源复位：

（1）上电/掉电复位（POR/PDR 复位）或欠压（BOR）复位。

（2）在退出待机模式时。

除备份域内的寄存器以外，电源复位会将其他全部寄存器设置为复位值（请参见图 4-7）

这些源均作用于 NRST 引脚，该引脚在复位过程中始终保持低电平。RESET 复位入口向量在存储器映射中固定在地址 0x0000_0004。

芯片内部的复位信号会在 NRST 引脚上输出。脉冲发生器用于保证最短复位脉冲持续时间，可确保每个内部复位源的复位脉冲都至少持续 20μs。对于外部复位，在 NRST 引脚处于低电平时产生复位脉冲。

4.2.3　备份域复位

备份域具有两个特定的复位，这两个复位仅作用于备份域本身。

备份域复位会将所有 RTC 寄存器和 RCC_BDCR 寄存器复位为各自的复位值。BKPSRAM 不受此复位影响。BKPSRAM 的唯一复位方式是通过 Flash 接口将 Flash 保护等级从 1 切换到 0。

只要发生以下事件之一，就会产生备份域复位：

（1）软件复位，通过将 RCC 备份域控制寄存器（RCC_BDCR）中的 BDRST 位置 1 触发。

（2）在电源 VDD 和 VBAT 都已掉电后，其中任何一个又再上电。

4.3　时钟管理模块

STM32F401 的时钟源分为两类，一类用于驱动系统时钟，一类用于驱动特殊功能外设源。图 4-8 是 STMF401 的时钟树。有三、四种不同的时钟源可以被用来驱动系统时钟：内部高速（HSI）16MHz RC 振荡器时钟、外部高速（HSE）振荡器时钟、PLL 时钟。

以下两种时钟驱动非系统时钟的时钟源。

32kHz 低速内部振荡器（LSI RC）：用于驱动独立看门狗和用于自动从停机或待机模式下

唤醒的 RTC 时钟。

低速用于驱动实时时钟（RTCCLK）的 32.768kHz 的低速的外部晶振（LSE 晶振）。

对于每个时钟源来说，在未使用时都可单独打开或者关闭，以降低功耗。

时钟控制器为应用带来了高度的灵活性，用户在运行内核和外设时可选择使用外部晶振或者使用振荡器，既可采用最高的频率，也可为以太网、USB OTG FS 以及 HS、I2S 和 SDIO 等需要特定时钟的外设保证合适的频率。

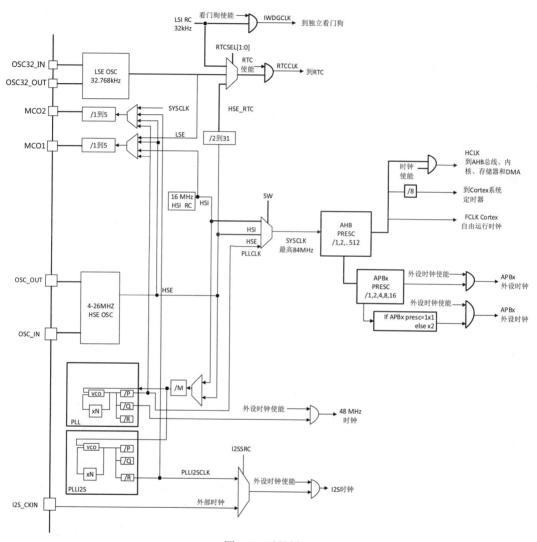

图 4-8　时钟树

可通过多个预分频器配置 AHB 频率、高速 APB（APB2）和低速 APB（APB1）。AHB 域的最大频率为 84MHz。高速 APB2 域的最大允许频率为 84MHz。低速 APB1 域的最大允许频率为 42MHz。

除以下时钟外，所有外设时钟均由系统时钟（SYSCLK）提供：

● 来自于特定 PLL 输出（PLL48CLK）的 USB OTG FS 时钟（48MHz）、基于模拟技术的随机数发生器（RNG）时钟（48MHz）和 SDIO 时钟（48MHz）。

● I2S 时钟。

要实现高品质的音频性能，可通过特定的 PLL（PLLI2S）或映射到 I2S_CKIN 引脚的外部时钟提供 I2S 时钟。

RCC 向 Cortex 系统定时器（SysTick）馈送 8 分频的 AHB 时钟（HCLK）。SysTick 可使用此时钟作为时钟源，也可使用 HCLK 作为时钟源，具体可在 SysTick 控制和状态寄存器中配置。

STM32F401xB/C 和 STM32F401xD/E 的定时器时钟频率由硬件自动设置。分为两种情况：如果 APB 预分频器为 1，定时器时钟频率等于 AP 域的频率；否则，等于 APB 域的频率的两倍（×2）。

定时器时钟频率由硬件自动设置。根据 RCC_CFGR 寄存器中 TIMPRE 位的取值，共分为两种情况：

● 如果 RCC_DKCFGR 寄存器的 TIMPRE 位清 0。

如果 APB 预分频器分频系数是 1，则定时器时钟频率（TIMxCLK）为 PCLKx。否则，定时器时钟频率将为 APB 域的频率的两倍：TIMxCLK=2×PCLKx。

● 如果 RCC_DKCFGR 寄存器的 TIMPRE 位置 1。

如果 APB 预分频器配置分频系数是 1、2 或 4，则定时器时钟频率（TIMxCLK）将设置为 HCLK；否则，定时器时钟频率将为 APB 域的频率的四倍：TIMxCLK=4×PCLKx。

4.3.1　HSE 时钟

高速外部时钟信号（HSE）有 2 个时钟源：
● HSE 外部晶振/陶瓷谐振器。
● HSE 外部用户时钟。

谐振器和负载电容必须尽可能地靠近振荡器的引脚，以尽量减小输出失真和起振稳定时间。负载电容值必须根据所选振荡器的不同做适当调整。

1. 外部源（HSE 旁路）

在此模式下，必须提供外部时钟源。此模式通过将 RCC 时钟控制寄存器（RCC_CR）中的 HSEBYP 和 HSEON 位置 1 进行选择。必须使用占空比约为 50% 的外部时钟信号（方波、正弦波或三角波）来驱动 OSC_IN 引脚，同时 OSC_OUT 引脚应保持为高阻态（hi-Z）。

2. 外部晶振/陶瓷谐振器（HSE 晶振）

HSE 的特点是精度非常高。RCC 时钟控制寄存器（RCC_CR）中的 HSERDY 标志指示高速外部振荡器是否稳定。在启动时，硬件将此位置 1 后，此时钟才可以使用。如在 RCC 时钟中断寄存器（RCC_CIR）中使能中断，则可产生中断。

HSE 晶振可通过 RCC 时钟控制寄存器（RCC_CR）中的 HSEON 位打开或关闭。

4.3.2　HSI 时钟

HSI 时钟信号由内部 16MHz RC 振荡器生成，可直接用作系统时钟，或者用作 PLL 输入。

HSI RC 振荡器的优点是成本较低（无需使用外部组件）。此外，其启动速度也要比 HSE 晶振快，但即使校准后，其精度也不及外部晶振或陶瓷谐振器。

校准：因为生产工艺不同，不同芯片的 RC 振荡器频率也不同，因此 ST 会对每个器件进行出厂校准，达到 TA=25℃时 1% 的精度。

复位后，工厂校准值将加载到 RCC 时钟控制寄存器（RCC_CR）的 HSICAL[7:0]位中。

如果应用受到电压或温度变化影响，则这可能也会影响到 RC 振荡器的速度。用户可通过 RCC 时钟控制寄存器（RCC_CR）中的 HSITRIM[4:0]位对 HSI 频率进行微调。

RCC 时钟控制寄存器（RCC_CR）中的 HSIRDY 标志指示 HSI RC 是否稳定。在启动时，硬件将此位置 1 后，HSI 才可以使用。

HSI RC 可通过 RCC 时钟控制寄存器（RCC_CR）中的 HSION 位打开或关闭。

HSI 信号还可作为备份时钟源（辅助时钟）使用，以防 HSE 晶振发生故障。

4.3.3　PLL 配置

STM32F401xB/C 和 STM32F401xD/E 器件具有两个 PLL。

- 主 PLL（PLL)由 HSE 或 HSI 振荡器提供时钟信号，并具有两个不同的输出时钟：
  - ➢ 第一个输出用于生成高速系统时钟（最高达 84MHz）。
  - ➢ 第二个输出用于生成 USB OTG FS 的时钟（48 MHz）、随机数发生器的时钟（≤48MHz）和 SDIO 时钟（≤48MHz）。
- 专用 PLL（PLLI2S)用于生成精确时钟，从而在 I2S 接口实现高品质音频性能。

由于在 PLL 使能后主 PLL 配置参数便不可更改，所以建议先对 PLL 进行配置，然后再使能（选择 HSI 或 HSE 振荡器作为 PLL 时钟源，并配置分频系数 M、N、P 和 Q）。

PLLI2S 使用与 PLL 相同的输入时钟（PLLM[5:0]和 PLLSRC 位为两个 PLL 所共用）。但是，PLLI2S 具有专门的使能/禁止和分频系数（N 和 R）配置位。在 PLLI2S 使能后，配置参数便不能更改。

当进入停机和待机模式后，两个 PLL 将由硬件禁止。如将 HSE 或 PLL（由 HSE 提供时钟信号）用作系统时钟，则在 HSE 发生故障时，两个 PLL 也将由硬件禁止。RCC PLL 配置寄存器（RCC_PLLCFGR）和 RCC 时钟配置寄存器（RCC_CFGR)可分别用于配置 PLL 和 PLLI2S。

4.3.4　LSE 时钟

LSE 晶振是 32.768kHz 低速外部（LSE）晶振或陶瓷谐振器，可作为实时时钟外设（RTC）的时钟源来提供时钟/日历或其他定时功能，具有功耗低且精度高的优点。

LSE 晶振通过 RCC 备份域控制寄存器（RCC_BDCR）中的 LSEON 位打开和关闭。

RCC 备份域控制寄存器（RCC_BDCR）中的 LSERDY 标志指示 LSE 晶振是否稳定。在启动时，硬件将此位置 1 后，LSE 晶振输出时钟信号才可以使用。如在 RCC 时钟中断寄存器（RCC_CIR）中使能中断，则可产生中断。

外部源（LSE 旁路）：在此模式下，必须提供外部时钟源，最高频率不超过 1MHz。此模式通过 RCC 备份域控制。

寄存器（RCC_BDCR）中的 LSEBYP 和 LSEON 位置 1 进行选择。必须使用占空比约为 50%的外部时钟信号（方波、正弦波或三角波）来驱动 OSC32_IN 引脚，同时 OSC32_OUT 引脚应保持为高阻态（Hi-Z）。

4.3.5　LSI 时钟

LSI RC 可作为低功耗时钟源在停机和待机模式下保持运行，供独立看门狗（IWDG）和自动唤醒单元（AWU）使用。时钟频率在 32kHz 左右。有关详细信息，请参见木章参考资料 [1]STM32F401 数据手册的电气特性部分。

LSI RC 可通过 RCC 时钟控制和状态寄存器（RCC_CSR）中的 LSION 位打开或关闭。

RCC 时钟控制和状态寄存器（RCC_CSR）中的 LSIRDY 标志指示低速内部振荡器是否稳定。在启动时，硬件将此位置 1 后，此时钟才可以使用。如在 RCC 时钟中断寄存器（RCC_CIR）中使能中断，则可产生中断。

4.3.6 系统时钟（SYSCLK）选择

在系统复位后，默认系统时钟为 HSI。在直接使用 HSI 或者通过 PLL 使用时钟源来作为系统时钟时，该时钟源无法停止。

只有在目标时钟源已就绪时（时钟在启动延迟或 PLL 锁相后稳定时），才可从一个时钟源切换到另一个。如果选择尚未就绪的时钟源，则切换在该时钟源就绪时才会进行。RCC 时钟控制寄存器（RCC_CR）中的状态位会指示哪个（些）时钟已就绪，以及当前哪个时钟正充当系统时钟。

4.4 定时器与看门狗

器件内置有一个高级控制定时器、七个通用定时器和两个看门狗定时器。在调试模式下，可以冻结所有定时器计数器。

表 4-21 比较了高级控制定时器和通用定时器的特性。

表 4-21 定时器特性比较

定时器类型	高级控制	通用			
定时器	TIM1	TIM2 TIM5	TIM3 TIM4	TIM9	TIM10 TIM11
计数器分辨率	16 位	32 位	16 位	16 位	16 位
计数器类型	递增、递减、递增/递减	递增、递减、递增/递减	递增、递减、递增/递减	递增	递增
预分频系数	1 和 65536 之间的任意整数	1 和 65536 之间的任意整数	1 和 65536 之间的任意整数	1 和 65536 之间的任意整数	1 和 65536 之间的任意整数
DMA 请求生成	有	有	有	无	无
捕获/比较通道	4	4	4	2	1
互补输出	有	无	无	无	无
最大接口时钟（MHz）	84	42	42	84	84
最大定时器时钟（MHz）	84	84	84	84	84

4.4.1 高级控制定时器（TIM1）

高级控制定时器（TIM1）可被看作是在 4 个独立通道上复用的三相 PWM 发生器。它们具有带可编程插入死区的互补 PWM 输出，也可看作一个完整的通用定时器。4 个独立通道可以用于：

- 输入捕获。
- 输出比较。
- PWN 生成（边沿或中心对齐模式）。
- 单脉冲模式输出。

如果配置为标准 16 位定时器，则功能与通用 TIMx 定时器相同。如果配置为 16 位 PWM 发生器，则具有完整的调制能力（0～100%）。高级控制定时器可通过定时器链接功能与 TIMx 定时器协同工作，提供同步或事件链接功能。TIM1 支持生成独立的 DMA 请求。

4.4.2　通用定时器（TIMx）

STM32F401RE 器件中内置有七个同步通用定时器（请参见表 4-4 以了解其差别）。

1. TIM2、TIM3、TIM4 和 TIM5

STM32F401RE 包括 4 个全功能的通用定时器：TIM2、TIM5、TIM3、TIM4。TIM2 和 TIM5 定时器基于一个 32 位自动重载递增/递减计数器和一个 16 位预分频器。TIM3 和 TIM4 定时器基于一个 16 位自动重载递增/递减计数器和一个 16 位预分频器。它们都具有 4 个独立通道，用于输入捕获/输出比较、PWM、单脉冲模式输出。可提供多达 15 个输入捕获/输出比较/PWM。

TIM2、TIM3、TIM4、TIM5 通用定时器可共同工作，或通过定时器链接特性与其他通用定时器和高级控制定时器 TIM1 共同工作以实现同步或事件链接。

TIM2、TIM3、TIM4、TIM5 都可生成独立的 DMA 请求。它们能够处理正交（增量）编码器信号，也能处理 1 到 4 个霍尔效应传感器的数字输出。

2. TIM9、TIM10 和 TIM11

这些定时器基于一个 16 位自动重载递增计数器和一个 16 位预分频器。TIM10、TIM11 具有一个独立的通道，而 TIM9 具有两个独立的通道，用于输入捕获/输出比较、PWM 或单脉冲模式输出。它们可与 TIM2、TIM3、TIM4、TIM5 全功能通用定时器同步，也可用作简单时基。

4.4.3　独立看门狗（IWDG）

此器件具有两个嵌入式看门狗外设，具有安全性高、定时准确及使用灵活的优点。两个看门狗外设（独立和窗口）均可用于检测并解决由软件错误导致的故障；当计数器达到给定的超时值时，触发一个中断（仅适用于窗口型看门狗）或产生系统复位。

独立看门狗（IWDG）基于 12 位递减计数器和 8 位预分频器。它由其专用低速时钟（LSI）驱动，因此即便在主时钟发生故障时仍然保持工作状态。窗口看门狗（WWDG）时钟由 APB1 时钟经预分频后提供，通过可配置的时间窗口来检测应用程序非正常的过迟或过早的操作。

独立看门狗主要特性如下：

- 自由运行递减计数器。
- 时钟由独立 RC 振荡器提供（可在待机和停止模式下运行）。
- 当递减计数器值达到 0x000 时产生复位（如果看门狗已激活）。

独立看门狗模块的功能框图如图 4-9 所示。

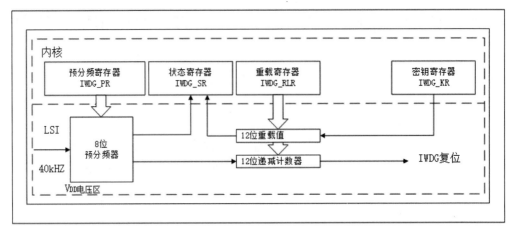

图 4-9   独立看门狗框图

当通过对关键字寄存器（WDG_KR）写入值 0xCCCC 启动独立看门狗时，计数器开始从复位值 0xFFF 递减计数。当计数器计数到终值（0x000）时会产生一个复位信号（IWDG 复位）。任何时候将关键字 0xAAAA 写到 IWWDG_KR 寄存器中，IWDG_RLR 的值就会被重载到计数器，从而避免产生看门狗复位。

- 硬件看门狗：如果通过器件选项位使能"硬件看门狗"功能，上电时将自动使能看门狗；如果在计数器计数结束前，若软件没有向关键字寄存器写入相应的值，则系统会产生复位。
- 寄存器访问保护：IWDG_PR 和 IWDG_RLR 寄存器具有写访问保护。若要修改寄存器，必须首先对 IWDG_KR 寄存器写入代码 0x5555。而写入其他值则会破坏该序列，从而使寄存器访问保护再次生效。这意味着重装载操作（即写入 0xAAAA）也会启动写保护功能。状态寄存器指示预分频值和递减计数器是否正在被更新。
- 调试模式：当微控制器进入调试模式时（Cortex-M4 内核停止），IWDG 计数器会根据 DBG 模块中的 DBG_IWDG_STOP 配置位选择继续正常工作或者停止工作。

4.4.4   窗口看门狗（WWDG）

窗口看门狗通常被用来监测由外部干扰或不可预见的逻辑条件造成的应用程序背离正常的运行序列而产生的软件故障。除非递减计数器的值在 T6 位变成 0 前被刷新，看门狗电路在达到预置的时间周期时，会产生一个 MCU 复位。如果在递减计数器达到窗口寄存器值之前刷新控制寄存器中的 7 位递减计数器值，也会产生 MCU 复位。这意味着必须在限定的时间窗口内刷新计数器。

窗口看门狗框图如图 4-10 所示。

窗口看门狗主要特性如下：

- 可编程的自由运行递减计数器。
- 复位条件。
- 当递减计数器值小于 0x40 时复位（如果看门狗已激活）。
- 在窗口之外重载递减计数器时复位（如果看门狗已激活）。
- 提前唤醒中断（EWI）：当递减计数器等于 0x40 时触发（如果已使能且看门狗已激活）

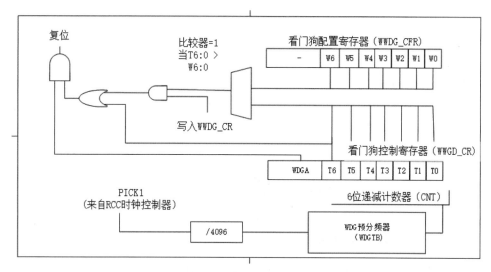

图 4-10　窗口看门狗框图

如果激活看门狗（WWDG_CR 寄存器中的 WDGA 位置 1），则当 7 位递减计数器（T[6:0] 位）从 0x40 滚动到 0x3F（T6 已清零）时会引发复位。当计数器值大于窗口寄存器中所存储的值时，如果软件重载计数器，则会产生复位。应用程序在正常运行过程中必须定期地写入 WWDG_CR 寄存器以防止 MCU 发生复位。只有当计数器值低于窗口寄存器值时，才能执行此操作。存储在 WWDG_CR 寄存器中的值必须介于 0xFF 和 0xC0 之间。

- 使能看门狗：在系统复位后，看门狗总是处于关闭状态。可通过设置 WWDG_CR 寄存器中的 WDGA 位来使能看门狗，之后除非执行复位操作，否则不能再次关闭。
- 控制递减计数器：递减计数器处于自由运行状态：即使禁止看门狗，递减计数器仍继续递减计数。当使能看门狗时，必须将 T6 位置 1，以防止立即复位。
- [5:0]位包含了看门狗产生复位之前的计时数目；复位前的延时时间在一个最小值和一个最大值之间变化，这是因为写入 WWDG_CR 寄存器时，预分频值是未知的。配置寄存器（WWDG_CFR）包含窗口的上限：为防止发生复位，当递减计数器的值低于窗口寄存器值且大于 0x3F 时必须重载。
- 看门狗中断高级特性：如果在产生实际复位之前必须执行特定的安全操作或数据记录，则可使用提前唤醒中断（EWI）。通过设置 WWDG_CFR 寄存器中的 EWI 位使能 EWI 中断。当递减计数器的值为 0x40 时，将生成 EWI 中断。在复位器件之前，可以使用相应的中断服务程序（ISR）来触发特定操作（例如通信或数据记录）。
- 在某些应用中，可以使用 EWI 中断来管理软件系统检查和/或系统恢复/功能退化，而不会生成 WWDG 复位。在这种情况下，相应的中断服务程序（ISR）可用来重载 WWDG 计数器以避免 WWDG 复位，然后再触发所需操作。通过将 0 写入 WWDG_SR 寄存器中的 EWIF 位来清除 EWI 中断。
- 调试模式：当微控制器进入调试模式时（Cortex-M4F 内核停止），WWDG 计数器会根据 DBG 模块中的 DBG_WWDG_STOP 配置位选择继续正常工作或者停止工作。

4.4.5 SysTick 定时器

此定时器专用于实时操作系统，但也可用作标准递减计数器。它具有以下特性：

- 24 位递减计数器。
- 自动重载功能。
- 当计数器计为 0 时，产生可屏蔽系统中断。
- 可编程时钟源。

4.5 内部存储器模块

4.5.1 STM32F401 内部存储空间

程序存储器、数据存储器、寄存器和 I/O 端口排列在同一个顺序的 4GB 地址空间内。各字节按低字节序格式在存储器中编码。字中编号最低的字节被视为该字的最低有效位，而编号最高的字节被视为最高有效位。可寻址的存储空间分为 8 个大小为 512MB 的块，未分配给片上存储器和外设的所有存储区域均视为"预留区"，如图 4-11 所示。块功能主要如下所述。

- 编码区（0x0000 0000-0x1FFF FFFF）：该区可存放程序。
- SRAM 区（0x2000 0000-0x3FFF FFFF）：用于片内 SRAM。此区也可以存放程序，用于固件升级维护工作。
- 外设区（0x4000 0000-0x5FFF FFFF）：用于片上外设。STM32F401 分配给片上各个外围设备的地址空间按总线分成 4 类，如表 4-22 所示。
- 内部外设区（0xE000 0000-0xFFFF FFFF）：此区又称系统区，是私有外设和供应商指定功能区，此区不执行代码。系统区设计很多关键部位。

4.5.2 Flash 存储器

Flash 具有以下主要特性：

- 对于 STM32F401xD/E 容量高达 512KB。
- 128 位宽数读取。
- 字节、半字、字和双字数据写入。
- 扇区擦除和全部擦除。
- 存储器组织结构。

Flash 结构如下：

- 主存储器块，分为 4 个 16KB 扇区、1 个 64KB 扇区和 3 个 128KB 扇区。
- 系统存储器，器件在系统存储器自举模式下从该存储器启动。
- 512 字节 OTP（一次性可编程），用于存储用户数据。OTP 区域还有 16 个额外字节，用于锁定对应的 OTP 数据块。
- 选项字节，用于配置读写保护、BOR 级别、软件/硬件看门狗以及器件处于待机或停止模式下的复位。

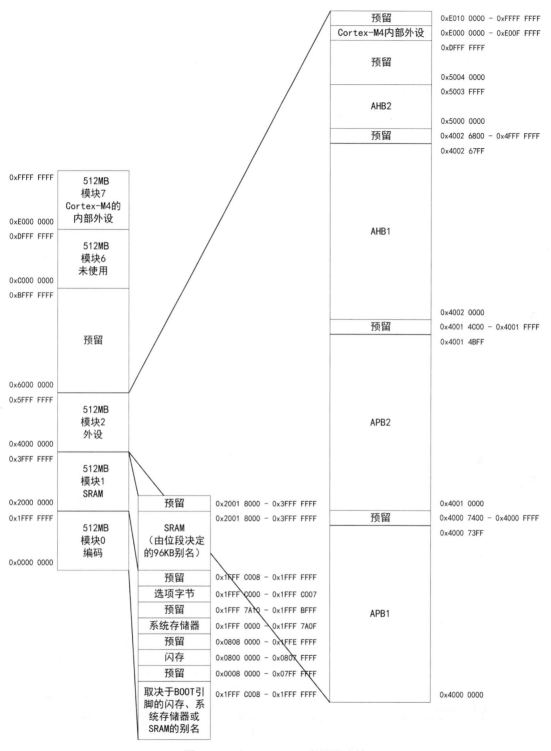

图 4-11 STM32F401xE 存储器映射

表 4-22　STM32F401 外设存储地址表

地址范围	外设	总线
0x5000 0000-0x5003 FFFF	USB OTG FS	AHB2
0x4002 6400-0x4002 67FF	DMA2	AHB1
0x4002 6000-0x4002 63FF	DMA1	
0x4002 3C00-0x4002 3FFF	Flash interface register	
0x4002 3800-0x4002 3BFF	RCC	
0x4002 3000-0x4002 33FF	CRC	
0x4002 1C00-0x4002 1FFF	GPIOH	
0x4002 1000-0x4002 13FF	GPIOE	
0x4002 0C00-0x4002 0FFF	GPIOD	
0x4002 0800-0x4002 0BFF	GPIOC	
0x4002 0400-0x4002 07FF	GPIOB	
0x4002 0000-0x4002 03FF	GPIOA	
0x4001 4800-0x4001 4BFF	TIM11	APB2
0x4001 4400-0x4001 47FF	TIM10	
0x4001 4000-0x4001 43FF	TIM9	
0x4001 3C00-0x4001 3FFF	EXTI	
0x4001 3800-0x4001 3BFF	SYSCFG	
0x4001 3400-0x4001 37FF	SPI4	
0x4001 3000-0x4001 33FF	SPI1	
0x4001 2C00-0x4001 2FFF	SDIO	
0x4001 2000-0x4001 23FF	ADC1	
0x4001 1400-0x4001 17FF	USART6	
0x4001 1000-0x4001 13FF	USART1	
0x4001 0000-0x4001 03FF	TIM1	
0x4000 7000-0x4000 73FF	PWR	APB1
0x4000 5C00-0x4000 5FFF	I2C3	
0x4000 5800-0x4000 5BFF	I2C2	
0x4000 5400-0x4000 57FF	I2C1	
0x4000 4400-0x4000 47FF	USART2	
0x4000 4000-0x4000 43FF	I2S3ext	
0x4000 3C00-0x4000 3FFF	SPI3 / I2S3	
0x4000 3800-0x4000 3BFF	SPI2 / I2S2	
0x4000 3400-0x4000 37FF	I2S2ext	
0x4000 3000-0x4000 33FF	IWDG	

续表

地址范围	外设	总线
0x4000 2C00-0x4000 2FFF	WWDG	
0x4000 2800-0x4000 2BFF	RTC & BKP Registers	
0x4000 0C00-0x4000 0FFF	TIM5	
0x4000 0800-0x4000 0BFF	TIM4	
0x4000 0400-0x4000 07FF	TIM3	
0x4000 0000-0x4000 03FF	TIM2	

● 低功耗模式。

STM32F401 闪存模块内存组织如表 4-23 所示。

表 4-23　闪存模块构成

模块	名称	块地址	大小
主存储器	扇区 0	0x0800 0000 - 0x0800 3FFF	16KB
	扇区 1	0x0800 4000 - 0x0800 7FFF	16KB
	扇区 2	0x0800 8000 - 0x0800 BFFF	16KB
	扇区 3	0x0800 C000 - 0x0800 FFFF	16KB
	扇区 4	0x0801 0000 - 0x0801 FFFF	64KB
	扇区 5	0x0802 0000 - 0x0803 FFFF	128KB
	扇区 6	0x0804 0000 - 0x0805 FFFF	128KB
	扇区 7	0x0806 0000 - 0x0807 FFFF	128KB
系统存储器		0x1FFF 0000 - 0x1FFF 77FF	30KB
OPT 区域		0x1FFF 7800 - 0x1FFF 7A0F	528 字节
选项字节		0x1FFF C000 - 0x1FFF C00F	16 字节

Flash 接口可管理 CPU 通过 AHB I-Code 和 D-Code 对 Flash 进行的访问。该接口可针对 Flash 执行擦除和编程操作，并实施读写保护机制。Flash 接口可通过指令预取和缓存机制加速代码执行。

接口的主要特性还包括：Flash 读操作、Flash 编程/擦除操作、读/写保护、I-Code 上的预取操作、I-Code 上的 64 个缓存（128 位宽）和 D-Code 上的 8 个缓存（128 位宽）。

4.5.3　RAM 数据存储器

STM32F401xD/E 设备带有 96KB 系统 SRAM，嵌入式 SRAM 可按字节、半字（16 位）和全字（32 位）。读写操作以 CPU 速度执行，且等待周期为 0。

如果选择从 SRAM 自举或选择物理重映射（SYSCFG 控制器中的），则 CPU 可通过系统总线或 I-Code/D-Code 总线访问系统 SRAM。要在 SRAM 执行期间获得最佳的性能，应选择物理重映射（通过自举管脚及软件配置来选择）。

1. 直接 RAM 内存访问（DMA）

该器件具有两个通用双端口 DMA（DMA1 和 DMA2），每个都有 8 个流。它们能够管理存储器到存储器、外设到存储器、存储器到外设的传输，具有用于 APB/AHB 外设的专用 FIFO，支持突发传输，其设计可提供最大外设带宽（AHB/APB）。

这两个 DMA 控制器支持循环缓冲区管理，当控制器到达缓冲区末尾时，无需专门代码。这两个 DMA 控制器还有双缓冲特性，可自动使用和切换两个存储器缓冲，而不需要特殊代码。

每个数据流都与专用的硬件 DMA 请求相连，同时支持软件触发。通过软件进行相关配置，并且数据源和数据目标之间传输的数据量不受限制。

很多外设都配有 DMA 控制器，使得它们可以与 RAM 存储器自动地进行数据的发送和接收，其中 DMA 可与下列主要外设共同使用：

- SPI 和 I^{2}S。
- I^{2}C。
- USART。
- 通用、基本和高级控制定时器 TIMx。
- SD/SDIO/MMC 主机接口。
- ADC。

2. RAM 内存保护

存储器保护单元（MPU）用于管理 CPU 对存储器的访问，防止一个任务意外损坏另一个激活任务所使用的存储器或资源。此存储区被组织为最多 8 个保护区，还可依次再被分为最多 8 个子区。保护区大小可为 32 字节至可寻址存储器的整个 4GB 字节。

若应用中有一些关键的或认证的代码必须受到保护，以免被其他任务的错误行为影响，则 MPU 尤其有用。它通常由 RTOS（实时操作系统）管理。若程序访问的存储器位置被 MPU 禁止，则 RTOS 可检测到它并采取行动。在 RTOS 环境中，内核可基于执行的进程，动态更新 MPU 区的设置。

MPU 是可选的，若应用不需要则可绕过。

参考资料

[1] STM32F401 数据手册，http://www.st.com/content/ccc/resource/technical/document/datasheet/30/91/86/2d/db/94/4a/d6/DM00102166.pdf/files/DM00102166.pdf/jcr:content/translations/en.DM00102166.pdf.

[2] 张燕妮. STM32F0 系列 Cortex-M0 原理与实践[M]. 北京：电子工业出版社，2016.

[3] 温子祺. ARM Cortex-M4 微控制器原理与实践[M]. 北京：北京航空航天大学出版社，2016.

[4] 喻金钱. STM32F 系列 ARM Cortex-M3 核微控制器开发与应用[M]. 北京：清华大学出版社，2011.

[5] RM0368 Reference Manual，http://www.st.com/content/ccc/resource/technical/document/reference_manual/5d/b1/ef/b2/a1/66/40/80/DM00096844.pdf/files/DM00096844.pdf/jcr:content/translations/en.DM00096844.pdf.

[6] 邱铁，夏锋，周玉. STM32W108 嵌入式无线传感器网络[M]. 北京：清华大学出版社，2014.

第 5 章 通用 I/O 接口

5.1 通用 I/O 功能描述

5.1.1 GPIO 端口

通用 I/O 接口即 General-Purpose I/O（GPIO）。STM32F401 的 GPIO 引脚可设置成输出状态（推挽、开漏以及上拉、下拉）和输入状态（浮空、上拉、下拉和模拟），其中输出数据来自于输出数据寄存器（GPIOx_ODR）或者外部设备。输入数据来自于输入数据寄存器（GPIOx_IDR）或者外部设备。比特设置复位寄存器（GPIOx_BSRR）提供按位写入输出数据寄存器（GPIOx_ODR）的权限。闭锁机制（GPIOx_LCKR）用于锁定 I/O 配置。

GPIO 基本结构如图 5-1 所示。

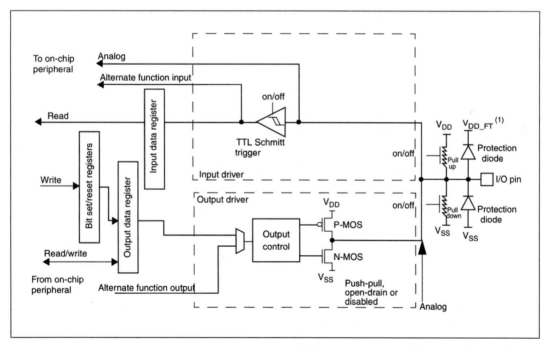

图 5-1 GPIO 基本结构

5.1.2 输入输出多路复用器和映射

微控制器的 I/O 接口通过多路复用器连接到板载外设和模块,多路复用器同一时间只允许一个备用功能函数（AF）连接到接口。在这种情况下,很多外设共享同一 I/O 引脚才不会出现冲突。

　　每个 I/O 接口都有一个包含十六个备用功能函数的多路复用器（AF0～AF15），可以通过改变 GPIOx_AFRL（0 to 7）和 GPIOx_AFRH（8 to 15）来进行控制。

● 每次重启后所有 I/O 接口都连接到系统备用函数（AF0）。

● 外设备用功能函数映射为（AF1～AF13）。

● Cortex-M4 的 EVENTOUT 功能函数映射为 AF15。

MIMO 映射图如图 5-2 所示。

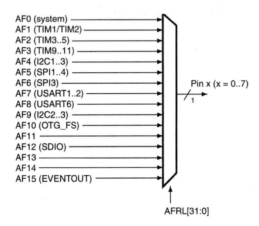

For pins 8 to 15, the GPIOx_AFRH[31:0] register selects the dedicated alternate function

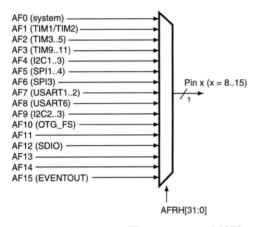

图 5-2　MIMO 映射图

5.1.3　I/O 端口寄存器

　　（1）每个 GPIO 都有四个 32 位内存映射控制寄存器（包括 GPIOx_MODER，GPIOx_OTYPER，GPIOx_OSPEEDR，GPIOx_PUPDR）。

GPIOx_MODER 用于选择 I/O 方向（输入、输出、AF 和模拟）。

GPIOx_OTYPER 用于选择输出类型（推挽或者开漏）。

GPIOx_OSPEEDR 用于选择输出速度。

GPIOx_PUPDR 用于选择上拉还是下拉。

　　（2）每个 GPIO 都有两个 16 位的内存映射数据寄存器（GPIOx_IDR 和 GPIOx_ODR）。

GPIOx_ODR 储存输出数据，可读可写。

GPIOx_IDR 储存输入数据，只读。

（3）位置位复位寄存器（GPIOx_BSRR）是允许应用设置以及复位每个输出数据寄存器（GPIOx_ODR）的独立位的 32 位寄存器。该寄存器是输出数据寄存器大小的两倍。

对 GPIOx_ODR 的每一位，相应的两位分别为 GPIOx_BSRR 的 BSRR(i) 和 BSRR(i+SIZE)。前者置 1 即给 GPIOx_ODR 赋值，后者置 1 即复位 GPIOx_ODR 指定位的值。

（4）GPIO 锁存机制寄存器 GPIOx_LCKR 用来锁定当前设置的寄存器状态。被锁定的寄存器包括 GPIOx_MODER,GPIOx_OTYPER,GPIOx_OSPEEDR,GPIOx_PUPDR,GPIOx_AFRL 和 GPIOx_AFRH。

（5）I/O 复用功能寄存器用来选择 16 种复用功能中的一种作为 I/O 口的复用功能，因此各种应用可以通过更改 GPIOx_AFRL 和 GPIOx_AFRH 为 I/O 口选择相应的复用功能。

5.1.4　GPIO 模式

（1）输入模式。

- 输出缓冲被禁用。
- Schmitt 触发器输入激活。
- 上拉下拉寄存器根据 GPIOx_PUPDR 中的值被激活。
- 每个时钟周期 I/O 管脚的数据都被采样保存在输入数据寄存器中。

（2）输出模式。

- 输出缓冲使能（包括开漏以及推挽模式）。
- Schmitt 触发器输入激活。
- 弱上拉下拉寄存器根据 GPIOx_PUPDR 中的值激活。
- 每个时钟周期 I/O 管脚的数据都被采样保存在输入数据寄存器中。
- 读取输入数据寄存器得到 I/O 状态。
- 读取输出数据寄存器得到输出值。

（3）复用功能模式。

- 输出缓冲使能（包括开漏以及推挽模式）。
- 输出缓冲由外设信号驱动。
- Schmitt 触发器输入激活。
- 弱上拉下拉寄存器根据 GPIOx_PUPDR 中的值激活。
- 每个时钟周期 I/O 管脚的数据都被采样保存在输入数据寄存器中。
- 读取输入数据寄存器得到 I/O 状态。

（4）模拟模式。

- 输出缓冲禁用。
- Schmitt 触发器输入禁用。
- 弱上拉下拉寄存器禁用。
- 读取输入数据寄存器得到 0。

5.2 通用 I/O 配置寄存器

5.2.1 GPIO 端口模式寄存器（GPIOx_MODER）

GPIO 端口模式寄存器位分配图如图 5-3 所示。

31	30	29	28	27	26	25	24	23	22	21	20	19	18	17	16
MODER15[1:0]		MODER14[1:0]		MODER13[1:0]		MODER12[1:0]		MODER11[1:0]		MODER10[1:0]		MODER9[1:0]		MODER8[1:0]	
rw	rw	rw	rw	rw	rw	rw	rw	rw	rw	rw	rw	rw	rw	rw	rw
15	14	13	12	11	10	9	8	7	6	5	4	3	2	1	0
MODER7[1:0]		MODER6[1:0]		MODER5[1:0]		MODER4[1:0]		MODER3[1:0]		MODER2[1:0]		MODER1[1:0]		MODER0[1:0]	
rw	rw	rw	rw	rw	rw	rw	rw	rw	rw	rw	rw	rw	rw	rw	rw

图 5-3 GPIO 端口模式寄存器位分配图

对端口 x（x 取 A...E 和 H）的位[2y:2y+1]即 MODERy[1:0]：位描述如表 5-1 所示（y 取 0～15）。

表 5-1 相关位描述

值	描述
00	输入/复位状态
01	通用输出模式
10	复用功能模式
11	模拟模式

地址偏移为 0x00。
复位值如下：
- 0x0C00 0000 端口 A。
- 0x0000 0280 端口 B。
- 0x0000 0000 其他端口。

5.2.2 GPIO 输出类型寄存器（GPIOx_OTYPER）

GPIO 输出类型寄存器位分配图如图 5-4 所示。

31	30	29	28	27	26	25	24	23	22	21	20	19	18	17	16
Reserved															
15	14	13	12	11	10	9	8	7	6	5	4	3	2	1	0
OT15	OT14	OT13	OT12	OT11	OT10	OT9	OT8	OT7	OT6	OT5	OT4	OT3	OT2	OT1	OT0
rw	rw	rw	rw	rw	rw	rw	rw	rw	rw	rw	rw	rw	rw	rw	rw

图 5-4 GPIO 输出类型寄存器位分配图

对位[15:0]的 OTy：位描述如表 5-2 所示（y 取 0～15）。
对位[31:16]：进行保留，不使用。

地址偏移为 0x04。

复位值为 0x0000 0000。

表 5-2　相关位描述

值	描述
0	输出推挽模式（复位值）
1	输出开漏模式

5.2.3　GPIO 端口输出速度寄存器（GPIOx_OSPEEDR）

GPIO 端口输出速度寄存器位分配图如图 5-5 所示。

31	30	29	28	27	26	25	24	23	22	21	20	19	18	17	16
OSPEEDR15[1:0]		OSPEEDR14[1:0]		OSPEEDR13[1:0]		OSPEEDR12[1:0]		OSPEEDR11[1:0]		OSPEEDR10[1:0]		OSPEEDR9[1:0]		OSPEEDR8[1:0]	
rw	rw	rw	rw	rw	rw	rw	rw	rw	rw	rw	rw	rw	rw	rw	rw
15	14	13	12	11	10	9	8	7	6	5	4	3	2	1	0
OSPEEDR7[1:0]		OSPEEDR6[1:0]		OSPEEDR5[1:0]		OSPEEDR4[1:0]		OSPEEDR3[1:0]		OSPEEDR2[1:0]		OSPEEDR1[1:0]		OSPEEDR0[1:0]	
rw	rw	rw	rw	rw	rw	rw	rw	rw	rw	rw	rw	rw	rw	rw	rw

图 5-5　GPIO 端口输出速度寄存器位分配图

对端口 x（x 取 A...E 和 H）的位[2y:2y+1]即 OSPEEDRy[1:0]：位描述如表 5-3 所示（y 取 0～15）。

表 5-3　相关位描述

值	描述
00	低速模式
01	中速模式
10	快速模式
11	高速模式

地址偏移为 0x08。

复位值如下：

- 0x0C00 0000 端口 A。
- 0x0000 00C0 端口 B。
- 0x0000 0000 其他端口。

5.2.4　GPIO 端口上拉下拉寄存器（GPIOx_PUPDR）

GPIO 端口上拉下拉寄存器位分配图如图 5-6 所示。

对端口 x（x 取 A...E 和 H）的位[2y:2y+1]即 PUPDRy[1:0]：位描述如表 5-4 所示（y 取 0～15）。

31	30	29	28	27	26	25	24	23	22	21	20	19	18	17	16
PUPDR15[1:0]		PUPDR14[1:0]		PUPDR13[1:0]		PUPDR12[1:0]		PUPDR11[1:0]		PUPDR10[1:0]		PUPDR9[1:0]		PUPDR8[1:0]	
rw	rw	rw	rw	rw	rw	rw	rw	rw	rw	rw	rw	rw	rw	rw	rw
15	14	13	12	11	10	9	8	7	6	5	4	3	2	1	0
PUPDR7[1:0]		PUPDR6[1:0]		PUPDR5[1:0]		PUPDR4[1:0]		PUPDR3[1:0]		PUPDR2[1:0]		PUPDR1[1:0]		PUPDR0[1:0]	
rw	rw	rw	rw	rw	rw	rw	rw	rw	rw	rw	rw	rw	rw	rw	rw

图 5-6　GPIO 端口上拉下拉寄存器位分配图

表 5-4　相关位描述

值	描述
00	非上拉下拉
01	上拉模式
10	下拉模式
11	保留

地址偏移为 0x0C。

复位值如下：

- 0x6400 0000 端口 A。
- 0x0000 0100 端口 B。
- 0x0000 0000 其他端口。

5.2.5　GPIO 端口输入数据寄存器（GPIOx_IDR）

GPIO 端口输入数据寄存器位分配图如图 5-7 所示。

31	30	29	28	27	26	25	24	23	22	21	20	19	18	17	16
Reserved															
15	14	13	12	11	10	9	8	7	6	5	4	3	2	1	0
IDR15	IDR14	IDR13	IDR12	IDR11	IDR10	IDR9	IDR8	IDR7	IDR6	IDR5	IDR4	IDR3	IDR2	IDR1	IDR0
r	r	r	r	r	r	r	r	r	r	r	r	r	r	r	r

图 5-7　GPIO 端口输入数据寄存器位分配图

对位[15:0]的 IDRy：每一位均只读并且只以字形式访问（y 取 0～15）。

对位[31:16]进行保留，不使用。

地址偏移为 0x10。

复位值为 0x0000 XXXX（X 未定义）。

5.2.6　GPIO 端口输出数据寄存器（GPIOx_ODR）

GPIO 端口输出数据寄存器位分配图如图 5-8 所示。

对位[15:0]的 ODRy：每一位都可被读和写（y 取 0～15）。

对位[31:16]：进行保留，不使用。

地址偏移为 0x14。

复位值为 0x0000 0000。

31	30	29	28	27	26	25	24	23	22	21	20	19	18	17	16
							Reserved								
15	14	13	12	11	10	9	8	7	6	5	4	3	2	1	0
ODR15	ODR14	ODR13	ODR12	ODR11	ODR10	ODR9	ODR8	ODR7	ODR6	ODR5	ODR4	ODR3	ODR2	ODR1	ODR0
rw	rw	rw	rw	rw	rw	rw	rw	rw	rw	rw	rw	rw	rw	rw	rw

图 5-8　GPIO 端口输出数据寄存器位分配图

5.2.7　GPIO 端口比特置位复位寄存器（GPIOx_BSRR）

GPIO 端口比特置位复位寄存器位分配图如图 5-9 所示。

31	30	29	28	27	26	25	24	23	22	21	20	19	18	17	16
BR15	BR14	BR13	BR12	BR11	BR10	BR9	BR8	BR7	BR6	BR5	BR4	BR3	BR2	BR1	BR0
w	w	w	w	w	w	w	w	w	w	w	w	w	w	w	w
15	14	13	12	11	10	9	8	7	6	5	4	3	2	1	0
BS15	BS14	BS13	BS12	BS11	BS10	BS9	BS8	BS7	BS6	BS5	BS4	BS3	BS2	BS1	BS0
w	w	w	w	w	w	w	w	w	w	w	w	w	w	w	w

图 5-9　GPIO 端口比特置位复位寄存器位分配图

对位[31:16]的 BRy：每一位均只读并且以字、半字、字节形式访问，位描述如表 5-5 所示。

表 5-5　相关位描述

值	描述
0	对相应的 ODRx 位无操作
1	复位相应的 ODRx 位

对位[15:0]的 BSy：每一位均只读并且以字、半字、字节形式访问，位描述如表 5-6 所示（y 取 0～15）。

表 5-6　相关位描述

值	描述
0	对相应的 ODRx 位无操作
1	置位相应的 ODRx 位

地址偏移为 0x18。

复位值为 0x0000 0000。

5.2.8　GPIO 端口配置锁存器（GPIOx_LCKR）

GPIO 端口配置锁存器使用以后，配置的寄存器中的值不再改变，直到微控制器或者外设给出复位信号，GPIO 端口配置锁存器位分配图如图 5-10 所示。

对位[15:0]的 LCKy：当 LCKK 为 0 时每一位都可被读和写位，描述如表 5-7 所示（y 取 0～15）。

对位 16 的 LCKK：锁定位描述如表 5-8 所示。

31	30	29	28	27	26	25	24	23	22	21	20	19	18	17	16
							Reserved								LCKK
															rw

15	14	13	12	11	10	9	8	7	6	5	4	3	2	1	0
LCK15	LCK14	LCK13	LCK12	LCK11	LCK10	LCK9	LCK8	LCK7	LCK6	LCK5	LCK4	LCK3	LCK2	LCK1	LCK0
rw	rw	rw	rw	rw	rw	rw	rw	rw	rw	rw	rw	rw	rw	rw	rw

图 5-10　GPIO 端口配置锁存器位分配图

表 5-7　相关位描述

值	描述
0	相应端口锁存器不启动
1	相应端口锁存器启动

表 5-8　相关位描述

值	描述
0	锁存器不启动
1	锁存器启动

对位[31:17]：进行保留，不使用。

地址偏移为 0x1C。

复位值为 0x0000 0000。

5.2.9　GPIO 复用功能低位寄存器（GPIOx_AFRL）

GPIO 复用功能低位寄存器位分配图，如图 5-11 所示。

31	30	29	28	27	26	25	24	23	22	21	20	19	18	17	16
AFRL7[3:0]				AFRL6[3:0]				AFRL5[3:0]				AFRL4[3:0]			
rw	rw	rw	rw	rw	rw	rw	rw	rw	rw	rw	rw	rw	rw	rw	rw

15	14	13	12	11	10	9	8	7	6	5	4	3	2	1	0
AFRL3[3:0]				AFRL2[3:0]				AFRL1[3:0]				AFRL0[3:0]			
rw	rw	rw	rw	rw	rw	rw	rw	rw	rw	rw	rw	rw	rw	rw	rw

图 5-11　GPIO 复用功能低位寄存器位分配图

对位[31:0]的 ARFLy：每一位都由相应复用功能软件给出，位描述如表 5-9 所示（y 取 0～7）。

表 5-9　相关位描述

值	描述
0000	AF0
0001	AF1
0010	AF2
0011	AF3
0100	AF4

值	描述
0101	AF5
0110	AF6
0111	AF7
1000	AF8
1001	AF9
1010	AF10
1011	AF11
1100	AF12
1101	AF13
1110	AF14
1111	AF15

地址偏移为 0x20。

复位值为 0x0000 0000。

5.2.10　GPIO 复用功能高位寄存器（GPIOx_AFRH）

GPIO 复用功能低位寄存器位分配图如图 5-12 所示。

图 5-12　GPIO 复用功能高位寄存器位分配图

对位[31:0]的 ARFHy：每一位都由相应复用功能软件给出，位描述如表 5-10 所示（y 取 8-15）。

表 5-10　相关位描述

值	描述
0000	AF0
0001	AF1
0010	AF2
0011	AF3
0100	AF4
0101	
0110	
0111	AF7

值	描述
1000	AF8
1001	AF9
1010	AF10
1011	AF11
1100	AF5
1101	AF6
1110	AF14
1111	AF15

地址偏移为 0x24。

复位值为 0x0000 0000。

5.2.11　RCC AHB1 外设时钟使能寄存器（RCC_AHB1ENR）

为了节省功耗，相关外设均处于关闭状态。为了使用 GPIO，必须使能相应的寄存器，RCC AHB1 外设时钟使能寄存器位分配图如图 5-13 所示。

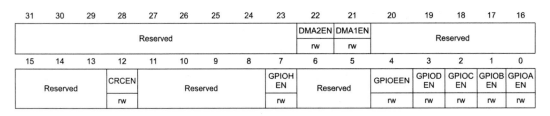

图 5-13　RCC AHB1 外设时钟使能寄存器位分配图

对位[31:0]：部分位保留不使用，我们只关注 GPIO 的时钟使能，因此关注位[4:0]和位 7。相关位描述如表 5-11 所示。

表 5-11　相关位描述

值	描述
0	相应 GPIO 时钟不启动
1	相应 GPIO 时钟启动

地址偏移为 0x30。

复位值为 0x0000 0000。

5.3　应用实例

5.3.1　开发环境与实例说明

硬件：NUCLEO F401RE 开发板、5V 电源线、PC。

软件：Keil-ARM 开发软件，安装 Keil::STM32F4xx_DFP.2.8.0.pack。

实例名称：GPIO 实例。

实例说明：本实例采用 NUCLEO F401RE 开发板自带的按键以及 LED 进行实验，将按键对应的 PC_13 端口设置成上拉输入模式，LED 对应的 PA_5 端口设置成上拉输出模式。通过按下按键来使 LED 点亮，松开按键关闭 LED，即完成了本次实验。开发板管脚分配图如图 5-14 所示。

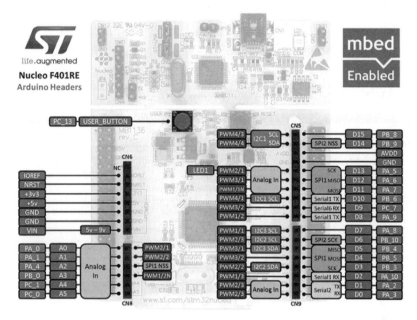

（a）内层管脚

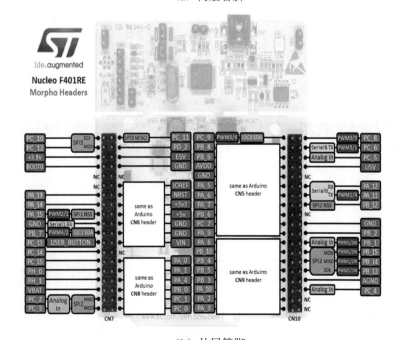

（b）外层管脚

图 5-14　开发板管脚分配图

5.3.2 Keil 软件使用

Keil 软件在第 1 章已经介绍了，这里不再赘述。本小节目的是使读者学会 Keil-MDK 软件的使用，建立一个最简单的项目。

（1）首次使用 Keil 时，会自动弹出 PACK INSTALLER 工具。该工具主要用于安装、卸载、更新相关开发板的开发包。如果该工具没有自动弹出，可单击界面中的按钮打开。

如图 5-15 所示，窗口左侧是芯片名称，右侧是相关开发包的安装状态。在窗口左侧选择 STMicroelectronics – STM32F4 Series – STM32R401 – STM32F401RE – STM32F401RETx 找到所用芯片，安装或者更新以下软件包 ARM::CMSIS、Keil::MDK-Middleware、Keil::STM32F4xx_DFP、Keil::STM32NUCLEO_BSP。安装完成，关闭当前窗口。

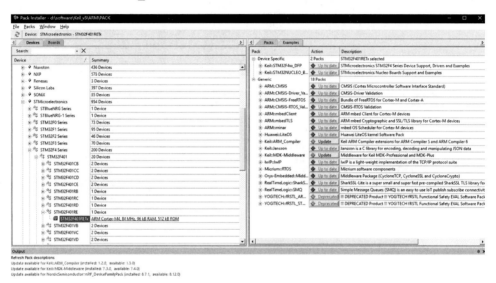

图 5-15 PACK 安装

（2）创建工程文件及设置：选择 Project – New uVision Project 创建项目，选择项目保存位置，如图 5-16 所示。

图 5-16 项目创建

接下来出现选择器件页面，按照 STMicroelectronics – STM32F4 Series – STM32R401 – STM32F401RE – STM32F401RETx 顺序选择正确芯片，如图 5-17 所示。

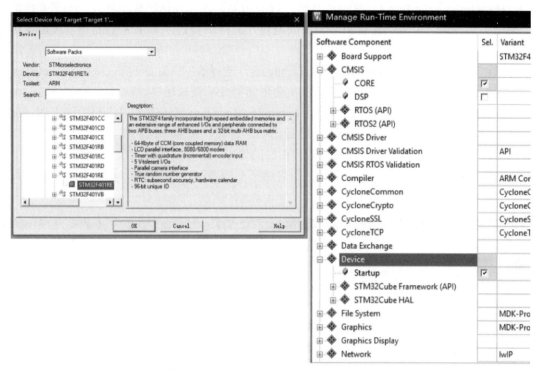

图 5-17 器件选择

继续出现 Manage Run-Time Environment 界面，配置运行环境。选择 CMSIS-Core 和 Device-Startup 并单击 OK 按钮。

配置运行环境后，选择 File-new 编写代码并保存到项目文件夹中。

单击 🔧 图标，打开项目文件管理目录，如图 5-18 所示。左侧栏是项目编号，中间栏是组名，右侧栏是组中的文件（以上名称均可进行修改），将所写代码加入右侧栏中即将文件添加到项目中。

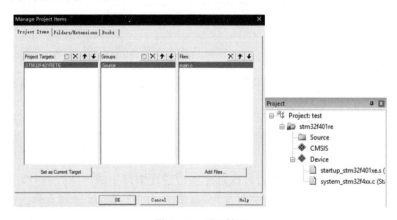

图 5-18 项目管理

　　还有一种简单的方法可以完成以上操作，在主界面左侧的 Project 一栏直接双击组名即可直接添加项目文件。

　　选择 Options for Target，其中涉及到项目的相关设置，包括芯片的更改、外部晶振的设置、输出文件目录、生成链接目录等一系列设置。值得一提的是本书采用的开发板需要进行 Debug 栏的相关调试设置。

　　外部调试使用开发板自带的 ST-Link Debugger，选择 ST-Link Debugger。单击 Settings 按钮出现图 5-19 所示页面，Debug 一栏中 Port 选项选择 SW 调试端口，Trace 一栏中核心时钟设置为 84MHz。Flash Download 一栏中 Programming Algorithm 选项下如果没有微处理器，就依次单击 ADD－stm32f4xx 512B Flash－add 最后确认保存。按照上面的步骤，一个项目的基本设置就已经完成了。实际上各种开发板都有相似的地方，基本设置的选项只需要以上这些，不同厂商不同型号的开发板只是某些设置上面会略有不同。读者可以根据自己所用的开发板设置以上的选项，如图 5-19 所示。

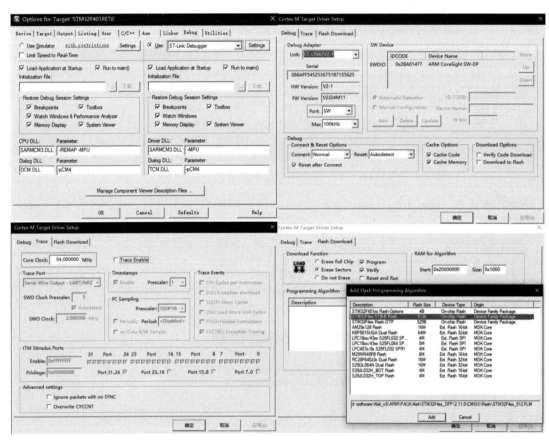

图 5-19　开发板选项设置

　　（3）项目的编译下载以及调试。

　　1）编译：在写好项目的主函数后，即可对项目进行编译生成可下载到开发板中的 axf 格式文件。　三个工具的功能（从左到右）：编译当前的文件、编译源文件改动过的目标文件并且创建输出文件、重新编译所有的目标文件并且创建输出文件。首次编译时选择　图标。

2）下载：在编译完成没有错误后，可以选择将 axf 文件下载到开发板中。只要开发板驱动安装正常并通过 usb 线接到电脑上，单击 🔧 按钮即可完成下载。

3）调试：如果代码编译通过但是有某些错误没法发现，可以进行代码的调试。注意调试过程中开发板必须全程接通电脑。单击 ⚡ 按钮即可进入调试界面。可以在左上角发现 🔧|📄|⊗|🔧🔧🔧 选项。从左到右依次为：复位 MCU、运行程序执行（F5）、停止程序执行、单步进入一个子程序（F11）、单步执行并且从一个子程序返回（F10）、从当前函数中跳出（Ctrl+F11）、运行到光标（Ctrl+F10）。如图 5-20 所示可以在棕色框内设置断点。单击灰色框出现红圈表示添加了断点。通过运行到断点，可以查看当前开发板的各种寄存器状态，进行相应修改并完成调试。

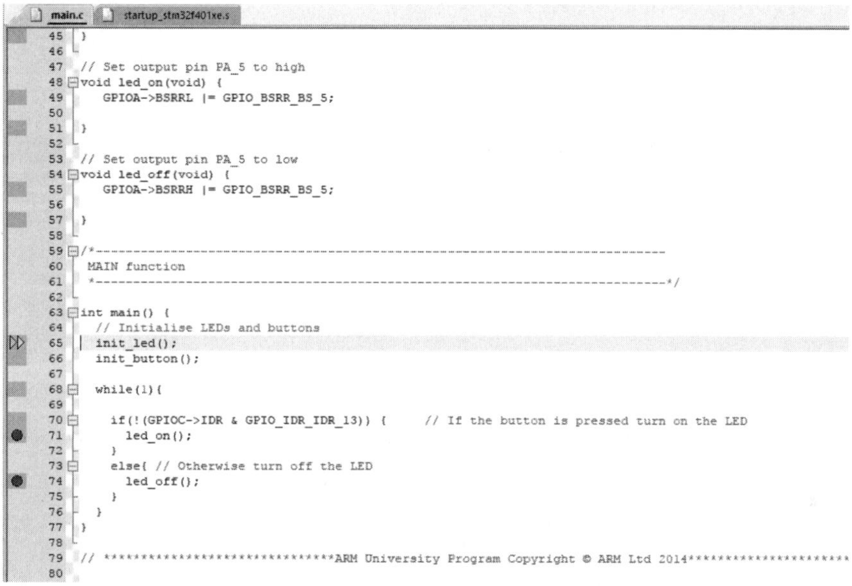

图 5-20 添加断点

5.3.3 寄存器操作技巧

对寄存器写入有多种方法，选择正确的写寄存器方法来实现想要的结果是非常重要的。为了说明这一点，我们以一个虚构的寄存器 REG 为例。

```
REG   = 0x04;                //设置 bit[2]并清除其他位
REG  |= 0x04;                //设置 bit[2]并保持其他位不变
REG   = ~0x04;               //清除 bit[2]以外的其他位
REG &= ~0x04;                //清除 bit[2]并保持其他位不变
((REG->DIR & (1 << 2))>> 2); //读 DIR 寄存器的 bit[2]位
```

采用以上技巧即可完成寄存器的标准写入，而不对其他未使用的寄存器误操作造成其他错误。

5.3.4 GPIO 实例代码

```
/*------------------------------------------------------------------
文件名：LED-system.c
```

```
硬件描述：按键连接 PC13，LED 连接 PA5
主要函数描述：main()函数通过定义的按键、LED 初始化，对相应寄存器赋值实现按键控制 LED 亮灭
*------------------------------------------------------------------------*/
#include "stm32f4xx.h"
void init_button(void) {
    //使能 GPIO 端口 C
    RCC->AHB1ENR |= RCC_AHB1ENR_GPIOCEN;
    //设置管脚为输入模式
    GPIOC->MODER &= ~GPIO_MODER_MODER13_0 | ~GPIO_MODER_MODER13_1 ;
    //设置管脚为上拉模式
    GPIOC->PUPDR |= GPIO_PUPDR_PUPDR13_0;
    GPIOC->PUPDR &= ~GPIO_PUPDR_PUPDR13_1;
}
void init_led(void) {
    //使能 GPIO 端口 A
    RCC->AHB1ENR |= RCC_AHB1ENR_GPIOAEN;
    //设置管脚为输出模式
    GPIOA->MODER |= GPIO_MODER_MODER5_0;
    GPIOA->MODER &= ~GPIO_MODER_MODER5_1;
    //设置管脚为推挽输出模式
    GPIOA->OTYPER &= ~GPIO_OTYPER_OT_5 ;
    //设置管脚为上拉模式
    GPIOA->PUPDR |= GPIO_PUPDR_PUPDR5_0;
    GPIOA->PUPDR &= ~GPIO_PUPDR_PUPDR5_1;
    //设置管脚为快速模式
    GPIOA->OSPEEDR &= ~GPIO_OSPEEDER_OSPEEDR5_0;
    GPIOA->OSPEEDR |= GPIO_OSPEEDER_OSPEEDR5_1;
}
//设置 PA5 管脚输出高电平
void led_on(void) {
    GPIOA->BSRRL |= GPIO_BSRR_BS_5;
}
//设置 PA5 管脚输出低电平
void led_off(void) {
    GPIOA->BSRRH |= GPIO_BSRR_BS_5;
}
/*------------------------------------------------------------------------
主函数
 *------------------------------------------------------------------------*/
int main() {
    //初始化 LED 以及按键
    init_led();
    init_button();
    while(1){
        if(!(GPIOC->IDR & GPIO_IDR_IDR_13)) {          //如果按键按下打开 LED
            led_on();
```

```
    }
    else{ //如果按键按下关闭 LED
        led_off();
    }
  }
}
```

5.3.5   测试结果及分析

实验编译后通过板卡自带的 ST-LINK 工具烧写到 NUCLEO-F401re 开发板，执行程序如图 5-21 所示。

图 5-21   程序执行结果

复位后，LED 灯不亮，按下按键以后，LED 发出绿光。证明实例成功达到 GPIO 输入输出的基本要求。请读者仔细研究实例中的代码，理解每句代码的含义并独立完成本实例。

参考资料

[1] RM0368 Reference Manual，http://www.st.com/content/ccc/resource/technical/document/reference_manual/
     5d/b1/ef/b2/a1/66/40/80/DM00096844.pdf/files/DM00096844.pdf/jcr:content/translations/en.DM00096844.pdf.

[2] STM32F401 数据手册，http://www.st.com/content/ccc/resource/technical/document/datasheet/ 30/91/86/2d/db/
     94/4a/d6/DM00102166.pdf/files/DM00102166.pdf/jcr:content/translations/en.DM00102166.pdf.

[3] 邱铁，夏锋，周玉. STM32W108 嵌入式无线传感器网络[M]. 北京：清华大学出版社，2014.

第6章 STM32F401 中断机制

6.1 中断控制

6.1.1 基本概念

ARM Cortex-M4 内核支持 256 个中断（16 内核+240 外部）和可编程 256 级中断优先级的设置，与其相关的中断控制和中断优先级控制寄存器（NVIC、SysTick 等）也都属于 Cortex-M4 内核的部分。STM32F401 采用 Cortex-M4 内核，所以这部分仍旧保留使用，但 STM32 并没有使用 Cortex-M4 内核全部的东西（如内存保护单元 MPU 等）因此它的 NVIC 是 Cortex-M4 内核的 NVIC 的子集。

STM32F401 具有 82 个可屏蔽中断通道（不包括 Cortex-M4F 的 16 根中断线），16 个可编程优先级（使用了 4 位中断优先级）。

尽管每个中断对应一个外围设备，但该外围设备通常具备若干个可以引起中断的中断源或中断事件。而该设备的所有中断都只能通过指定的"中断通道"向内核申请中断。

6.1.2 中断优先级

当该中断通道的优先级确定后，也就确定了该外围设备的中断优先级，并且该设备所能产生的所有类型的中断，都享有相同的通道中断优先级。至于该设备本身产生的多个中断的执行顺序，则取决于用户的中断服务程序。

STM32F401 可以支持的 82 个外部中断通道，已经固定地分配给相应的外部设备。每个中断通道都具备自己的中断优先级控制字节 PRI_n（8 位，但在 STM32 中只使用 4 位，高 4 位有效），每 4 个通道的 8 位中断优先级控制字（PRI_n）构成一个 32 位的优先级寄存器（Priority Register），它们是 NVIC 寄存器中的一个重要部分。

对于 4bit 的中断优先级控制位分成 2 组：从高位开始，前面是定义抢先式优先级，后面用于定义子优先级。4bit 的分组组合可以有如表 6-1 所示几种形式。

表 6-1 中断优先级控制位描述

组	ATRCR[10:8]	Bit[7:4]分配情况	分配结果
0	111	0:4	0 位抢占优先级，4 位响应优先级
1	110	1:3	1 位抢占优先级，3 位响应优先级
2	101	2:2	2 位抢占优先级，2 位响应优先级
3	100	3:1	3 位抢占优先级，1 位响应优先级
4	011	4:0	4 位抢占优先级，0 位响应优先级

在一个系统中，通常只使用上面 5 种分配情况的一种，具体采用哪一种，需要在初始化

时写入到一个 32 位寄存器 AIRC。

6.1.3　中断控制位

Cortex-M4 内核对于每一个外部中断通道都有相应的控制字和控制位，用于单独地和总地控制该中断通道，它们包括：

中断优先级控制字：PRI_n。

中断允许设置位：在 ISER 寄存器中。

中断允许清除位：在 ICER 寄存器中。

中断悬挂 Pending（排队等待）位置位：在 ISPR 寄存器中（类似于置中断通道标志位）。

中断悬挂 Pending（排队等待）位清除：在 ICPR 寄存器中（用于清除中断通道标志位）。

正在被服务（活动）的中断（Active）标志位：在 IABR 寄存器中，（只读，可以知道当前内核正在处理哪个中断通道）。

在 NVIC 中与某个中断通道相关的位有 13 个，它们是 PRI_28（IP[28]）的 8 个 bits（只用高 4 位），中断通道允许、中断通道清除、中断通道 Pending 位置位、中断 Pending 位清除、正在被服务的中断（Active）标志位，各 1 个 bit。

6.1.4　中断过程

（1）初始化过程：首先要设置寄存器 AIRC 中 PRIGROUP 的值，规定系统中的抢先优先级和子优先级的个数（在 4 个 bits 中占用的位数）；设置中断通道本身的寄存器，允许相应的中断，如允许 UIE（TIMEx_DIER 的第[0]位）设置中断通道的抢先优先级和子优先级（IP[28]，在 NVIC 寄存器组中）设置允许中断通道（在 NVIC 寄存器组的 ISER 寄存器中的一位）。

（2）中断响应过程：当 TIMEx 的 UIE 条件成立（更新，上溢或下溢），硬件将 TIMEx 本身寄存器中 UIE 中断标志置位，然后通过中断通道向内核申请中断服务。此时内核硬件将 TIMEx 中断通道的 Pending 标志置位（相当于中断通道标志置位），表示 TIMEx 有中断申请。如果当前有中断在处理，TIMEx 的中断级别不够高，那么就保持 Pending 标志，当然用户可以在软件中通过写 ICPR 寄存器中相应的位把本次中断清除掉。当内核有空，开始响应 TIMEx 的中断，进入 TIMEx 的中断服务。此时硬件将 IABR 寄存器中相应的标志位置位，表示 TIMEx 中断正在被处理。同时硬件清除 TIMEx 的 Pending 标志位。

（3）执行 TIMEx 的中断服务程序：所有 TIMEx 的中断事件，都是在一个 TIMEx 中断服务程序中完成的，所以进入中断程序后，中断程序需要首先判断是哪个 TIMEx 的具体事件的中断，然后转移到相应的服务代码段去。此处要注意把该具体中断事件的中断标志位清除掉，硬件不会自动清除中断通道寄存器中具体的中断标志位。如果 TIMEx 本身的中断事件多于 2 个，那么它们服务的先后次序就由用户编写的中断服务决定了。换句话说，对于 TIMEx 本身的多个中断的优先级，系统是不能设置的。所以用户在编写服务程序时，应该根据实际的情况和要求，通过软件的方式，将重要的中断优先处理掉。

（4）中断返回：内核执行完中断服务后，便进入中断返回过程，在这个过程中硬件将 IABR 寄存器中相应的标志位清零，表示该中断处理完成。如果 TIMEx 本身还有中断标志位置位，表示 TIMEx 还有中断在申请，则重新将 TIMEx 的 Pending 标志置为 1，等待再次进入 TIME2 的中断服务。

6.1.5　外部中断/事件控制器（EXTI）

外部中断/事件控制器包含多达 23 个用于产生事件/中断请求的边沿检测器。每根输入线都可单独进行配置，以选择类型（中断或事件）和相应的触发事件（上升沿触发、下降沿触发或边沿触发）。每根输入线还可单独屏蔽。挂起寄存器用于保持中断请求的状态线。外部中断/事件控制器框图如图 6-1 所示。

EXTI 控制器的主要特性如下：

● 每个中断/事件线上都具有独立的触发和屏蔽。

● 每个中断线都具有专用的状态位。

● 支持多达 23 个软件事件/中断请求。

● 检测脉冲宽度低于 APB2 时钟宽度的外部信号。

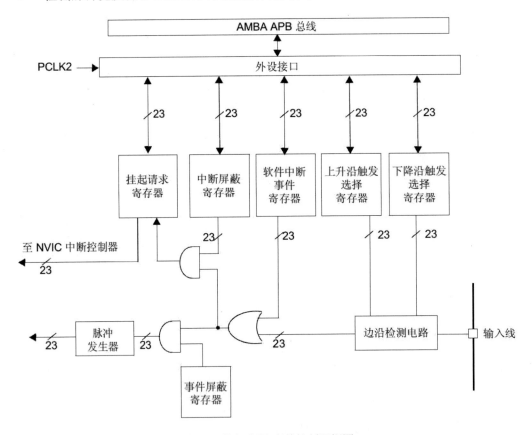

图 6-1　外部中断/事件控制器框图

要产生中断，必须先配置好并使能中断线。根据需要的边沿检测设置 2 个触发寄存器，同时在中断屏蔽寄存器的相应位写 1 使能中断请求。当外部中断线上出现选定信号沿时，便会产生中断请求，对应的挂起位也会置 1。在挂起寄存器的对应位写 1，将清除该中断请求。

要产生事件，必须先配置好并使能事件线。根据需要的边沿检测设置 2 个触发寄存器，同时在事件屏蔽寄存器的相应位写 1 允许事件请求。当事件线上出现选定信号沿时，便会产生事件脉冲，对应的挂起位不会置 1。

通过在软件中对软件中断/事件寄存器写 1，也可以产生中断/事件请求。

硬件中断选择：

要配置 23 根线作为中断源，请执行以下步骤：

● 配置 23 根中断线的屏蔽位（EXTI_IMR）。

● 配置中断线的触发选择位（EXTI_RTSR 和 EXTI_FTSR）。

● 配置对应到外部中断控制器（EXTI）的 NVIC 中断通道的使能和屏蔽位，使得 23 个
中断线中的请求可以被正确地响应。

硬件事件选择：

要配置 23 根线作为事件源，请执行以下步骤：

● 配置 23 根事件线的屏蔽位（EXTI_EMR）。

● 配置事件线的触发选择位（EXTI_RTSR 和 EXTI_FTSR）。

软件中断/事件选择：

可将这 23 根线配置为软件中断/事件线，以下为产生软件中断的步骤。

● 配置 23 根中断/事件线的屏蔽位（EXTI_IMR、EXTI_EMR）。

● 在软件中断寄存器设置相应的请求位（EXTI_SWIER）。

6.1.6　外部中断/事件线映射

STM32F401 的 82 个 GPIO 通过如图 6-2 所示方式连接到 16 个外部中断/事件线。

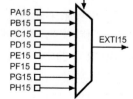

图 6-2　外部中断映射图

6.2   中断控制寄存器

6.2.1   NVIC 寄存器

1. ISER[8]

全称是：Interrupt Set-Enable Registers，这是一个中断使能寄存器组。用 8 个 32 位的寄存器，总共可以表示 224 个中断。而 STM32F4 只用了其中的前 82 位。ISER[0]的 bit0～bit31 分别对应中断 0～31。ISER[1]的 bit0～27 对应中断 32～59；这样总共 82 个中断就分别对应上了。若要使能某个中断，必须设置相应的 ISER 位为 1，使该中断被使能（这里仅仅是使能，还要配合中断分组、屏蔽、I/O 口映射等设置才算是一个完整的中断设置）。具体每一位对应哪个中断，请参考本章参考资料[6]RM0368 Reference Manual。

2. ICER[8]

全称是：Interrupt Clear-Enable Registers，是一个中断除能寄存器组。该寄存器组与 ISER 的作用恰好相反，是用来清除某个中断的使能的。其对应位的功能，也和 ISER 一样。这里要专门设置一个 ICER 来清除中断位，而不是向 ISER 写 0 来清除，是因为 NVIC 的这些寄存器都是写 1 有效的，写 0 是无效的。

3. ISPR[8]

全称是：Interrupt Set-Pending Registers，是一个中断挂起控制寄存器组。每个位对应的中断和 ISER 是一样的。通过置 1，可以将正在进行的中断挂起，而执行同级或更高级别的中断。写 0 是无效的。

4. ICPR[8]

全称是：Interrupt Clear-Pending Registers，是一个中断解挂控制寄存器组。其作用与 ISPR 相反，对应位也和 ISER 是一样的。通过置 1，可以将挂起的中断接挂。写 0 无效。

5. IABR[8]

全称是：Interrupt Active Bit Registers，是一个中断激活标志位寄存器组。这是一个只读寄存器，通过它可以知道当前在执行的中断是哪一个。在中断执行完了由硬件自动清零。对应位所代表的中断和 ISER 一样，如果为 1，则表示该位所对应的中断正在被执行。

6. IPR[60]

全称是：Interrupt Priority Registers，是一个中断优先级控制的寄存器组。STM32 的中断分组与这个寄存器组密切相关。因为 STM32 的中断多达几十个，所以 STM32 采用中断分组的办法来确定中断的优先级。IPR 寄存器组由 60 个 32bit 的寄存器组成，每个可屏蔽中断占用 8bit，这样总共可以表示 60×4=240 个可屏蔽中断。IPR[0]的[31～24]、[23～16]、[15～8]、[7～0]分别对应中断 3～0，依次类推。而每个可屏蔽中断占用的 8bit 并没有全部使用，而是只用了高 4 位。这 4 位，又分为抢占优先级和子优先级。抢占优先级在前，子优先级在后。而这两个优先级各占几个位又要根据 SCB→AIRCR 中的中断断分组设置来决定。

寄存器为每个中断提供一个 8 位优先级字段（priority field），每个寄存器保存四个优先级字段，如图 6-3 所示。这些寄存器通过字节的方式访问。

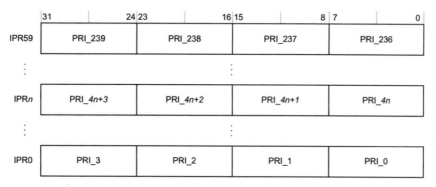

图 6-3　寄存器访问图

6.2.2　EXTI 寄存器

1.　中断屏蔽寄存器（EXTI_IMR）（见图 6-4）

英文名：Interrupt mask register。

偏移地址：0x00。

复位值：0x0000 0000。

31	30	29	28	27	26	25	24	23	22	21	20	19	18	17	16
Reserved									MR22	MR21	MR20	MR19	MR18	MR17	MR16
									rw	rw	rw	rw	rw	rw	rw
15	14	13	12	11	10	9	8	7	6	5	4	3	2	1	0
MR15	MR14	MR13	MR12	MR11	MR10	MR9	MR8	MR7	MR6	MR5	MR4	MR3	MR2	MR1	MR0
rw	rw	rw	rw	rw	rw	rw	rw	rw	rw	rw	rw	rw	rw	rw	rw

图 6-4　中断屏蔽寄存器位分配图

位[31:23]：保留，必须保持复位值。

位[22:0]MRx：x 线上的中断屏蔽（Interrupt mask on line x）。

0：屏蔽来自 x 线的中断请求。

1：开放来自 x 线的中断请求。

2.　事件屏蔽寄存器（EXTI_EMR）（见图 6-5）

英文名：Event mask register。

偏移地址：0x04。

复位值：0x0000 0000。

31	30	29	28	27	26	25	24	23	22	21	20	19	18	17	16
Reserved									MR22	MR21	MR20	MR19	MR18	MR17	MR16
									rw	rw	rw	rw	rw	rw	rw
15	14	13	12	11	10	9	8	7	6	5	4	3	2	1	0
MR15	MR14	MR13	MR12	MR11	MR10	MR9	MR8	MR7	MR6	MR5	MR4	MR3	MR2	MR1	MR0
rw	rw	rw	rw	rw	rw	rw	rw	rw	rw	rw	rw	rw	rw	rw	rw

图 6-5　事件屏蔽寄存器位分配图

位[31:23]：保留，必须保持复位值。

位[22:0] MRx：x 线上的事件屏蔽（Event mask on line x）。

0：屏蔽来自 x 线的事件请求。

1：开放来自 x 线的事件请求。

3. 上升沿触发选择寄存器（EXTI_RTSR）（见图 6-6）

英文名：Rising trigger selection register。

偏移地址：0x08。

复位值：0x0000 0000。

31	30	29	28	27	26	25	24	23	22	21	20	19	18	17	16
Reserved									TR22	TR21	TR20	TR19	TR18	TR17	TR16
									rw	rw	rw	rw	rw	rw	rw
15	14	13	12	11	10	9	8	7	6	5	4	3	2	1	0
TR15	TR14	TR13	TR12	TR11	TR10	TR9	TR8	TR7	TR6	TR5	TR4	TR3	TR2	TR1	TR0
rw	rw	rw	rw	rw	rw	rw	rw	rw	rw	rw	rw	rw	rw	rw	rw

图 6-6　上升沿触发选择寄存器位分配图

位[31:23]：保留，必须保持复位值。

位[22:0] TRx：线 x 的上升沿触发事件配置位（Rising trigger event configuration bit of line x）。

0：禁止输入线上升沿触发（事件和中断）。

1：允许输入线上升沿触发（事件和中断）。

4. 下降沿触发选择寄存器（EXTI_FTSR）（见图 6-7）

英文名：Falling trigger selection register。

偏移地址：0x0C。

复位值：0x0000 0000。

31	30	29	28	27	26	25	24	23	22	21	20	19	18	17	16
Reserved									TR22	TR21	TR20	TR19	TR18	TR17	TR16
									rw	rw	rw	rw	rw	rw	rw
15	14	13	12	11	10	9	8	7	6	5	4	3	2	1	0
TR15	TR14	TR13	TR12	TR11	TR10	TR9	TR8	TR7	TR6	TR5	TR4	TR3	TR2	TR1	TR0
rw	rw	rw	rw	rw	rw	rw	rw	rw	rw	rw	rw	rw	rw	rw	rw

图 6-7　下降沿触发选择寄存器位分配图

位[31:23]：保留，必须保持复位值。

位[22:0] TRx：线 x 的下降沿触发事件配置位（Falling trigger event configuration bit of line x）。

0：禁止输入线下降沿触发（事件和中断）。

1：允许输入线下降沿触发（事件和中断）。

5. 软件中断事件寄存器（EXTI_SWIER）（见图 6-8）

英文名：Software interrupt event register。

偏移地址：0x10。

复位值：0x0000 0000。

31	30	29	28	27	26	25	24	23	22	21	20	19	18	17	16
				Reserved					SWIER 22	SWIER 21	SWIER 20	SWIER 19	SWIER 18	SWIER 17	SWIER 16
									rw	rw	rw	rw	rw	rw	rw

15	14	13	12	11	10	9	8	7	6	5	4	3	2	1	0
SWIER 15	SWIER 14	SWIER 13	SWIER 12	SWIER 11	SWIER 10	SWIER 9	SWIER 8	SWIER 7	SWIER 6	SWIER 5	SWIER 4	SWIER 3	SWIER 2	SWIER 1	SWIER 0
rw	rw	rw	rw	rw	rw	rw	rw	rw	rw	rw	rw	rw	rw	rw	rw

图 6-8　软件中断事件寄存器位分配图

位[31:23]：保留，必须保持复位值。

位[22:0] SWIERx：线 x 上的软件中断（Software Interrupt on line x）。

当该位为 0 时，写 1 将设置 EXTI_PR 中相应的挂起位。如果在 EXTI_IMR 和 EXTI_EMR 中允许产生该中断，则产生中断请求。

通过清除 EXTI_PR 的对应位（写入 1），可以清除该位为 0。

6. 挂起寄存器（EXTI_PR）（见图 6-9）

英文名：Pending register。

偏移地址：0x14。

复位值：未定义。

31	30	29	28	27	26	25	24	23	22	21	20	19	18	17	16
				Reserved					PR22	PR21	PR20	PR19	PR18	PR17	PR16
									rc_w1	rc_w1	rc_w1	rc_w1	rc_w1	rc_w1	rc_w1

15	14	13	12	11	10	9	8	7	6	5	4	3	2	1	0
PR15	PR14	PR13	PR12	PR11	PR10	PR9	PR8	PR7	PR6	PR5	PR4	PR3	PR2	PR1	PR0
rc_w1	rc_w1	rc_w1	rc_w1	rc_w1	rc_w1	rc_w1	rc_w1	rc_w1	rc_w1	rc_w1	rc_w1	rc_w1	rc_w1	rc_w1	rc_w1

图 6-9　挂起寄存器位分配图

位[31:23]：保留，必须保持复位值。

位[22:0] PRx：挂起位（Pending bit）。

0：没有发生触发请求。

1：发生了选择的触发请求。

当在外部中断线上发生了选择的边沿事件，该位被置 1。在此位中写入 1 可以清除它，也可以通过改变边沿检测的极性清除。

6.3　应用实例

6.3.1　开发环境与实例说明

硬件：NUCLEO F401RE 开发板、5V 电源线、PC。

软件：Keil-ARM 开发软件，安装 Keil::STM32F4xx_DFP.2.8.0.pack。

实例名称：中断实例。

实例说明：本实例采用 NUCLEO F401RE 开发板自带的按键以及 LED 进行实验，将按键对应的 PC_13 端口设置成上拉输入模式，LED 对应的 PA_5 端口设置成上拉输出模式。通过按下按键调用中断函数来改变 LED 灯的状态，即完成了本次中断实验。

6.3.2 中断实例代码

```
/*-----------------------------------------------------------
文件名：interrupts.c
主函数描述：init_interrupts()函数通过定义中断函数初始化，对相应寄存器赋值
*-----------------------------------------------------------*/
#include "interrupts.h"
#include "stm32f4xx.h"
void init_interrupts(void){
    //开启中断时钟
    RCC->APB2ENR |= RCC_APB2ENR_SYSCFGEN;
    //使能低功耗模式
    DBGMCU->CR |= DBGMCU_CR_DBG_SLEEP | DBGMCU_CR_DBG_STOP | DBGMCU_
        CR_DBG_STANDBY;
    //设置中断配置寄存器
    SYSCFG->EXTICR[3] |= SYSCFG_EXTICR4_EXTI13_PC;
    EXTI->IMR    |= (EXTI_IMR_MR13); //设置中断屏蔽
    EXTI->FTSR |= (EXTI_FTSR_TR13); //下降沿触发
    __enable_irq();
    //设置优先级
    NVIC_SetPriority(EXTI15_10_IRQn, 0);
    //清除中断判定
    NVIC_ClearPendingIRQ(EXTI15_10_IRQn);
    //使能中断
    NVIC_EnableIRQ(EXTI15_10_IRQn);
}
/*-----------------------------------------------------------
文件名：leds.c
函数描述：init_led()函数通过定义 LED 初始化函数，对相应寄存器赋值。toggle()函数实现 LED 状态翻转
 *-----------------------------------------------------------*/
#include "leds.h"
#include "stm32f4xx.h"
void init_led(void){
    //使能 I/O 端口 A
    RCC->AHB1ENR |= RCC_AHB1ENR_GPIOAEN;
    //设置管脚为输出模式
    GPIOA->MODER |= GPIO_MODER_MODER5_0;
    GPIOA->MODER &= ~GPIO_MODER_MODER5_1;
    //设置管脚为推挽输出状态
    GPIOA->OTYPER &= ~GPIO_OTYPER_OT_5;
    //设置管脚为上拉模式
    GPIOA->PUPDR |= GPIO_PUPDR_PUPDR5_0;
    GPIOA->PUPDR &= ~GPIO_PUPDR_PUPDR5_1;
    //设置管脚为快速输出模式
```

```
        GPIOA->OSPEEDR &= ~GPIO_OSPEEDER_OSPEEDR5_0;
        GPIOA->OSPEEDR |= GPIO_OSPEEDER_OSPEEDR5_1;
}
//设置 PA5 管脚为高电平
void led_on(void) {
        GPIOA->BSRRL |= GPIO_BSRR_BS_5;
}
//设置 PA5 管脚为低电平
void led_off(void) {
        GPIOA->BSRRH |= GPIO_BSRR_BR_5;
}
//切换 LED 状态 ^表示按位异或
void toggle(void){
        GPIOA->ODR ^= GPIO_ODR_ODR_5;
    }
/*-------------------------------------------------------------------
    文件名：buttons.c
    函数描述：init_button()函数通过定义 button 初始化函数，对相应寄存器赋值
    *-----------------------------------------------------------------*/
#include "buttons.h"
#include "stm32f4xx.h"
void init_button(void) {
        //使能 I/O 端口 C
        RCC->AHB1ENR |= RCC_AHB1ENR_GPIOCEN;
        //设置管脚为输入模式
        GPIOC->MODER &= ~GPIO_MODER_MODER13_0 | ~GPIO_MODER_MODER13_1;
        //设置管脚为上拉状态
        GPIOC->PUPDR |= GPIO_PUPDR_PUPDR13_0;
        GPIOC->PUPDR &= ~GPIO_PUPDR_PUPDR13_1;
}
    /*-------------------------------------------------------------------
    文件名：main.c
    硬件描述：按键连接 PC13，LED 连接 PA5
    主要函数描述：main()函数通过定义的按键、LED、中断函数初始化，对相应寄存器赋值。等待按键中
断实现 LED 亮灭的控制
    *-----------------------------------------------------------------*/
#include "stm32f4xx.h"
#include "leds.h"
#include "buttons.h"
#include "interrupts.h"
/*-------------------------------------------------------------------
中断处理函数
    *-----------------------------------------------------------------*/
void EXTI15_10_IRQHandler(void){
        //清除中断判定
        NVIC_ClearPendingIRQ(EXTI15_10_IRQn);
```

```
    //判断是否有 EXTI_13 的中断
    if(EXTI->PR & EXTI_PR_PR13) {
    //有中断就使 LED 翻转
    toggle();
    }
    //清除中断判定寄存器
    EXTI->PR |= (EXTI_PR_PR13);
}
/*-------------------------------------------------------------
主函数
  *-------------------------------------------------------------*/
int main() {
    //初始化 LED 按键、中断函数
    init_led();
    init_button();
    init_interrupts();
    while(1){
    __wfi();    //等待中断
    }
}
```

6.3.3　测试结果及分析

实验编译后通过板卡自带的 ST-LINK 工具烧写到 NUCLEO-F401re 开发板，测试结果如图 6-10 所示。

图 6-10　测试结果图

复位后，LED 灯不亮。反复按下按钮，可见 LED 灯随按钮的按下改变亮灭状态。本程序中只有中断函数可以改变 LED 灯的状态，可见实现了中断。本实例是在第 5 章的基础上进行的，请读者按顺序学习。

参考资料

[1]　STM32 的中断机制，https://wenku.baidu.com/view/fee8077003d8ce2f006623d6.html.

[2]　STM32 中断，http://blog.csdn.net/sunjiajiang/article/details/7074769.

[3]　stm32 中断初识与实践，https://zhuanlan.zhihu.com/p/24316165.

[4]　STM32 NVIC 中断优先级管理，http://m.blog.chinaunix.net/uid-24219701-id-4083391.html.

[5]　EXTI 和 NVIC 初探，http://blog.csdn.net/iceiilin/article/details/6080252.

[6]　RM0368 Reference Manual，http://www.st.com/content/ccc/resource/technical/document/ reference_manual/ 5d/b1/ef/b2/a1/66/40/80/DM00096844.pdf/files/DM00096844.pdf/jcr:content/translations/en.DM00096844.pdf.

[7]　Yiu J．ARM Cortex-M3 与 Cortex-M4 权威指南[M]．北京：清华大学出版社，2015.

第 7 章　STM32F401 串行通信

7.1　USART 简介及主要功能

  STM32F401 的通用同步异步收发器（USART）能够灵活地与外部设备进行全双工数据交换，满足外部设备对工业标准 NRZ 异步串行数据格式的要求。USART 通过小数波特率发生器提供多种波特率。它支持同步单向通信和半双工单线通信；还支持 LIN（局域互连网络）、智能卡协议与 IrDA（红外线数据协会）SIR ENDEC 规范，以及调制解调器操作（CTS/RTS），而且它还支持多处理器通信。通过配置多个缓冲区，可以使用 DMA 实现高速数据通信。

  USART 主要功能：

- 全双工，异步通信。
- NRZ 标准格式（标记/空格）。
- 可配置为 16 倍过采样或 8 倍过采样，因而为速度容差与时钟容差的灵活配置提供了可能。
- 小数波特率发生器系统。
- 数据字长度可编程（8 位或 9 位）。
- 停止位可配置为支持 1 或 2 个停止位。
- LIN 主机的断开信号发送能力和 LIN 从机的断开信号检测能力：对 USART 进行 LIN 硬件配置时可生成 13 位停止符号和检测 10/11 位停止符号。
- 同步模式下时钟输出功能，实现同步通信。
- IrDA SIR 编码解码器，正常模式下，支持 3/16 位时长。
- 智能卡仿真功能：支持符合 ISO 7816－3 标准中定义的异步协议智能卡协议；智能卡工作模式下，支持 0.5 或 1.5 个停止位。
- 单线半双工通信。
- 使用 DMA（直接内存访问）实现可配置的多缓冲区通信，利用 DMA 功能将收/发字节缓冲到保留的 SRAM 空间。
- 发送器和接收器具有单独的使能位。
- 传输检测标志：接收缓冲区已满、发送缓冲区为空、传输结束标志。
- 奇偶校验控制：发送奇偶校验位、检查接收的数据字节的奇偶性。
- 四个错误检测标志：溢出错误、噪声检测错误、帧错误、奇偶校验错误。
- 十个具有标志位的中断源：CTS 切换、LIN 断开检测、发送数据寄存器为空、发送完成、接收数据寄存器已满、检测到线路空闲、溢出错误、帧错误、噪声错误、奇偶校验错误。
- 多机通信：如果地址不匹配，则进入静默模式。
- 从静默模式唤醒（通过线路空闲检测或地址标记检测）。

● 两个接收器唤醒模式：地址位（MSB，第 9 位），线路空闲。

7.2　USART 功能描述

7.2.1　USART 结构

图 7-1 显示了 USART 双向通信最少需要有两个引脚：接受数据输入（RX）和发送数据输出（TX）。

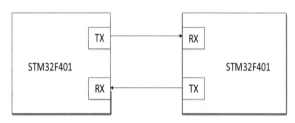

图 7-1　USART 连接图

RX：接收数据输入，是串行数据的输入引脚。通过采样技术可区分有效输入数据和噪声，从而用于恢复数据。

TX：发送数据输出引脚。如果关闭发送器，该输出引脚模式由其 I/O 端口配置决定。如果使能了发送器但没有待发送的数据，则 TX 引脚处于高电平。在单线和智能卡模式下，该 I/O 用于发送和接收数据。

在同步模式下连接时需要以下引脚：

● SCLK：发送器时钟输出。该引脚用于输出发送器数据时钟，以便按照 SPI 主模式进行同步发送（起始位和结束位上无时钟脉冲，可通过软件向最后一个数据位发送时钟脉冲）。RX 上可同步接收并行数据。这一点可用于控制带移位寄存器的外设（如 LCD 驱动器）。时钟相位和极性可通过软件编程。

在智能卡模式下，SCLK 可向智能卡提供时钟。在硬件流控制模式下需要以下引脚：

● nCTS："清除以发送"用于在当前传输结束时阻止数据发送（高电平时）。
● nRTS："请求以发送"用于指示 USART 已准备好接收数据（低电平时）。

USART 结构框图如图 7-2 所示。

7.2.2　USART 字符描述

配置 USART_CR1 寄存器中的 M 位选择 8 位或 9 位字长。默认设置中，发送和接收的起始位都是低电平，而停止位都是高电平。这个逻辑可以在极性控制中单独地设置为反向。空闲符号也被视为完全由 1 组成的完整的数据帧，后面跟着包含了数据的下一个开始位（1 的位数也包括了停止位的位数）。

断开符号被视为在一个帧周期内全部收到 0（包括停止位期间，也是 0）。在断开帧结束时，发送器会再插入 2 个停止位。发送和接收由一个公用的波特率发生器驱动，当发送器和接收器的使能位分别置 1 时，分别为其产生时钟，如图 7-3 所示。

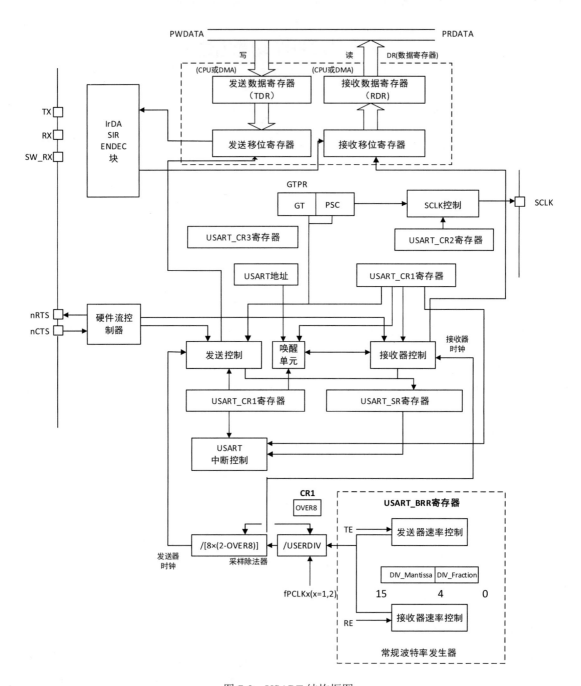

图 7-2　USART 结构框图

9 位字长（M 位置 1），1 个停止位

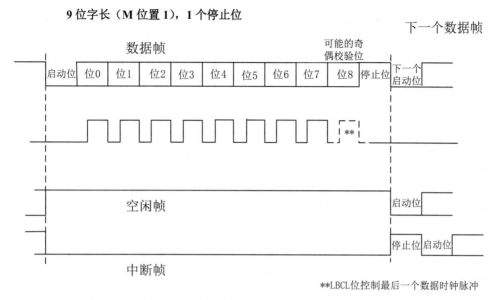

8 位字长（M 位置 1），1 个停止位

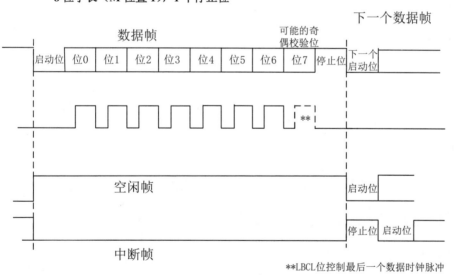

图 7-3　USART 数据帧

7.2.3　发送器

　　发送器根据 M 位的状态发送 8 位或 9 位的数据字。发送使能位（TE）置 1 时，发送移位寄存器中的数据在 TX 引脚输出，相应的时钟脉冲在 SCLK 引脚输出。

　　1. 字符发送

　　USART 发送期间，首先通过 TX 引脚移出数据的最低有效位。该模式下，USART_DR 寄存器的缓冲区（TDR）位于内部总线和发送移位寄存器之间。每个字符之前都有一个低电平的初始位之后跟着停止位，停止位的数目是可选择的。USART 支持多种停止位的选择：0.5、1、

1.5 和 2 个停止位。

注意：（1）在向 USART_TDR 写数据之前必须先令 TE 位为 1。

（2）在 TE 位被置 1 后将会发送一个空闲帧。

2. 可配置的停止位

随每个字符发送的停止位的位数可以通过控制寄存器 2 的位 13、位 12 进行编程，如图 7-4 所示。

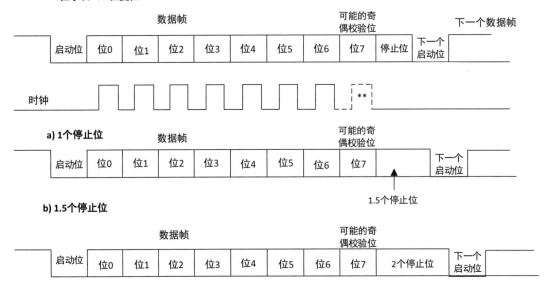

图 7-4 可配置停止位

- 1 个停止位：这是停止位数量的默认值。
- 1.5 个停止位：在智能卡模式下发送和接收数据时使用。
- 2 个停止位：正常 USART 模式、单线模式和调制解调器模式支持该值。
- 0.5 个停止位：在智能卡模式下接收数据时使用。

空闲帧包括了停止位。断开帧是 10 位低电平或者 11 位低电平时，后跟 2 个停止位。不可能传输更长的断开帧（长度大于 10 或者 11 位的那种）。

3. 发送配置步骤

（1）通过向 USART_CR1 寄存器中的 UE 位写入 1 使能 USART。

（2）对 USART_CR1 中的 M 位进行编程以定义字长。

（3）对 USART_CR2 中的停止位数量进行编程。

（4）如果将进行多缓冲区通信，请选择 USART_CR3 中的 DMA 使能（DMAT）。按照多缓冲区通信中的解释说明配置 DMA 寄存器。

（5）使用 USART_BRR 寄存器选择所需波特率。

（6）将 USART_CR1 中的 TE 位置 1 以便在首次发送时发送一个空闲帧。

（7）在 USART_DR 寄存器中写入要发送的数据（该操作将清零 TXE 位）。为每个要在单缓冲区模式下发送的数据重复这一步骤。

（8）向 USART_DR 寄存器写入最后一个数据后，等待至 TC=1。这表明最后一个帧的传送已完成。禁止 USART 或进入暂停模式时需要此步骤，以避免损坏最后一次发送。

4. 单字节通信

清零 TXE 总是通过对数据寄存器的写操作来完成的。TXE 位由硬件来设置，如图 7-5 所示。它表明：

● 数据已从 TDR 移到移位寄存器中且数据发送已开始。

● TDR 寄存器为空。

● USART_DR 寄存器中可写入下一个数据，而不会覆盖前一个数据。

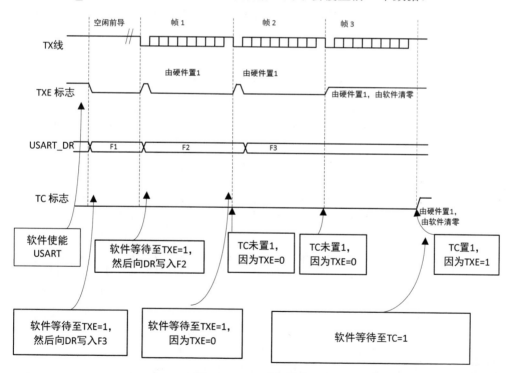

图 7-5　TXE 时序描述

如果 TXEIE 位被设置，该事件将产生一个中断请求。如果此时 USART 正在发送数据，对 USART_DR 寄存器的写操作将把数据存进 TDR 寄存器，并在当前传输结束时把该数据复制进移位寄存器。如果 USART 没有在发送数据，对 USART_DR 寄存器的写操作将导致直接把数据放进移位寄存器，数据传输开始，TXE 位则立即被置起。

当一个字节发送完成时（停止位发送后）并且 TXE 被置位时，TC 位会被置 1。如果 USART_CR1 寄存器中的 TCIE 位是 1 时，则会产生中断。

在 USART_DR 寄存器中写入最后一个数据字后，在关闭 USART 模块之前或设置微控制器进入低功耗模式之前，必须先等待 TC=1。

TC 位通过以下软件序列清零：

（1）从 USART_SR 寄存器读取数据。

（2）向 USART_DR 寄存器写入数据。

5. 断开符号

将 SBK 位置 1 可发送一个中断字符。中断帧的长度取决于 M 位。如果 SBK 位置 1，当前字符发送完成后，将在 TX 线路上发送一个中断字符。中断字符发送完成时（发送中断字符的停止位期间），该位由硬件复位。USART 在上一个中断帧的末尾插入一个逻辑 1 位，以确保识别下个帧的起始位。

6. 空闲符号

将 TE 位置 1 会驱动 USART 在第一个数据帧之前发送一个空闲帧。

7.2.4　接收器

USART 可接收 8 位或 9 位的数据字，具体取决于 USART_CR1 寄存器中的 M 位。

1. 起始位侦测

过采样率设置成 16 或 8，不影响起始位侦测的顺序，如图 7-6 所示。在 USART 中，识别出特定序列的采样时会检测起始位。该序列为：1110X0X0X0000。

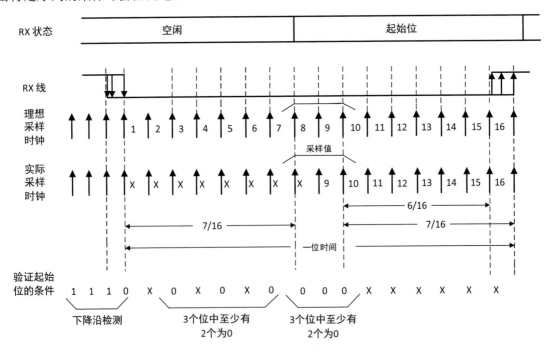

图 7-6　起始位侦测时序图

注意：如果该序列不完整，那么接收端将推出起始位侦测并回到空闲状态（不设置标志位）开始等待下降沿。

如果 3 个采样位均为 0（针对第 3 位、第 5 位和第 7 位进行首次采样时检测到这 3 位均为 0；针对第 8 位、第 9 位和第 10 位进行第二次采样时检测到这 3 位均为 0），可确认起始位（RXNE 标志由硬件置 1，RXNEIE=1 时生成中断）。

如果两次采样时（对第 3 位、第 5 位和第 7 位进行采样以及对第 8 位、第 9 位和第 10 位进行采样），3 个采样位中至少有 2 个为 0，则可验证起始位（RXNE 标志位置 1，RXNEIE=1 时生成中断）。但是会设置 NE 噪声标志位。如果不满足此条件，则中止起始位的侦测过程，接收器返回空闲状态（无标志位置 1）。

如果其中一次采样时（对第 3 位、第 5 位和第 7 位进行采样或对第 8 位、第 9 位和第 10 位进行采样），3 个采样位中有 2 个为 0，则可验证起始位但 NE 噪声标志位置 1。

2. 字符接收

在 USART 接收期间，数据的最低有效位（默认情况下）首先从 RX 脚移进。在此模式里，USART_DR 寄存器充当了一个位于内部总线和接收移位寄存器之间的缓冲器。配置步骤如下：

（1）通过向 USART_CR1 寄存器中的 UE 位写入 1 使能 USART。

（2）对 USART_CR1 中的 M 位进行编程以定义字长。

（3）对 USART_CR2 中的停止位数量进行编程。

（4）如果将进行多缓冲区通信，请选择 USART_CR3 中的 DMA 使能（DMAR）。按照多缓冲区通信中的解释说明配置 DMA 寄存器。

（5）使用波特率寄存器 USART_BRR 选择所需波特率。

（6）将 RE 位 USART_CR1 置 1。这一操作将使能接收器开始搜索起始位。

当一个字符被接收到时，具有如下特征：

● RXNE 位置 1。这表明移位寄存器的内容已传送到 RDR。也就是说，已接收到并可读取数据（以及其相应的错误标志）。

● 如果 RXNEIE 位置 1，则会生成中断。

● 如果接收期间已检测到帧错误、噪声错误或上溢错误，错误标志位可置 1。

● 在多缓冲区模式下，每接收到一个字节后 RXNE 均置 1，然后通过 DMA 对数据寄存器执行读操作清零。

● 在单缓冲区模式下，通过软件对 USART_DR 寄存器执行读操作将 RXNE 位清零。RXNE 标志也可以通过向该位写入 0 来清零。RXNE 位必须在结束接收下一个字符前清零，以避免发生上溢错误。

3. 中断字符

接收到中断字符时，USART 将会按照帧错误对其进行处理。

4. 空闲字符

检测到空闲帧时，处理步骤与接收到数据的情况相同；如果 IDLEIE 位为 1，则会产生中断。

5. 溢出错误

如果在 RXNE 未复位时接收到字符，则会发生上溢错误。RXNE 位清零前，数据无法从移位寄存器传送到 RDR 寄存器。每接收到一个字节后，RXNE 标志位都将置 1。如果在接收到下一个数据或尚未处理上一个 DMA 请求时，RXNE 标志位是 1 则会发生上溢错误。发生上溢错误时，具有如下特征：

- ORE 位置 1。
- RDR 中的内容不会丢失。对 USART_DR 执行读操作时可使用先前的数据。
- 移位寄存器将被覆盖。之后，上溢期间接收到的任何数据都将丢失。
- 如果 RXNEIE 位置 1 或 EIE 与 DMAR 位均为 1，则会生成中断。
- 通过先后对 USART_SR 寄存器和 USART_DR 寄存器执行读操作将 ORE 位清除。当 ORE 位置 1 时，表明至少有一个数据已经丢失。有两种可能性：

如果 RXNE=1，则最后一个有效数据存储于接收寄存器 RDR 中并且可进行读取。

如果 RXNE=0，则表示最后一个有效数据已被读取，因此 RDR 中没有要读取的数据。当接收到新（丢失）数据的同时已读取 RDR 中的最后一个有效数据时，会发生该情况。读取序列期间（在 USART_SR 寄存器读访问与 USART_DR 读访问之间）接收到新数据时也会发生该情况。

6. 选择适当的过采样率的方法

可以通过 USART_CR1 寄存器中的 OVER8 位来选择过采样率是波特率时钟的 8 倍或者是 16 倍。根据应用有两种选择：

- 选择 8 倍过采样（OVER8=1）以获得更高的速度（高达 $f_{PCLK}/8$）。这种情况下接收器对时钟偏差的最大容差将会降低。
- 选择 16 倍过采样（OVER8=0）以增加接收器对时钟偏差的容差。这种情况下，最大速度限制为最高 $f_{PCLK}/16$。

USART_CR3 中的 ONEBIT 位用来选择判断逻辑电平的方法，有两种选择：

- 在已接收位的中心进行三次采样，从而进行多数表决。这种情况下，如果用于多数表决的 3 次采样结果不相等，NF 位置 1。
- 在已接收位的中心进行单次采样。

根据应用有两种选择：

- 在噪声环境下工作时，请选择三次采样的多数表决法（ONEBIT=0）；在检测到噪声时请拒绝数据，因为这表示采样过程中产生了干扰。
- 线路无噪声时请选择单次采样法（ONEBIT=1）以增加接收器对时钟偏差的容差。这种情况下 NF 位始终不会置 1。

当一帧数据中检测到噪声时：

- 在 RXNE 位的上升沿时 NF 位置 1。
- 无效数据从移位寄存器传送到 USART_DR 寄存器。
- 单字节通信时无中断产生。然而，在 RXNE 位产生中断时，该位出现上升沿。多缓冲区通信时，USART_CR3 寄存器中的 EIE 位置 1 时将发出中断。

通过先后对 USART_SR 寄存器和 USART_DR 寄存器执行读操作将 NF 位清零。

注意：智能卡、IrDA 和 LIN 模式下不能采用 8 倍过采样方式。在这些模式下，OVER8 位由硬件强制清零。

7. 帧错误

由于没有同步上或有大量噪音等原因，停止位没有在预期的时间上接收和识别出来，会检测到帧错误。当帧错误被检测到时，具有如下特征：

- FE 位由硬件置 1。

- 无效数据从移位寄存器传送到 USART_DR 寄存器。
- 单字节通信时无中断产生。然而，在 RXNE 位产生中断时，该位出现上升沿。多缓冲区通信时，USART_CR3 寄存器中的 EIE 位置 1 时将发出中断。

通过先后对 USART_SR 寄存器和 USART_DR 寄存器执行读操作可以将 FE 位清零。

8. 接收期间的课配置的停止位

可通过控制 USART_CR2 中的控制位配置要接收的停止位的数量。正常模式下，可以是 1 或 2 个；在智能卡模式下，也可能是 0.5 或 1.5 个。

（1）0.5 个停止位（在智能卡模式下接收时）：不会对 0.5 个停止位进行采样。所以，选择 0.5 个停止位时，无法检测到帧错误和中断帧。

（2）1 个停止位：将在第 8、第 9 和第 10 次采样时对 1 个停止位进行采样。

（3）1.5 个停止位（在智能卡模式下）：在智能卡模式下发送时，设备必须检查数据是否正确发送。因此必须使能接收器块（USART_CR1 寄存器中的 RE=1）并检查停止位，以测试智能卡是否已检测到奇偶校验错误。发生奇偶校验错误时，智能卡会在采样时将数据信号强制为低电平，即 NACK 信号，该信号被标记为帧错误。之后，FE 标志在 1.5 个停止位的末尾由 RXNE 置 1。在第 16、第 17 和第 18 次采样时对 1.5 个停止位进行采样（停止位采样开始后维持 1 个波特时钟周期）。1.5 个停止位可分为 2 个部分：0.5 个波特时钟周期（未发生任何动作），然后是 1 个正常的停止位周期（一半时间处进行采样）。

（4）2 个停止位：采样 2 个停止位时在第 8、第 9 和第 10 次采样时对第一个停止位进行采样。如果在第一个停止位期间检测到帧错误，则帧错误标志位将会置 1。发生帧错误时不检测第 2 个停止位。RXNE 标志将在第一个停止位末尾时置 1。

7.2.5 多处理器通信

可以与 USART 进行多处理器通信（多个 USART 连接在一个网络中）。例如，其中一个 USART 可以是主 USART，其 TX 输出与其他 USART 的 RX 输入相连接。其他 USART 为从 USART，其各自的 TX 输出在逻辑上通过与运算连在一起，并与主 USART 的 RX 输入相连接。

在多处理器配置中，理想情况下通常只有预期的消息接收方主动接收完整的消息内容，从而减少由其他未被寻址的接收器造成的冗余 USART 服务开销。可通过静音功能将未被寻址的器件置于静音模式下。在静音模式下，具有如下特征：

- 不得将接收状态位置 1。
- 禁止任何接收中断。
- USART_CR1 寄存器中的 RWU 位置 1。RWU 可由硬件自动控制，或在特定条件下由软件写入。

根据 USART_CR1 寄存器中 WAKE 位的设置，USART 可使用以下两种方法进入或退出静音模式：

- 如果 WAKE 位被复位，则进行空闲线路检测。
- 如果 WAKE 位置 1，则进行地址标记检测。

1. 空闲总线检测（WAKE=0）

当向 RWU 位写入 1 时，USART 进入静音模式。当检测到空闲帧时，它会被唤醒。此时 RWU 位会由硬件清零，但 USART_SR 寄存器中的 IDLE 位不会置 1。还可通过软件向 RWU

位写入 0。

2. 地址标记检测（WAKE=1）

在此模式下，如果字节的 MSB 为 1，则将这些字节识别为地址，否则将其识别为数据。在地址字节中，目标接收器的地址位于 4 个 LSB 上。接收器会将此 4 位字与其地址进行比较，该接收器的地址在 USART_CR2 寄存器的 ADD 位中进行设置。

当接收到与其编程地址不匹配的地址字符时，USART 会进入静音模式。此时，RWU 位将由硬件置 1。由于当时 USART 已经进入了静音模式，所以 RXNE 标志不会针对此地址字节置 1，也不会发出中断或 DMA 请求。

当接收到与编程地址匹配的地址字符时，它会退出静音模式。然后 RWU 位被清零，可以开始正常接收后续字节。由于 RWU 位已清零，RXNE 位会针对地址字符置 1。

7.2.6　LIN（局域互联网络）模式

LIN 是用于汽车中的串行网络通信协议。相比 CAN 协议，成本连接低，所以经常被作为汽车中的辅助协议，采用的是一主多从的广播形式。典型的 LIN 总线应用是汽车中的装配单元，如门、方向盘、座椅、空调、照明灯、湿度传感器，交流发电机等，对于这些成本比较敏感的单元，LIN 可以使机械元件如智能传感器、制动器、或光敏器件得到较广泛的使用，很容易地连接到汽车网络中并可方便地维护。

通过将 USART_CR2 寄存器中的 LINEN 位置 1 来选择 LIN 模式。在 LIN 模式下，必须将以下位清零：

- USART_CR2 寄存器中的 CLKEN 位。
- USART_CR3 寄存器中的 STOP[1:0]、SCEN、HDSEL 和 IREN 位。

1. LIN 发送

LIN 的主机发送和常规的 USART 发送相同，但包含以下区别：

- M 位清零以配置 8 位字长度。
- LINEN 位置 1 以进入 LIN 模式。此时，将 SBK 位置 1 会发送 13 个 0 位作为断路字符。然后会发送值为 1 的位以进行下一启动检测。

2. LIN 接收

当 LIN 模式被使能时，断开符号检测电路被激活。该检测完全独立于 USART 接收器。不管是在总线空闲时还是在发送某数据帧期间，断开符号只要一出现就能检测到。

接收器（USART_CR1 寄存器中 RE=1）使能后，电路便开始监测启动信号的 RX 输入。检测起始位的方法与搜索断路字符或数据的方法相同。检测到起始位后，电路会对接下来的位进行采样，方法与数据采样相同（第 8、第 9 和第 10 次采样）。如果 10 个（USART_CR2 寄存器中 LBDL=0 时）或 11 个（USART_CR2 寄存器中 LBDL=1 时）连续位均检测为 0，且其后跟随分隔符，则 USART_SR 寄存器中的 LBD 标志将会置 1。如果 LBDIE=1，则会生成中断。在验证断路前，会对分隔符进行检查，因为它表示 RX 线路已恢复到高电平。

如果在第 10 或第 11 次采样前已对 1 采样，则断路检测电路会取消当前检测，并重新搜索起始位。

如果禁止 LIN 模式（LINEN=0），接收器会作为正常的 USART 继续工作，不会再进行断路检测。

如果使能 LIN 模式（LINEN=1），只要发生帧错误（例如，在 0 处检测到停止位，这种情况可能出现在任何断路帧中），接收器即会停止，直到断路检测电路接收到 1（断路字不完整时）或接收到分隔符（检测到断路时）为止。

7.2.7　USART 同步模式

同步模式与异步模式的区别：主设备对外提供时钟，从设备不是依靠提前双方约定的波特率去检测信号，而是依靠主设备发送过来的时钟信号。SPI 与 I^2C 属于此类。位 USART 的同步模式用法如图 7-7 所示。

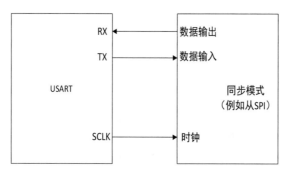

图 7-7　USART 同步模式连接图

通过将 USART_CR2 寄存器中的 CLKEN 位写入 1 来选择同步模式。在同步模式下，必须将以下位清零：

- USART_CR2 寄存器中的 LINEN 位。
- USART_CR3 寄存器中的 SCEN、HDSEL 和 IREN 位。

通过 USART，用户可以在主模式下控制双向同步串行通信。SCLK 引脚是 USART 发送器时钟的输出。在起始位或停止位期间，不会向 SCLK 引脚发送时钟脉冲。在最后一个有效数据位（地址标记）期间，将会（也可能不会）生成时钟脉冲，这取决于 USART_CR2 寄存器中 LBCL 位的状态。通过 USART_CR2 寄存器中的 CPOL 位，用户可以选择时钟极性；通过 USART_CR2 寄存器中的 CPHA 位，用户可以选择外部时钟相位。

在总线空闲期间，实际数据到来之前以及发送断开符号的时候，外部 SCLK 时钟不被激活。同步模式时，USART 发送器和在异步模式中工作完全相同。但是因为 SCLK 与 TX 同步（根据 CPOL 和 CPHA），所以 TX 上的数据是随 SCLK 同步发出的。

同步模式的 USART 接收器工作方式与异步模式不同。如果 RE=1，数据在 SCLK 上采样（根据 CPOL 和 CPHA 决定在上升沿还是下降沿），不需要任何的过采样，但必须考虑建立时间和持续时间（取决于波特率，1/16 位时间）。

注意：（1）SCLK 引脚可与 TX 引脚结合使用。因此，仅当使能发送器（TE=1）且正在发送数据时（对数据寄存器 USART_DR 已被写入），才会提供时钟。这意味着，没有发送数据的情况下无法接收同步数据。

（2）应该在发送器和接收器都被禁止时（UE=0）去改变 LBCL、CPOL 和 CPHA 位的配置，这能保证时钟脉冲功能的正确性。

7.2.8　单线半双工通信

通过将 USART_CR3 寄存器中的 HDSEL 位置 1 来选择单线半双工模式。在此模式下，必须将以下位清零：

- USART_CR2 寄存器中的 LINEN 和 CLKEN 位。
- USART_CR3 寄存器中的 SCEN 和 IREN 位。

USART 可以配置为遵循单线半双工协议，其中 TX 和 RX 线路从内部相连接。使用控制位 HALF DUPLEX SEL（USART_CR3 寄存器中的 HDSEL 位），可以在半双工通信和全双工通信间进行选择。

当 HDSEL 为 1 时，TX 和 RX 状态如下：

- TX 和 RX 引脚在芯片内部是连接在一起的。
- 不能再使用 RX 引脚。
- 无数据传输时，TX 引脚始终处于释放状态。因此，它在空闲状态或接收过程中用作标准 I/O。这意味着，必须对 I/O 进行配置，以便在未受 USART 驱动时，使 TX 成为浮空输入（或高电平开漏输出）。

除此之外，通信与正常 USART 模式下的通信相似。此线路上的冲突必须由软件进行管理（例如，使用中央仲裁器）。尤其要注意，发送过程永远不会被硬件封锁，只要数据是在 TE 位置 1 的情况下写入，发送就会持续进行。

7.3　应用实例

7.3.1　开发环境与实例说明

硬件：NUCLEO F401RE 开发板、5V 电源线、PC。

软件：Keil-ARM 开发软件，安装 Keil::STM32F4xx_DFP.2.8.0.pack。

实例名称：UART 串口平方根实例。

实例说明：本实例采用 NUCLEO F401RE 开发板进行实验，使用 UART 功能编写串口程序实现求平方根功能，通过串口调试软件来验证实例。在发送端口输入一个实数，回车确认。返回值为其平方根则证明实例正确。

硬件连接如图 7-8 所示，MCU 通过 UART 连接到 USB 端口，再通过 USB 端口将数据传输到电脑中。信号描述如表 7-1 所示。

图 7-8　管脚连接图

表 7-1　信号描述

信号名称	描述	方向	USB 转串口	MCU
UART_RX	从 PC 端到 MCU 端的数据	输入 MCU	TX	PA_3
UART_TX	从 MCU 端到 PC 端的数据	MCU 输出	RX	PA_2
VSS	地		GND	

7.3.2　UART 实例代码

```
/*-------------------------------------------------------------------------
文件名：uart.c
函数描述：uart_init 实现了 uart 的初始化，uart_enable 实现了 uart 的使能，uart_print 实现了 uart 数据的
串口输出，uart_set_rx_callback 实现了 uart 的串口中断，USART2_IRQHandler 实现了中断的处理，uart_tx 和
uart_rx 实现了数据的发送与接收
*-------------------------------------------------------------------------*/
#include <platform.h>
#include <uart.h>
#include <STM32F4xx_RCC.h>
#include <STM32F4xx_USART.h>
#include <STM32F4xx_GPIO.h>
static void (*UART_callback)(uint8_t);
void uart_init(uint32_t baud) {//uart 初始化函数
    GPIO_InitTypeDef GPIO_InitStructure;
    USART_InitTypeDef USART_InitStructure;
/* -------------------------- 系统时钟设置 ----------------*/
    /* USART2 clock enable */
    RCC_APB1PeriphClockCmd(RCC_APB1Periph_USART2, ENABLE);
    /* GPIOA clock enable */
    RCC_AHB1PeriphClockCmd(RCC_AHB1Periph_GPIOA, ENABLE);


    /*-------------------------- GPIO 设置 --------------------*/
    GPIO_InitStructure.GPIO_Pin = GPIO_Pin_2 | GPIO_Pin_3; //分配 PA.2 USART2_TX, PA.3 USART2_RX
    GPIO_InitStructure.GPIO_Mode = GPIO_Mode_AF;
    GPIO_InitStructure.GPIO_OType = GPIO_OType_PP;
    GPIO_InitStructure.GPIO_PuPd = GPIO_PuPd_NOPULL;
    GPIO_InitStructure.GPIO_Speed = GPIO_Speed_2MHz;
    GPIO_Init(GPIOA, &GPIO_InitStructure);
    /* 连接 usart 管脚到 AF */
    GPIO_PinAFConfig(GPIOA, GPIO_PinSource2, GPIO_AF_USART2);
    GPIO_PinAFConfig(GPIOA, GPIO_PinSource3, GPIO_AF_USART2);
        /* USARTx 配置 --------------------------------------------*/
    /* USARTx 按照以下配置：
        - BaudRate = 115200 baud
        - Word Length = 8 Bits
        - One Stop Bit
```

```
                - No parity
                - Hardware flow control disabled (RTS and CTS signals)
                - Receive and transmit enabled
        */
        USART_InitStructure.USART_BaudRate = baud;
        USART_InitStructure.USART_WordLength = USART_WordLength_8b;
        USART_InitStructure.USART_StopBits = USART_StopBits_1;
        USART_InitStructure.USART_Parity = USART_Parity_No;
        USART_InitStructure.USART_HardwareFlowControl = USART_HardwareFlowControl_None;
        USART_InitStructure.USART_Mode = USART_Mode_Rx | USART_Mode_Tx;
        USART_Init(USART2, &USART_InitStructure);
    }
    void uart_enable(void) {//uart 使能
        USART_Cmd(USART2, ENABLE);
    }
    void uart_print(char *string) {//uart 输出，输出至串口
        while(*string) {
            uart_tx(*string++);
        }
    }
    void uart_set_rx_callback(void (*callback)(uint8_t)) {
        //callback 函数用于设置并且使能中断，当 uart 外设接收到一个字符，callback 函数输出当前接收到的
字符
        UART_callback = callback;
        USART2->CR1|=USART_CR1_RXNEIE;
        //使能 usart 中断
        __enable_irq();
        NVIC_SetPriority(USART2_IRQn,0);
        NVIC_ClearPendingIRQ(USART2_IRQn);
        NVIC_EnableIRQ(USART2_IRQn);
    }
    void uart_tx(uint8_t c) {//发送函数
        while(USART_GetFlagStatus(USART2, USART_FLAG_TXE) == RESET) {
        }        //等待无数据输入
        USART_SendData(USART2, c); //发送数据
    }
    uint8_t uart_rx(void) {//接受函数
        uint16_t Data;
        while(USART_GetFlagStatus(USART2, USART_FLAG_RXNE) == RESET) {
        }        //等待数据
        Data = USART_ReceiveData(USART2); //存储数据
        return Data;
    }
    void USART2_IRQHandler(void){//中断处理函数
        NVIC_ClearPendingIRQ(USART2_IRQn);
```

```
        if (READ_BIT(USART2->SR, USART_SR_RXNE)) {
                UART_callback(uart_rx());//接受数据
        }
    }
/*------------------------------------------------------------------
文件名：queue.c
函数描述：queue_init 实现了队列的初始化，queue_enqueue 实现了数据的入队，queue_dequeue 实现了
数据的出队
    *---------------------------------------------------------------*/
#include "queue.h"
#include <stdlib.h>
int queue_init(Queue *queue, uint32_t size) {//队列初始化函数
    queue->data = (uint8_t*)malloc(sizeof(uint8_t) * size);
    queue->head = 0;
    queue->tail = 0;
    queue->size = size;
        //返回值为 0 则队列分配失败
    return queue->data != 0;
}
int queue_enqueue(Queue *queue, uint8_t item) {//数据入队函数
    if (!queue_is_full(queue)) {
        queue->data[queue->tail++] = item;
        queue->tail %= queue->size;
        return 1;
    } else {
        return 0;
    }
}
int queue_dequeue(Queue *queue, uint8_t *item) {//数据出队函数
    if (!queue_is_empty(queue)) {
        *item = queue->data[queue->head++];
        queue->head %= queue->size;
        return 1;
    } else {
        return 0;
    }
}
int queue_is_full(Queue *queue) {//判断队列满
    return ((queue->tail + 1) % queue->size) == queue->head;
}
int queue_is_empty(Queue *queue) {//判断队列空
    return queue->tail == queue->head;
}
/*------------------------------------------------------------------
文件名：main.c
```

主函数描述：实现了 uart 的初始化，完成了整个 uart-平方根算法

```
*-----------------------------------------------------------------*/
#include <platform.h>
#include <stdio.h>
#include <math.h>
#include <stdint.h>
#include <uart.h>
#include "queue.h"
#define BUFF_SIZE 128
Queue rx_queue;//定义储存数据队列
void uart_rx_isr(uint8_t rx) {//定义输入数据函数
    if ((rx >= '0' && rx <= '9') || rx == 0x7F || rx == '\r') {
        //存储接收到的数据
        queue_enqueue(&rx_queue, rx);
    }
}

int main() {
    uint8_t rx_char = 0;
    char buff[BUFF_SIZE];
    uint32_t buff_index;
    float number;
    queue_init(&rx_queue, 128);          //初始化队列
    uart_init(57600);                     //uart 初始化
    uart_set_rx_callback(uart_rx_isr);//设置 uart 函数中断
    uart_enable();                            //使能 uart
    __enable_irq();                          //使能中断
    uart_print("\r");
    while(1) {
        uart_print("Enter a real number and press enter: ");
        buff_index = 0;
        do {
            while (!queue_dequeue(&rx_queue, &rx_char))
                __WFI();
            if (rx_char == 0x7F) {          //考虑退格键设置
                if (buff_index > 0) {
                    buff_index--;
                    uart_tx(rx_char);
                }
            } else {
                //存储接收到的字符
                buff[buff_index++] = (char)rx_char;
                uart_tx(rx_char);
            }
        } while (rx_char != '\r' && buff_index < BUFF_SIZE);
        //使用\0 取代上一字符
```

```
    buff[buff_index - 1] = '\0';
    uart_print("\r\n");
    if (buff_index < BUFF_SIZE) {
        //转换 buffer 值为 float 型
        if (sscanf(buff, "%f", &number) == 1) {
            sprintf(buff, "The square root of %f is %f.\r\n", number, sqrt(number));
            uart_print(buff);
        } else {
            uart_print(buff);
            uart_print(" is not a valid number!\r\n");
        }
    } else {
        uart_print("Stop trying to overflow my buffer! I resent that!\r\n");
    }
    }
}
```

7.3.3　测试结果及分析

采用串口调试助手进行串口数据的收发，由图 7-9 可见，输入一个超过 128 位的数字会显示溢出。输入一个回车字符会显示输入不是有效数字。输入正确数字 12 可以求出平方根为 144。即可判断该串行通信实例编写成功。

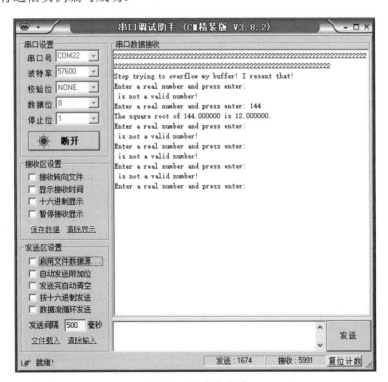

图 7-9　测试结果图

参考资料

[1]　STM32 的中断机制，https://wenku.baidu.com/view/fee8077003d8ce2f006623d6.html.

[2]　STM32 中断，http://blog.csdn.net/sunjiajiang/article/details/7074769.

[3]　stm32 中断初识与实践，https://zhuanlan.zhihu.com/p/24316165.

[4]　STM32 NVIC 中断优先级管理，http://m.blog.chinaunix.net/uid-24219701-id-4083391.html.

[5]　EXTI 和 NVIC 初探，http://blog.csdn.net/iceiilin/article/details/6080252.

[6]　RM0368 Reference Manual，http://www.st.com/content/ccc/resource/technical/document/reference_manual/5d/b1/ef/b2/a1/66/40/80/DM00096844.pdf/files/DM00096844.pdf/jcr:content/translations/en.DM00096844.pdf.

[7]　Yiu J．ARM Cortex-M3 与 Cortex-M4 权威指南[M]. 北京：清华大学出版社，2015.

第8章　STM32F401 AD 转换器

8.1　功能描述

8.1.1　ADC 介绍

AD 转换器即 Analog-to-Digital Converter（ADC），STM32F401 搭载的 12 位 ADC 是逐次趋近型模数转换器，可配置 12 位、10 位、8 位或 6 位分辨率。它具有多达 19 个复用通道，可测量来自 16 个外部源、2 个内部源和 VBAT 通道的信号，而各通道的采样时间可独立设置。这些通道的 A/D 转换可在单次、连续、扫描或不连续采样模式下进行。在转换结束、注入转换结束以及发生模拟看门狗或溢出事件时会产生中断。ADC 的结果存储在一个左对齐或右对齐的 16 位数据寄存器中，以保持内置数据一致性。ADC 具有模拟看门狗特性，允许应用检测输入电压是否超过了用户自定义的阈值上限或下限。ADC 全速运行时，电源要求为 2.4V 到 3.6V；慢速运行时则为 1.8V。ADC 输入范围在 VREF- 和 VREF+ 之间。外部触发器选项，可为规则转换和注入转换配置极性，而规则通道转换期间可产生 DMA 请求。

表 8-1 中列出了 ADC 的引脚说明，图 8-1 为单个 ADC 框图。

表 8-1　ADC 引脚说明

名称	信号类型	备注
VREF+	正模拟参考电压输入	ADC 高/正参考电压，1.8V≤VREF+≤VDDA
VDDA	模拟电源输入	模拟电源电压等于 VDD 全速运行时，2.4V≤VDDA≤VDD（3.6V） 低速运行时，1.8V≤VDDA≤VDD（3.6V）
VREF-	负模拟参考电压输入	ADC 低/负参考电压，VREF-=VSSA
VSSA	模拟电源接地输入	模拟电源接地电压等于 VSS
ADCx_IN[15:0]	模拟输入信号	16 个模拟输入通道

8.1.2　ADC 功能描述

1. ADC 开关控制

可通过将 ADC_CR2 寄存器中的 ADON 位置 1 来为 ADC 供电。首次将 ADON 位置 1 时，会将 ADC 从掉电模式中唤醒。SWSTART 或 JSWSTART 位置 1 时，启动 AD 转换。可通过将 ADON 位清零来停止转换并使 ADC 进入掉电模式。在此模式下，ADC 几乎不耗电（只有几 μA）。

2. ADC 时钟

ADC 可用模拟电路的时钟：ADCCLK，该时钟由可编程预分频器分频的 APB2 时钟得到，允许 ADC 在 $f_{PCLK2}/2$、$f_{PCLK2}/4$、$f_{PCLK2}/6$ 或 $f_{PCLK2}/8$ 下工作；ADC 也可用数字接口的时钟（用于寄存器读/写访问），该时钟等效于 APB2 时钟，可通过 RCC APB2 外设时钟使能寄存器（RCC_APB2ENR）分别为每个 ADC 使能/禁止数字接口时钟。

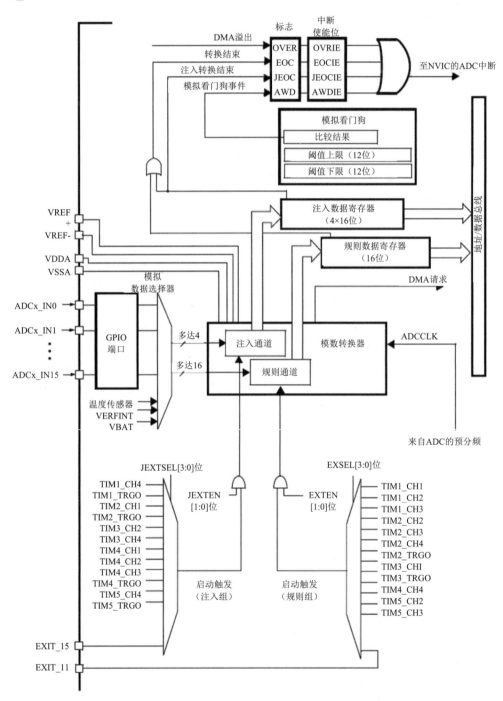

图 8-1　ADC 结构框图

3. 通道选择

ADC 有 16 个复用通道。可以把转换组织分成两组：规则组和注入组。每个组包含一个转换序列，该序列可按任意顺序在任意通道上完成。例如，可按以下顺序对序列进行转换：ADC_IN3、ADC_IN8、ADC_IN2、ADC_IN2、ADC_IN0、ADC_IN2、ADC_IN2、ADC_IN15。规则组由多达 16 个转换组成，规则通道和它们的转换顺序在 ADC_SQRx 寄存器中选择，规则组中转换的总数应写入 ADC_SQR1 寄存器的 L[3:0]位中；注入组则最多由 4 个转换组成。注入通道和它们的转换顺序在 ADC_JSQR 寄存器中选择，注入组中转换的总数应写入 ADC_JSQR 寄存器的 L[1:0]位中。

如果 ADC_SQRx 或 ADC_JSQR 寄存器在转换期间被更改，当前的转换被清除，新的启动脉冲将发送到 ADC 以转换新选择的组。温度传感器内部连接到与 VBAT 共用的通道 ADC1_IN16，一次只能选择一个转换（温度传感器或 VBAT）。若同时设置了温度传感器和 VBAT 转换，将只进行 VBAT 转换。内部参考电压 VREFINT 连接到 ADC1_IN17。连接到 ADC1_IN18 的 VBAT 通道可转换为注入通道或规则通道。

4. 单次转换模式

在单次转换模式下，ADC 执行一次转换。CONT 位为 0 时，可通过将 ADC_CR2 寄存器中的 SWSTART 位置 1（仅适用于规则通道），或通过将 JSWSTART 位置 1（适用于注入通道），或通过外部触发（适用于规则通道或注入通道）启动单转换模式。

完成所选通道的转换之后，若转换了规则通道，转换数据存储在 16 位 ADC_DR 寄存器中，EOC（转换结束）标志置 1 且 EOCIE 位置 1 时将产生中断，此后 ADC 停止；若转换了注入通道，转换数据存储在 16 位 ADC_JDR1 寄存器中，JEOC（注入转换结束）标志置 1 且 JEOCIE 置 1 时将产生中断，此后 ADC 停止。

5. 连续转换模式

在连续转换模式下，ADC 结束一个转换后立即启动一个新的转换。CONT 位为 1 时，可通过外部触发或将 ADC_CR2 寄存器中的 SWSTRT 位置 1 来启动此模式（仅适用于规则通道）。每次转换后，若转换了规则通道组，上次转换的数据存储在 16 位 ADC_DR 寄存器中，EOC（转换结束）标志置 1 且 EOCIE 位置 1 时将产生中断。另外，无法连续转换注入通道，仅有的例外是连续模式下规则通道自动转换为注入通道。

6. 模拟看门狗

如果 ADC 转换的模拟电压低于阈值下限或高于阈值上限，则 AWD 模拟看门狗状态位会置 1。这些阈值在 ADC_HTR 和 ADC_LTR16 位寄存器的 12 个最低有效位中进行编程。可以使用 ADC_CR1 寄存器中的 AWDIE 位使能中断。阈值与 ADC_CR2 寄存器中的 ALIGN 位的所选对齐方式无关。在对齐之前，会将模拟电压与阈值上限和下限进行比较。通过配置 ADC_CR1 寄存器，模拟看门狗可以作用于一个或多个通道。

7. 扫描模式

此模式用于扫描一组模拟通道。通过将 ADC_CR1 寄存器中的 SCAN 位置 1 来选择扫描模式。将此位置 1 后，ADC 会扫描在 ADC_SQRx 寄存器（对于规则通道）或 ADC_JSQR 寄存器（对于注入通道）中选择的所有通道。为组中的每个通道都执行一次转换。每次转换结束后，会自动转换该组中的下一个通道。如果将 CONT 位置 1，规则通道转换不会在组中最后一个所选通道处停止，而是再次从第一个所选通道继续转换。如果将 DMA 位置 1，则在每次规则通道转换之后，均使用直接存储器访问（DMA）控制器将转换白规则通道组的数据（存储在 ADC_DR 寄存器中）传输到 SRAM。在 EOCS 位清零，每个规则组序列转换结束时或 EOCS 位置 1，在每个规则通道转换结束时 ADC_SR 寄存器中的 EOC 位置 1。另外，从注入通道转换的数据始终存储在 ADC_JDRx 寄存器中。

8. 注入通道管理

触发注入：清除 ADC_CR1 寄存器中的 JAUTO 位，即可使用触发注入功能。通过外部触发或将 ADC_CR2 寄存器中的 SWSTART 位置 1 来启动规则通道组转换。如果在规则通道组转换期间出现外部注入触发或者 JSWSTART 位置 1，则当前的转换会复位，并且注入通道序列会切换为单次扫描模式。然后，规则通道组的规则转换会从上次中断的规则转换处恢复。如果在注入转换期间出现规则事件，注入转换不会中断，但在注入序列结束时会执行规则序列。使用触发注入时，必须确保触发事件之间的间隔长于注入序列，图 8-2 为相应的时序图。

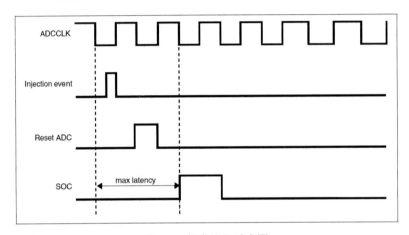

图 8-2　触发注入时序图

自动注入：如果将 JAUTO 位置 1，则注入组中的通道会在规则组通道之后自动转换。这可用于转换最多由 20 个转换构成的序列，这些转换在 ADC_SQRx 和 ADC_JSQR 寄存器中编程。在此模式下，必须禁止注入通道上的外部触发。如果 CONT 位和 JAUTO 位均已置 1，则在转换规则通道之后会继续转换注入通道。注意，不能同时使用自动注入和不连续采样模式。

9. 不连续采样模式

规则组：可将 ADC_CR1 寄存器中的 DISCEN 位置 1 来使能此模式。该模式可用于转换含有 n（n≤8）个转换的短序列，该短序列是在 ADC_SQRx 寄存器中选择的转换序列的一部分。可通过写入 ADC_CR1 寄存器中的 DISCNUM[2:0]位来指定 n 的值。出现外部触发时，将启动在 ADC_SQRx 寄存器中选择的接下来 n 个转换，直到序列中的所有转换均完成为止。通过 ADC_SQR1 寄存器中的 L[3:0]位定义总序列长度。

例如：n=3，被转换的通道为 0、1、2、3、6、7、9、10。第一次触发，转换序列为 0、1、2 且每次转换伴随 EOC 事件的生成；第二次触发，转换序列为 3、6、7 且每次转换伴随 EOC 事件的生成；第三次触发，转换序列为 9、10 且每次转换伴随 EOC 事件的生成；第四次触发，转换序列为 0、1、2 且每次转换伴随 EOC 事件的生成。另外，在不连续采样模式下转换规则组时，不会出现翻转。

注入组：可将 ADC_CR1 寄存器中的 JDISCEN 位置 1 来使能此模式。在出现外部触发事件之后，可使用该模式逐通道转换在 ADC_JSQR 寄存器中选择的序列。出现外部触发时，将启动在 ADC_JSQR 寄存器中选择的下一个通道转换，直到序列中的所有转换均完成为止。通过 ADC_JSQR 寄存器中的 JL[1:0]位定义总序列长度。

例如：n=1，被转换的通道为 1、2、3。第一次触发，转换通道为 1；第二次触发，转换通道为 2；第三次触发，转换通道为 3 且伴随 JEOC 事件生成；第四次触发，转换通道为 1。

另外，不得同时为规则组和注入组设置不连续采样模式，只能针对一个组使能不连续采样模式。

10. 数据对齐

ADC_CR2 寄存器中的 ALIGN 位用于选择转换后存储的数据的对齐方式。可选择左对齐和右对齐两种方式，图 8-3 分别为数据左对齐和数据右对齐示意图。

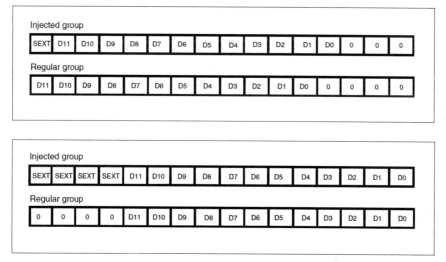

图 8-3 数据左对齐（上）、右对齐（下）示意图

注入通道组的转换数据将减去 ADC_JOFRx 寄存器中写入的用户自定义偏移量，因此结果可以是一个负值。SEXT 位表示扩展的符号值。对于规则组中的通道，不会减去任何偏移量，因此只有 12 个位有效。

一般采用左对齐时，数据基于半字进行对齐。特例为分辨率设置为 6 位时，数据基于字节进行对齐，如图 8-4 所示。

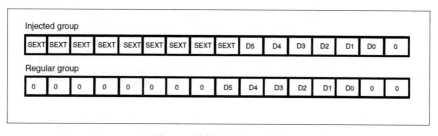

图 8-4 数据半对齐示意图

11. 可独立设置的各通道采样时间

ADC 会在数个 ADCCLK 周期内对输入电压进行采样，可使用 ADC_SMPR1 和 ADC_SMPR2 寄存器中的 SMP[2:0]位修改周期数。每个通道均可以使用不同的采样时间进行采样。总转换时间的计算公式为：TCONV=采样时间+12 个周期。

12. 外部触发转换和触发极性

转换可由外部事件触发（如定时器捕获、EXTI 中断线）。如果 EXTEN[1:0]控制位（对于行规转换）或 JEXTEN[1:0]位（对于注入转换）不等于 0b00，则外部事件能够以所选极性触发转换。表 8-2 提供了 EXTEN[1:0]和 JEXTEN[1:0]值与触发极性之间的对应关系。

表 8-2　外部触发与触发极性的对应关系

源	EXTEN[1:0]/JEXTEN[1:0]
禁止触发检测	00
在上升沿时检测	01
在下降沿时检测	10
在上升沿和下降沿均检测	11

外部触发的极性可实时改变。EXTSEL[3:0]和 JEXTSEL[3:0]控制位用于从 16 个可能事件中选择可触发规则组转换和注入组转换的事件。

可通过将 ADC_CR2 寄存器中的 SWSTART（对于规则转换）或 JSWSTART（对于注入转换）位置 1 来产生软件源触发事件。可通过注入触发中断规则组转换，触发选择可实时更改。不过，当更改触发选择时，会在 1 个 APB 时钟周期的时间范围内禁止触发检测。这是为了避免在转换期间出现意外检测。

13. 快速转换模式

可通过降低 ADC 分辨率来执行快速转换。RES 位用于选择数据寄存器中可用的位数。每种分辨率的最小转换时间如：12 位，3+12=15 ADCCLK 周期；10 位，3+10=13 ADCCLK 周期；8 位，3+8=11 ADCCLK 周期；6 位，3+6=9 ADCCLK 周期。

14. 数据管理

由于规则通道组只有一个数据寄存器，因此，对于多个规则通道的转换，使用 DMA 可以避免丢失在下一次写入之前还未被读出的 ADC_DR 寄存器中的数据。在使能 DMA 模式的情况下（ADC_CR2 寄存器中的 DMA 位置 1），每完成规则通道组中的一个通道转换后，都会生成一个 DMA 请求。这样便可将转换的数据从 ADC_DR 寄存器传输到用软件选择的目标位置。尽管如此，如果数据丢失（溢出），则会将 ADC_SR 寄存器中的 OVR 位置 1 并生成一个中断（如果 OVRIE 使能位已置 1）。随后会禁止 DMA 传输并且不再接受 DMA 请求。在这种情况下，如果生成 DMA 请求，则会中止正在进行的规则转换并忽略之后的规则触发。随后需要将所使用的 DMA 流中的 OVR 标志和 DMAEN 位清零，并重新初始化 DMA 和 ADC，以将需要的转换通道数据传输到正确的存储器单元。只有这样，才能恢复转换并再次使能数据传输。注入通道转换不会受到溢出错误的影响。在 DMA 模式下，当 OVR=1 时，传送完最后一个有效数据后会阻止 DMA 请求，这意味着传输到 RAM 的所有数据均被视为有效。在最后一次 DMA 传输（DMA 控制器的 DMA_SxRTR 寄存器中配置的传输次数）结束时，如果将 ADC_CR2 寄存器中的 DDS 位清零，则不会向 DMA 控制器发出新的 DMA 请求（这可避免产生溢出错误）。不过，硬件不会将 DMA 位清零，必须将该位写入 0 然后写入 1 才能启动新的传输；如果将 DDS 位置 1，则可继续生成请求，从而允许在双缓冲区循环模式下配置 DMA。若要在使用 DMA 时将 ADC 从 OVR 状态中恢复，首先需要重新初始化 DMA（调整目标地址和 NDTR 计数器），再将 ADC_SR 寄存器中的 ADC OVR 位清零，最后触发 ADC 以开始转换。

如果转换过程足够慢，则可使用软件来处理转换序列，即在不使用 DMA 的情况下管理转换序列。在这种情况下，必须将 ADC_CR2 寄存器中的 EOCS 位置 1，才能使 EOC 状态位在每次转换结束时置 1，而不仅是在序列结束时置 1。当 EOCS=1 时，会自动使能溢出检测。因此，每当转换结束时，EOC 都会置 1，并且可以读取 ADC_DR 寄存器。溢出管理与使用 DMA 时的管理相同。若要在 EOCS 位置 1 时将 ADC 从 OVR 状态中恢复，首先需要将 ADC_SR 寄存器中的 ADC OVR 位清零，然后触发 ADC 以开始转换。

ADC 在转换一个或多个通道时不是每次都读取数据的情况下，可能会用到在不使用 DMA 和溢出检测的情况下进行转换（例如，存在模拟看门狗时）。为此，必须禁止 DMA（DMA=0）并且仅在序列结束（EOCS =0）时才将 EOC 位置 1。在此配置中，溢出检测已禁止。

15. 温度传感器

温度传感器可用于测量器件的环境温度（TA），支持的温度范围为-40℃到 125℃，精度为±1.5℃。需要注意的是 VSENSE 是 ADC_IN18 的输入。必须将 TSVREFE 位置 1 才能同时对两个通道进行转换：ADC1_IN16 或 ADC1_IN18（温度传感器）和 ADC1_IN17（VREFINT）。

温度传感器结构图如图 8-5 所示。

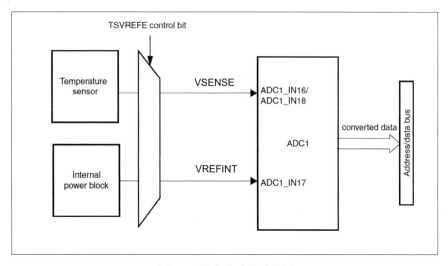

图 8-5　温度传感器结构图

当没有被使用时，传感器可以置于掉电模式。为减少传感器从掉电模式唤醒的启动时间，可同时将 ADON 和 TSVREFE 位置 1。温度传感器输出电压将随温度线性变化，由于生产工艺的不同，温度变化曲线的偏移在不同芯片上会有所不同。内部的温度传感器更适合于检测温度的变化而不是测量绝对的温度。如果需要测精确的温度，应该使用一个外置的温度传感器。

16. 电池充电监视

ADC_CCR 寄存器中的 VBATE 位用于切换到电池电压。由于 VBAT 电压可能高于 VDDA，因此 VBAT 引脚需要内部连接到桥接分配器，以确保 ADC 正确运行。设置 VBATE 后，桥接器会自动使能将 VBAT/4 连接到 ADC1_IN18 输入通道。值得注意的是，VBAT 和温度传感器连接到同一 ADC 内部通道（ADC1_IN18）。因此一次只能选择一个转换（温度传感器或 VBAT），若同时使能两个转换时，将只进行 VBAT 转换。

17. ADC 中断

当模拟看门狗状态位和溢出状态位分别置 1 时，规则组和注入组在转换结束时可能会产生中断。它们都有独立的中断使能位，如表 8-3 所示。

表 8-3　ADC 中断对应的标志和控制位

中断事件	事件标志	使能控制位
结束规则组转换	EOC	EOCIE
结束注入组转换	JEOC	JEOCIE
模拟看门狗状态位置 1	AWD	AWDIE
溢出（Overrun）	OVR	OVRIE

8.2　ADC 寄存器配置

必须在字级别（32 位）对外设寄存器执行写入操作。而读访问可支持字节（8 位）、半字（16 位）或字（32 位）。

8.2.1　ADC 状态寄存器（ADC_SR）

ADC 状态寄存器位分布图如图 8-6 所示。

31	30	29	28	27	26	25	24	23	22	21	20	19	18	17	16
Reserved															

15	14	13	12	11	10	9	8	7	6	5	4	3	2	1	0
Reserved										OVR	STRT	JSTRT	JEOC	EOC	AWD
										rc_w0	rc_w0	rc_w0	rc_w0	rc_w0	rc_w0

图 8-6　ADC 状态寄存器位分布图

对位[31:6]：进行保留，不使用。

对位 5 的 OVR：数据丢失时，硬件将该位置 1，但需要通过软件清零。溢出检测仅在 DMA=1 或 EOCS=1 时使能。位描述如表 8-4 所示。

表 8-4　相关位描述

值	描述
0	未发生溢出
1	发生溢出

对位 4 的 STRT：规则通道转换开始时，硬件将该位置 1，但需要通过软件清零。位描述如表 8-5 所示。

表 8-5　相关位描述

值	描述
0	未开始的规则通道转换
1	已开始的规则通道转换

对位 3 的 JSTRT：注入组转换开始时，硬件将该位置 1，但需要通过软件清零。位描述如表 8-6 所示。

表 8-6　相关位描述

值	描述
0	未开始注入组转换
1	已开始注入组转换

对位 2 的 JEOC：组内所有注入通道转换结束时，硬件将该位置 1，但需要通过软件清零。位描述如表 8-7 所示。

表 8-7　相关位描述

值	描述
0	转换未完成
1	转换已完成

对位 1 的 EOC：规则组通道转换结束后，硬件将该位置 1。通过软件或通过读取 ADC_DR 寄存器将该位清零。位描述如表 8-8 所示。

表 8-8　相关位描述

值	描述
0	转换未完成（EOCS=0）或转换序列未完成（EOCS=1）
1	转换已完成（EOCS=0）或转换序列已完成（EOCS=1）

对位 0 的 AWD：当转换电压超过在 ADC_LTR 和 ADC_HTR 寄存器中编程的值时，硬件将该位置 1，但需要通过软件清零。位描述如表 8-9 所示。

表 8-9　相关位描述

值	描述
0	未发生模拟看门狗事件
1	发生模拟看门狗事件

地址偏移为 0x00。

复位值为 0x0000 0000。

8.2.2 ADC 控制寄存器 1（ADC_CR1）

ADC 控制寄存器 1 位分布图如图 8-7 所示。

31	30	29	28	27	26	25	24	23	22	21	20	19	18	17	16
			Reserved		OVRIE	RES		AWDEN	JAWDEN			Reserved			
					rw	rw	rw	rw	rw						

15	14	13	12	11	10	9	8	7	6	5	4	3	2	1	0
DISCNUM[2:0]			JDISCEN	DISCEN	JAUTO	AWDSGL	SCAN	JEOCIE	AWDIE	EOCIE	AWDCH[4:0]				
rw	rw	rw	rw	rw	rw	rw	rw	rw	rw	rw	rw	rw	rw	rw	rw

图 8-7　ADC 控制寄存器 1 位分布图

对位[31:27]：进行保留，不使用。

对位 26 的 OVRIE：通过软件将该位置 1 和清零可使能/禁止溢出中断。位描述如表 8-10 所示。

表 8-10　相关位描述

值	描述
0	禁止溢出中断
1	使能溢出中断。OVR 位置 1 时产生中断

对位[25:24]的 RES：通过软件写入这些位可选择转换的分辨率。位描述如表 8-11 所示。

表 8-11　相关位描述

值	描述
00	12 位（15 ADCCLK 周期）
01	10 位（13 ADCCLK 周期）
10	8 位（11 ADCCLK 周期）
11	6 位（9 ADCCLK 周期）

对位 23 的 AWDEN：此位由软件置 1 和清零。位描述如表 8-12 所示。

表 8-12　相关位描述

值	描述
0	在规则通道上禁止模拟看门狗
1	在规则通道上使能模拟看门狗

对位 22 的 JAWDEN：此位由软件置 1 和清零。位描述如表 8-13 所示。

表 8-13　相关位描述

值	描述
0	在注入通道上禁止模拟看门狗
1	在注入通道上使能模拟看门狗

对位[21:16]：进行保留，不使用。

对位[15:13]的 DISCNUM[2:0]：软件将写入这些位，用于定义在接收到外部触发后于不连续采样模式下转换的规则通道数。位描述如表 8-14 所示。

表 8-14　相关位描述

值	描述
000	1 个通道
001	2 个通道
010	3 个通道
011	4 个通道
100	5 个通道
101	6 个通道
110	7 个通道
111	8 个通道

对位 12 的 JDISCEN：通过软件将该位置 1 和清零可使能/禁止注入通道的不连续采样模式。位描述如表 8-15 所示。

表 8-15　相关位描述

值	描述
0	禁止注入通道的不连续采样模式
1	使能注入通道的不连续采样模式

对位 11 的 DISCEN：通过软件将该位置 1 和清零可使能/禁止规则通道的不连续采样模式。位描述如表 8-16 所示。

表 8-16　相关位描述

值	描述
0	禁止规则通道的不连续采样模式
1	使能规则通道的不连续采样模式

对位 10 的 JAUTO：通过软件将该位置 1 和清零可在规则组转换后分别使能/禁止注入组自动转换。位描述如表 8-17 所示。

表 8-17　相关位描述

值	描述
0	禁止注入组自动转换
1	使能注入组自动转换

对位 9 的 AWDSGL：通过软件将该位置 1 和清零可分别使能/禁止通过 AWDCH[4:0]位确

定的通道上的模拟看门狗。位描述如表 8-18 所示。

表 8-18　相关位描述

值	描述
0	在所有通道上使能模拟看门狗
1	在单一通道上使能模拟看门狗

对位 8 的 SCAN：通过软件将该位置 1 和清零可使能/禁止扫描模式。在扫描模式下，转换通过 ADC_SQRx 或 ADC_JSQRx 寄存器选择的输入。位描述如表 8-19 所示。

表 8-19　相关位描述

值	描述
0	禁止扫描模式
1	使能扫描模式

对位 7 的 JEOCIE：通过软件将该位置 1 和清零可使能/禁止注入通道的转换结束中断。位描述如表 8-20 所示。

表 8-20　相关位描述

值	描述
0	禁止 JEOC 中断
1	使能 JEOC 中断。JEOC 位置 1 时产生中断

对位 6 的 AWDIE：通过软件将该位置 1 和清零可使能/禁止模拟看门狗中断。位描述如表 8-21 所示。

表 8-21　相关位描述

值	描述
0	禁止模拟看门狗中断
1	使能模拟看门狗中断

对位 5 的 EOCIE：通过软件将该位置 1 和清零可使能/禁止转换结束中断。位描述如表 8-22 所示。

表 8-22　相关位描述

值	描述
0	禁止 EOC 中断
1	使能 EOC 中断，EOC 位置 1 时产生中断

对位[4:0]的 AWDCH[4:0]：这些位将由软件置 1 和清零。它们用于选择由模拟看门狗监控的输入通道。位描述如表 8-23 所示。

表 8-23　相关位描述

值	描述
00000	ADC 模拟输入通道 0
00001	ADC 模拟输入通道 1
……	
01111	ADC 模拟输入通道 15
10000	ADC 模拟输入通道 16
10001	ADC 模拟输入通道 17
10010	ADC 模拟输入通道 18
其他	保留

地址偏移为 0x04。

复位值为 0x0000 0000。

8.2.3　ADC 寄存器 2（ADC_CR2）

ADC 控制寄存器 2 位分布图如图 8-8 所示。

31	30	29	28	27	26	25	24	23	22	21	20	19	18	17	16
reserved	SWST ART	EXTEN		EXTSEL[3:0]				reserved	JSWST ART	JEXTEN		JEXTSEL[3:0]			
	rw	rw	rw	rw	rw	rw	rw		rw	rw	rw	rw	rw	rw	rw

15	14	13	12	11	10	9	8	7	6	5	4	3	2	1	0
reserved				ALIGN	EOCS	DDS	DMA	Reserved						CONT	ADON
				rw	rw	rw	rw							rw	rw

图 8-8　ADC 控制寄存器 2 位分布图

对位 31：进行保留，不使用。

对位 30 的 SWSTART：通过软件将该位置 1 可开始转换，而硬件会在转换开始后将该位清零。位描述如表 8-24 所示。

表 8-24　相关位描述

值	描述
0	复位状态
1	开始转换规则通道（只能在 ADON=1 时置 1）

对位[29:28]的 EXTEN：通过软件将这些位置 1 和清零可选择外部触发极性和使能规则组的触发。位描述如表 8-25 所示。

表 8-25　相关位描述

值	描述
00	禁止触发检测
01	上升沿上的触发检测

续表

值	描述
10	下降沿上的触发检测
11	上升沿和下降沿的触发检测

对位[27:24]的 EXTSEL[3:0]：这些位可选择用于触发规则组转换的外部事件。位描述如表 8-26 所示。

表 8-26　相关位描述

值	描述
0000	定时器 1 CC1 事件
0001	定时器 1 CC2 事件
0010	定时器 1 CC3 事件
0011	定时器 2 CC2 事件
0100	定时器 2 CC3 事件
0101	定时器 2 CC4 事件
0110	定时器 2 TRGO 事件
0111	定时器 3 CC1 事件
1000	定时器 3 TRGO 事件
1001	定时器 4 CC4 事件
1010	定时器 5 CC1 事件
1011	定时器 5 CC2 事件
1100	定时器 5 CC3 事件
1101	保留
1110	保留
1111	EXIT 线 11

对位 23：进行保留，不使用。

对位 22 的 JSWSTART：转换开始后，软件将该位置 1，而硬件将该位清零。位描述如表 8-27 所示。

表 8-27　相关位描述

值	描述
0	复位状态
1	开始转换注入通道（只能在 ADON=1 时置 1）

对位[21:20]的 JEXTEN：通过软件将这些位置 1 和清零可选择外部触发极性和使能注入组的触发。位描述如表 8-28 所示。

表 8-28　相关位描述

值	描述
00	禁止触发检测
01	上升沿上的触发检测
10	下降沿上的触发检测
11	上升沿和下降沿上的触发检测

对位[19:16]的 JEXTSEL[3:0]：这些位可选择用于触发注入组转换的外部事件。位描述如表 8-29 所示。

表 8-29　相关位描述

值	描述
0000	定时器 1 CC4 事件
0001	定时器 1 TRGO 事件
0010	定时器 2 CC1 事件
0011	定时器 2 TRGO 事件
0100	定时器 3 CC2 事件
0101	定时器 3 CC4 事件
0110	定时器 4 CC1 事件
0111	定时器 4 CC2 事件
1000	定时器 4 CC3 事件
1001	定时器 4 TRGO 事件
1010	定时器 5 CC4 事件
1011	定时器 5 TRGO 事件
1100	保留
1101	保留
1110	保留
1111	EXIT 线 15

对位[15:12]：进行保留，不使用。

对位 11 的 ALIGN：此位由软件置 1 和清零。位描述如表 8-30 所示。

表 8-30　相关位描述

值	描述
0	右对齐
1	左对齐

对位 10 的 EOCS：此位由软件置 1 和清零。位描述如表 8-31 所示。

表 8-31   相关位描述

值	描述
0	在每个规则转换序列结束时将 EOC 位置 1，溢出检测仅在 DMA=1 时使能
1	在每个规则转换结束时将 EOC 位置 1，使能溢出检测

对位 9 的 DDS：此位由软件置 1 和清零。位描述如表 8-32 所示。

表 8-32   相关位描述

值	描述
0	最后一次传输后不发出新的 DMA 请求（在 DMA 控制器中进行配置）
1	只要发生数据转换且 DMA=1，便会发出 DAM 请求

对位 8 的 DMA：此位由软件置 1 和清零。位描述如表 8-33 所示。

表 8-33   相关位描述

值	描述
0	禁止 DMA 模式
1	使能 DMA 模式

对位[7:2]进行保留，不使用。

对位 1 的 CONT：此位由软件置 1 和清零。该位置 1 时，转换将持续进行，直到该位清零。位描述如表 8-34 所示。

表 8-34   相关位描述

值	描述
0	禁止 DMA 模式
1	使能 DMA 模式

对位 0 的 ADON：此位由软件置 1 和清零。位描述如表 8-35 所示。

表 8-35   相关位描述

值	描述
0	禁止 ADC 转换并转至掉电模式
1	使能 ADC

地址偏移为 0x08。

复位值为 0x0000 0000。

8.2.4   ADC 采样时间寄存器 1（ADC_SMPR1）

ADC 采样时间寄存器 1 位分布图如图 8-9 所示。

31	30	29	28	27	26	25	24	23	22	21	20	19	18	17	16
	Reserved				SMP18[2:0]			SMP17[2:0]			SMP16[2:0]			SMP15[2:1]	
					rw	rw	rw	rw	rw	rw	rw	rw	rw	rw	rw
15	14	13	12	11	10	9	8	7	6	5	4	3	2	1	0
SMP15_0	SMP14[2:0]			SMP13[2:0]			SMP12[2:0]			SMP11[2:0]			SMP10[2:0]		
rw	rw	rw	rw	rw	rw	rw	rw	rw	rw	rw	rw	rw	rw	rw	rw

图 8-9　ADC 采样时间寄存器 1 位分布图

对位[31:27]：进行保留，不使用。

对位[26:0]的 SMPx[2:0]：通过软件写入这些位可分别为各个通道选择采样时间。在采样周期期间，通道选择位必须保持不变。位描述如表 8-36 所示。

表 8-36　相关位描述

值	描述
000	3 个周期
001	15 个周期
010	28 个周期
011	56 个周期
100	84 个周期
101	112 个周期
110	144 个周期
111	480 个周期

地址偏移为 0x0C。

复位值为 0x0000 0000。

8.2.5　ADC 采样时间寄存器 2（ADC_SMPR2）

ADC 采样时间寄存器 2 位分布图如图 8-10 所示。

31	30	29	28	27	26	25	24	23	22	21	20	19	18	17	16
	Reserved	SMP9[2:0]			SMP8[2:0]			SMP7[2:0]			SMP6[2:0]			SMP5[2:1]	
		rw	rw	rw	rw	rw	rw	rw	rw	rw	rw	rw	rw	rw	rw
15	14	13	12	11	10	9	8	7	6	5	4	3	2	1	0
SMP5_0	SMP4[2:0]			SMP3[2:0]			SMP2[2:0]			SMP1[2:0]			SMP0[2:0]		
rw	rw	rw	rw	rw	rw	rw	rw	rw	rw	rw	rw	rw	rw	rw	rw

图 8-10　ADC 采样时间寄存器 2 位分布图

对位[31:30]：进行保留，不使用。

对位[29:0]的 SMPx[2:0]：通过软件写入这些位可分别为各个通道选择采样时间。在采样周期期间，通道选择位必须保持不变。位描述如表 8-37 所示。

地址偏移为 0x10。

复位值为 0x0000 0000。

表 8-37 相关位描述

值	描述
000	3 个周期
001	15 个周期
010	28 个周期
011	56 个周期
100	84 个周期
101	112 个周期
110	144 个周期
111	480 个周期

8.2.6 ADC 注入通道数据偏移寄存器（ADC_JOFRx）（x=1..4）

ADC 注入通道数据偏移寄存器 x 位分布图如图 8-11 所示。

图 8-11 ADC 注入通道数据偏移寄存器 x 位分布图

对位[31:12]：进行保留，不使用。

对位[11:0]的 JOFFSETx[11:0]：通过软件写入这些位可定义在转换注入通道时从原始转换数据中减去的偏移量。可从 ADC_JDRx 寄存器中读取转换结果。

地址偏移为 0x14-0x20。

复位值为 0x0000 0000。

8.2.7 ADC 看门狗高阈值寄存器（ADC_HTR）

ADC 看门狗高阈值寄存器位分布图如图 8-12 所示。

图 8-12 ADC 看门狗高阈值寄存器位分布图

对位[31:12]：进行保留，不使用。

对位[11:0]的 HT[11:0]：通过软件写入这些位可为模拟看门狗定义高阈值。

地址偏移为 0x24。

复位值为 0x0000 0FFF。

8.2.8　ADC 看门狗低阈值寄存器（ADC_LTR）

ADC 看门狗低阈值寄存器位分布图如图 8-13 所示。

31	30	29	28	27	26	25	24	23	22	21	20	19	18	17	16
Reserved														

15	14	13	12	11	10	9	8	7	6	5	4	3	2	1	0
Reserved				LT[11:0]											
				rw	rw	rw	rw	rw	rw	rw	rw	rw	rw	rw	rw

图 8-13　ADC 看门狗低阈值寄存器位分布图

对位[31:12]：进行保留，不使用。

对位[11:0]的 LT[11:0]：通过软件写入这些位可为模拟看门狗定义低阈值。

地址偏移为 0x28。

复位值为 0x0000 0000。

8.2.9　ADC 规则序列寄存器 1（ADC_SQR1）

ADC 规则序列寄存器 1 位分布图如图 8-14 所示。

31	30	29	28	27	26	25	24	23	22	21	20	19	18	17	16
Reserved								L[3:0]				SQ16[4:1]			
								rw	rw	rw	rw	rw	rw	rw	rw

15	14	13	12	11	10	9	8	7	6	5	4	3	2	1	0
SQ16_0	SQ15[4:0]					SQ14[4:0]					SQ13[4:0]			
rw	rw	rw	rw	rw	rw	rw	rw	rw	rw	rw	rw	rw	rw	rw	rw

图 8-14　ADC 规则序列寄存器 1 位分布图

对位[31:24]：进行保留，不使用。

对位[23:20]的 L[3:0]：通过软件写入这些位可定义规则通道转换序列中的转换总数。位描述如表 8-38 所示。

表 8-38　相关位描述

值	描述
0000	1 次转换
0001	2 次转换
……	……
1111	16 次转换

对位[19:15]的 SQ16[4:0]：通过软件写入这些位，并将通道编号（0..18）分配为转换序列中的第 16 次转换。

对位[14:10]的 SQ15[4:0]：通过软件写入这些位，并将通道编号（0..18）分配为转换序列中的第 15 次转换。

对位[9:5]的 SQ14[4:0]：通过软件写入这些位，并将通道编号（0..18）分配为转换序列中的第 14 次转换。

对位[4:0]的 SQ13[4:0]：通过软件写入这些位，并将通道编号（0..18）分配为转换序列中的第 13 次转换。

地址偏移为 0x2C。

复位值为 0x0000 0000。

8.2.10　ADC 规则序列寄存器 2（ADC_SQR2）

ADC 规则序列寄存器 2 位分布图如图 8-15 所示。

31	30	29	28	27	26	25	24	23	22	21	20	19	18	17	16
Reserved		SQ12[4:0]					SQ11[4:0]					SQ10[4:1]			
		rw	rw	rw	rw	rw	rw	rw	rw	rw	rw	rw	rw	rw	rw
15	14	13	12	11	10	9	8	7	6	5	4	3	2	1	0
SQ10_0	SQ9[4:0]					SQ8[4:0]					SQ7[4:0]				
rw	rw	rw	rw	rw	rw	rw	rw	rw	rw	rw	rw	rw	rw	rw	rw

图 8-15　ADC 规则序列寄存器 2 位分布图

对位[31:30]：进行保留，不使用。

对位[29:25]的 SQ12[4:0]：通过软件写入这些位，并将通道编号（0..18）分配为转换序列中的第 12 次转换。

对位[24:20]的 SQ11[4:0]：通过软件写入这些位，并将通道编号（0..18）分配为转换序列中的第 11 次转换。

对位[19:15]的 SQ10[4:0]：通过软件写入这些位，并将通道编号（0..18）分配为转换序列中的第 10 次转换。

对位[14:10]的 SQ9[4:0]：通过软件写入这些位，并将通道编号（0..18）分配为转换序列中的第 9 次转换。

对位[9:5]的 SQ8[4:0]：通过软件写入这些位，并将通道编号（0..18）分配为转换序列中的第 8 次转换。

对位[4:0]的 SQ7[4:0]：通过软件写入这些位，并将通道编号（0..18）分配为转换序列中的第 7 次转换。

地址偏移为 0x30。

复位值为 0x0000 0000。

8.2.11　ADC 规则序列寄存器 3（ADC_SQR3）

ADC 规则序列寄存器 3 位分布图如图 8-16 所示。

31	30	29	28	27	26	25	24	23	22	21	20	19	18	17	16
Reserved		SQ6[4:0]					SQ5[4:0]					SQ4[4:1]			
		rw	rw	rw	rw	rw	rw	rw	rw	rw	rw	rw	rw	rw	rw
15	14	13	12	11	10	9	8	7	6	5	4	3	2	1	0
SQ4_0	SQ3[4:0]					SQ2[4:0]					SQ1[4:0]				
rw	rw	rw	rw	rw	rw	rw	rw	rw	rw	rw	rw	rw	rw	rw	rw

图 8-16　ADC 规则序列寄存器 3 位分布图

对位[31:30]：进行保留，不使用。

对位[29:25]的 SQ6[4:0]：通过软件写入这些位，并将通道编号（0..18）分配为转换序列中的第 6 次转换。

对位[24:20]的 SQ5[4:0]：通过软件写入这些位，并将通道编号（0..18）分配为转换序列中的第 5 次转换。

对位[19:15]的 SQ4[4:0]：通过软件写入这些位，并将通道编号（0..18）分配为转换序列中的第 4 次转换。

对位[14:10]的 SQ3[4:0]：通过软件写入这些位，并将通道编号（0..18）分配为转换序列中的第 3 次转换。

对位[9:5]的 SQ2[4:0]：通过软件写入这些位，并将通道编号（0..18）分配为转换序列中的第 2 次转换。

对位[4:0]的 SQ1[4:0]：通过软件写入这些位，并将通道编号（0..18）分配为转换序列中的第 1 次转换。

地址偏移为 0x34。

复位值为 0x0000 0000。

8.2.12 ADC 注入序列寄存器（ADC_JSQR）

ADC 注入序列寄存器位分布图如图 8-17 所示。

31	30	29	28	27	26	25	24	23	22	21	20	19	18	17	16
Reserved										JL[1:0]		JSQ4[4:1]			
										rw	rw	rw	rw	rw	rw

15	14	13	12	11	10	9	8	7	6	5	4	3	2	1	0
JSQ4[0]	JSQ3[4:0]					JSQ2[4:0]						JSQ1[4:0]			
rw	rw	rw	rw	rw	rw	rw	rw	rw	rw	rw	rw	rw	rw	rw	rw

图 8-17 ADC 注入序列寄存器位分布图

对位[31:22]：进行保留，不使用。

对位[21:20]的 JL[1:0]：通过软件写入这些位可定义注入通道转换序列中的转换总数。相关位描述如表 8-39 所示。

表 8-39 相关位描述

值	描述
00	1 次转换，仅转换 JSQ4[4:0]
01	2 次转换，按先 JSQ3[4:0]再 JSQ4[4:0]的顺序转换
10	3 次转换，按 JSQ2[4:0]，JSQ3[4:0]，JSQ4[4:0]的顺序转换
11	4 次转换，按 JSQ1[4:0]，JSQ2[4:0]，JSQ3[4:0]，JSQ4[4:0]的顺序转换

对位[19:15]的 JSQ4[4:0]：通过软件写入这些位，并将通道编号（0..18）分配为转换序列中的第 4 次转换。

对位[14:10]的 JSQ3[4:0]：通过软件写入这些位，并将通道编号（0..18）分配为转换序列中的第 3 次转换。

对位[9:5]的 JSQ2[4:0]：通过软件写入这些位，并将通道编号（0..18）分配为转换序列中的第 2 次转换。

对位[4:0]的 JSQ1[4:0]：通过软件写入这些位，并将通道编号（0..18）分配为转换序列中的第 1 次转换。

地址偏移为 0x38。

复位值为 0x0000 0000。

8.2.13　ADC 注入数据寄存器 x（ADC_JDRx）（x=1..4）

ADC 注入数据寄存器 x 位分布图如图 8-18 所示。

31	30	29	28	27	26	25	24	23	22	21	20	19	18	17	16
Reserved															
15	14	13	12	11	10	9	8	7	6	5	4	3	2	1	0
JDATA[15:0]															
r	r	r	r	r	r	r	r	r	r	r	r	r	r	r	r

图 8-18　ADC 注入数据寄存器 x 位分布图

对位[31:16]：进行保留，不使用。

对位[15:0]的 JDATA[15:0]：这些位为只读。它们包括来自注入通道 x 的转换结果。

地址偏移为 0x3C-0x48。

复位值为 0x0000 0000。

8.2.14　ADC 规则数据寄存器（ADC_DR）

ADC 规则数据寄存器位分布图如图 8-19 所示。

31	30	29	28	27	26	25	24	23	22	21	20	19	18	17	16
Reserved															
15	14	13	12	11	10	9	8	7	6	5	4	3	2	1	0
DATA[15:0]															
r	r	r	r	r	r	r	r	r	r	r	r	r	r	r	r

图 8-19　ADC 规则数据寄存器位分布图

对位[31:16]：进行保留，不使用。

对位[15:0]的 DATA[15:0]：这些位为只读。它们包括来自规则通道的转换结果。

地址偏移为 0x4C。

复位值为 0x0000 0000。

8.2.15　ADC 通用控制寄存器（ADC_CCR）

ADC 通用控制寄存器位分布图如图 8-20 所示。

对位[31:24]：进行保留，不使用。

对位 23 的 TSVREFE：通过软件将该位置 1 和清零可使能/禁止温度传感器和 VREFINT 通道。相关位描述如表 8-40 所示。

31	30	29	28	27	26	25	24	23	22	21	20	19	18	17	16
				Reserved				TSVREFE	VBATE			Reserved		ADCPRE	
								rw	rw					rw	rw

15	14	13	12	11	10	9	8	7	6	5	4	3	2	1	0
								Reserved							

图 8-20　ADC 通用控制寄存器位分布图

表 8-40　相关位描述

值	描述
0	禁止温度传感器和 VREFINT 通道
1	使能温度传感器和 VREFINT 通道

注意当 TSVREFE 位置 1 时必须禁止 VBATE。两个位同时置 1 时，仅进行 VBAT 转换。

对位 22 的 VBATE：通过软件将该位置 1 和清零可使能/禁止 VBAT 通道。相关位描述如表 8-41 所示。

表 8-41　相关位描述

值	描述
0	禁止 VBAT 通道
1	使能 VBAT 通道

对位[21:18]：进行保留，不使用。

对位[17:16]的 ADCPRE：由软件置 1 和清零，以选择 ADC 的时钟频率。

对位[15:0]：进行保留，不使用。

地址偏移为 0x04（该偏移地址与 ADC1 基地址+0x300 相关）。

复位值为 0x0000 0000。

8.2.16　ADC 寄存器映射

ADC 寄存器映射汇总如表 8-42 所示。

表 8-42　ADC 寄存器映射

偏移	寄存器
0x000-0x04C	ADC1
0x050-0x0FC	保留
0x100-0x14C	保留
0x118-0x1FC	保留
0x200-0x24C	保留
0x250-0x2FC	保留
0x300-0x308	通用寄存器

8.3 应用实例

8.3.1 开发环境与实例说明

硬件：NUCLEO F401RE 开发板、5V 电源线、PC、两节五号电池、两个 1MΩ 的电阻、导线若干以及面包板。

软件：Keil-ARM 开发软件，安装 Keil::STM32F4xx_DFP.2.8.0.pack。

实验名称：ADC 电源电压测量实验。

实例说明：本实例采用 NUCLEO F401RE 开发板进行实验，使用 ADC 功能编写程序实现电源电压的测量，通过在线调试软件来验证实例。因为 ADC 输入如果为 3V 将直接返回 1 值没法测量出电压，我们需要采用以下保护电路来减小电路中的电流并且限制电池的放电。经过计算，VADCIn 的电流不超过 1.5μA。经过公式计算可得出电池电压。本实例的验证通过 Keil 自带的调试软件来实现。可在 Keil 软件中检测到实时算出的电池电压，说明实例完成。注意，该实验要求电池与开发板共地。实验电路图如图 8-21 所示，信号描述如表 8-43 所示。

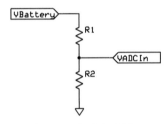

图 8-21　实验电路图

表 8-43　信号描述

信号名称	描述	方向	MCU
VBattery	电池电压	供电	
5V_USB	USB 电压	供电	
VADCIn	节点输入电压	输入 MCU	PA_0
GND	地		

8.3.2 实例代码

```
/*------------------------------------------------------------
文件名：adc.c
函数描述：包括了实现 ADC 的全部函数，因代码过长，只包含部分内容
*------------------------------------------------------------*/
#include <platform.h>
#include <stdlib.h>
#include <adc.h>

...
```

```
void adc_init(Pin pin) {      //ADC 初始化函数
    switch (pin)
    {
        case PA_0:
            aPA_0 = (analogin_s *)malloc(sizeof(analogin_s));
            analogin_init(aPA_0,pin);
            break;
        case PA_1:
            aPA_1 = (analogin_s *)malloc(sizeof(analogin_s));
            analogin_init(aPA_1,pin);
            break;
        case PA_2:
            aPA_2 = (analogin_s *)malloc(sizeof(analogin_s));
            analogin_init(aPA_2,pin);
            break;
        case PA_3:
            aPA_3 = (analogin_s *)malloc(sizeof(analogin_s));
            analogin_init(aPA_3,pin);
            break;
        case PA_4:
            aPA_4 = (analogin_s *)malloc(sizeof(analogin_s));
            analogin_init(aPA_4,pin);
            break;
        case PA_5:
            aPA_5 = (analogin_s *)malloc(sizeof(analogin_s));
            analogin_init(aPA_5,pin);
            break;
        case PA_6:
            aPA_6 = (analogin_s *)malloc(sizeof(analogin_s));
            analogin_init(aPA_6,pin);
            break;
        case PA_7:
            aPA_7 = (analogin_s *)malloc(sizeof(analogin_s));
            analogin_init(aPA_7,pin);
            break;
        case PB_0:
            aPB_0 = (analogin_s *)malloc(sizeof(analogin_s));
            analogin_init(aPB_0,pin);
            break;
        case PB_1:
            aPB_1 = (analogin_s *)malloc(sizeof(analogin_s));
            analogin_init(aPB_1,pin);
            break;
        case PC_0:
            aPC_0 = (analogin_s *)malloc(sizeof(analogin_s));
            analogin_init(aPC_0,pin);
```

```
                break;
            case PC_1:
                aPC_1 = (analogin_s *)malloc(sizeof(analogin_s));
                analogin_init(aPC_1,pin);
                break;
            case PC_2:
                aPC_2 = (analogin_s *)malloc(sizeof(analogin_s));
                analogin_init(aPC_2,pin);
                break;
            case PC_3:
                aPC_3 = (analogin_s *)malloc(sizeof(analogin_s));
                analogin_init(aPC_3,pin);
                break;
            case PC_4:
                aPC_4 = (analogin_s *)malloc(sizeof(analogin_s));
                analogin_init(aPC_4,pin);
                break;
            case PC_5:
                aPC_5 = (analogin_s *)malloc(sizeof(analogin_s));
                analogin_init(aPC_5,pin);
                break;
            default:
                break;
        }
}
...
void analogin_init(analogin_s *obj, Pin pin) {
    //模拟输入初始化函数
    //从管脚处得到外设名称并将其分配到 obj
        obj->adc = (ADCName)pinmap_peripheral(pin);
    //从管脚处得到 ADC 信道功能并将其分配到 obf
        uint32_t function = pinmap_function(pin);
        obj->channel = STM_PIN_CHANNEL(function);
    //配置 GPIO 端口
        pinmap_pinout(pin);
    //为读取功能保存管脚号
        obj->pin = pin;
    //ADC 初始化完成
        if (adc_inited == 0) {
            adc_inited = 1;

    //开启 ADC 时钟
            RCC_ADC1_CLK_ENABLE();
    //配置 ADC
            AdcHandle.Instance = (ADC_TypeDef *)(obj->adc);
            AdcHandle.Init.ClockPrescaler          = ((uint32_t)0x00000000);
```

```
         AdcHandle.Init.Resolution            = ((uint32_t)0x00000000);
         AdcHandle.Init.ScanConvMode          = DISABLE;
         AdcHandle.Init.ContinuousConvMode     = DISABLE;
         AdcHandle.Init.DiscontinuousConvMode  = DISABLE;
         AdcHandle.Init.NbrOfDiscConversion    = 0;
         AdcHandle.Init.ExternalTrigConvEdge   = ((uint32_t)0x00000000);
         AdcHandle.Init.ExternalTrigConv       = ((uint32_t)0x00000000);
         AdcHandle.Init.DataAlign              = ((uint32_t)0x00000000);
         AdcHandle.Init.NbrOfConversion        = 1;
         AdcHandle.Init.DMAContinuousRequests  = DISABLE;
         AdcHandle.Init.EOCSelection           = DISABLE;
         _ADC_Init(&AdcHandle);
    }
}
...
void _ADC_Init(ADC_HandleTypeDef* hadc) {
  if(hadc->State == HAL_ADC_STATE_RESET)
  {
  //分配锁定资源并将其初始化
    hadc->Lock = HAL_UNLOCKED;
  }
  //初始化 ADC 状态
  hadc->State = HAL_ADC_STATE_BUSY;
  //设置 ADC 参数
  local_ADC_Init(hadc);
  //初始化 ADC 状态
  hadc->State = HAL_ADC_STATE_READY;
  //解锁
  hadc->Lock = HAL_UNLOCKED;
}
...
/*------------------------------------------------------------------
文件名：main.c
主函数描述：实现了 ADC 的初始化，完成了整个 ADC 算法
*------------------------------------------------------------------*/
#include <platform.h>
#include <adc.h>
#define R1 (1e6)//定义两个电阻
#define R2 (1e6)
#define SCALE_FACTOR ((R1+R2)/(R2))
#define VREF (3.3)//电源电压
int main(void) {
    adc_init(P_ADC);//ADC 初始化
    while(1) {
        volatile float vbat;
        volatile int res = (int)adc_read(P_ADC);//读入数据
        //将 ADC 的结果变为电压值
        vbat = (float)res * SCALE_FACTOR * VREF / ADC_MASK;
    }
}
```

8.3.3　测试结果及分析

　　本次实验结果采用 Keil 自带的调试功能完成。编译完成后单击调试按钮 ⓠ 进行调试。在得出电源电压那行代码处添加断点，按 F5 键或者运行按钮 国 运行到断点处可在下方调用栈（call stack）栏中看到参数 vbat。如图 8-22 所示测出电压为 3.011V。完成了该实验。

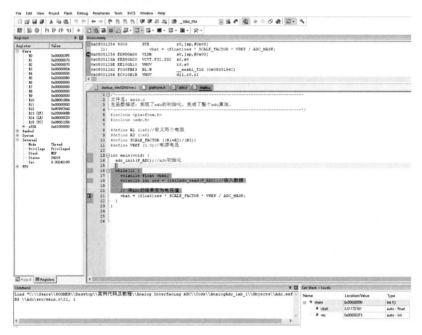

图 8-22　测试结果图

参考资料

[1]　RM0368 Reference Manual，http://www.st.com/content/ccc/resource/technical/document/ reference_manual/ 5d/b1/ef/b2/a1/66/40/80/DM00096844.pdf/files/DM00096844.pdf/jcr:content/translations/en.DM00096844.pdf.

[2]　STM32F401 数据手册，http://www.st.com/content/ccc/resource/technical/document/datasheet/ 30/91/86/2d/db/ 94/4a/d6/DM00102166.pdf/files/DM00102166.pdf/jcr:content/translations/en.DM00102166.pdf.

[3]　温子祺．ARM Cortex-M4 微控制器原理与实践[M]．北京：北京航空航天大学出版社，2016.

[4]　沈建华，郝立平．STM32W 无线射频 ZigBee 单片机原理与应用[M]．北京：北京航空航天大学出版社，2010.

第 9 章 STM32F401 低功耗蓝牙

9.1 功能描述

    X-NUCLEO-IDB04A1 低功耗蓝牙评估板与 Arduino UNO R3 连接器布局兼容，基于符合 BTLE4.0 要求的 BlueNRG 低功耗蓝牙网络协处理器和面向 ST BlueNRG RFIC 的 BALF-NRG-01D3 超小型平衡－不平衡转换器，后者集匹配网络和谐波滤波器于一体。X-NUCLEO-IDB04A1 通过 SPI 引脚与 STM32 MCU 连接，用户可以通过改变评估板上的 1 个电阻来修改默认 SPI 时钟、SPI 芯片选择和 SPI IRQ。BlueNRG 性能出色，与 BALF-NRG-01D3 匹配良好。图 9-1 为 X-NUCLEO-IDB04A1 低功耗蓝牙评估板示意图。

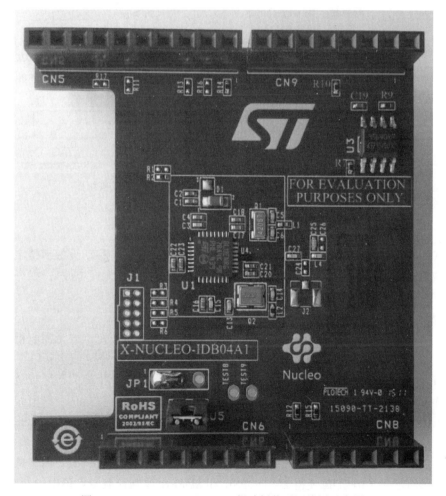

图 9-1　X-NUCLEO-IDB04A1 低功耗蓝牙评估板示意图

X-NUCLEO-IDB04A1 低功耗蓝牙评估板主要特性：

- BlueNRG 低功耗蓝牙网络协处理器。
- BALF-NRG-01D3 平衡－不平衡转换器和谐波滤波器。
- 面向 BlueNRG 的免费综合开发固件库和实例，与 STM32Cube 固件兼容。
- 与低功耗蓝牙 4.0 master/slave 兼容。
- 与 STM32 NUCLEO 板兼容。
- 配有 Arduino UNO R3 连接器。
- 超低功耗：7.3mA RX、8.2mA TX 和+0dBm。
- 最大发射功率：+8dBm。
- 出色的接收器灵敏度（-88dBm）。

图 9-2 为 X-NUCLEO-IDB04A1 低功耗蓝牙评估板功能框图。

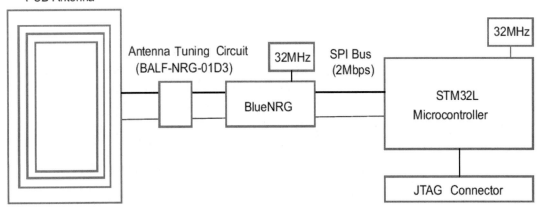

图 9-2　X-NUCLEO-IDB04A1 低功耗蓝牙评估板功能框图

9.1.1　蓝牙技术简介

蓝牙（Bluetooth®）：是一种无线技术标准，可实现固定设备、移动设备和楼宇个人域网之间的短距离数据交换（使用 2.4～2.485GHz 的 ISM 波段的 UHF 无线电波）。如今蓝牙由蓝牙技术联盟（Bluetooth Special Interest Group，简称 SIG）管理。

1. 传输与应用

蓝牙的波段为 2400～2483.5MHz（包括防护频带）。这是全球范围内无需取得执照（但并非无管制的）的工业、科学和医疗用（ISM）波段的 2.4GHz 短距离无线电频段。

蓝牙使用跳频技术，将传输的数据分割成数据包，通过 79 个指定的蓝牙频道分别传输数据包。每个频道的频宽为 1MHz。蓝牙 4.0 使用 2MHz 间距，可容纳 40 个频道。第一个频道始于 2402MHz，每 1 MHz 一个频道，直到 2480MHz。有适配跳频（Adaptive Frequency-Hopping，简称 AFH）功能，通常每秒跳 1600 次。

最初，高斯频移键控（Gaussian Frequency-Shift Keying，简称 GFSK）调制是唯一可用的调制方案。然而蓝牙 2.0+EDR 使得 π/4-DQPSK 和 8DPSK 调制在兼容设备中的使用变为可能。运行 GFSK 的设备据说可以以基础速率（Basic Rate，简称 BR）运行，瞬时速率可达 1Mb/s。

增强数据率（Enhanced Data Rate，EDR）一词用于描述 π/4-DPSK 和 8DPSK 方案，分别可达 2Mb/s 和 3Mb/s。在蓝牙无线电技术中，两种模式（BR 和 EDR）的结合统称为"BR/EDR 射频"。

蓝牙是基于数据包、有着主从架构的协议。一个主设备至多可和同一微微网中的七个从设备通信。所有设备共享主设备的时钟。分组交换基于主设备定义的、以 312.5μs 为间隔运行的基础时钟。两个时钟周期构成一个 625μs 的槽，两个时间隙就构成了一个 1250μs 的缝隙对。在单槽封包的简单情况下，主设备在双数槽发送信息、单数槽接受信息，而从设备则正好相反。封包容量可长达 1、3 或 5 个时间隙，但无论是哪种情况，主设备都会从双数槽开始传输，从设备从单数槽开始传输。

2．通信连接

蓝牙主设备最多可与一个微微网（一个采用蓝牙技术的临时计算机网络）中的七个设备通信，当然并不是所有设备都能够达到这一最大量。设备之间可通过协议转换角色，从设备也可转换为主设备（比如，一个头戴式耳机如果向手机发起连接请求，它作为连接的发起者，自然就是主设备，但是随后也许会作为从设备运行）。

蓝牙核心规格提供两个或以上的微微网连接以形成分布式网络，让特定的设备在这些微微网中自动同时地分别扮演主和从的角色。

数据传输可随时在主设备和其他设备之间进行（应用极少的广播模式除外）。主设备可选择要访问的从设备，典型的情况是，它可以在设备之间以轮替的方式快速转换。因为是主设备来选择要访问的从设备，理论上从设备就要在接收槽内待命，主设备的负担要比从设备少一些。主设备可以与七个从设备相连接，但是从设备却很难与一个以上的主设备相连。规格对于散射网中的行为要求是模糊的。

3．蓝牙配置文件

要使用蓝牙无线技术，设备必须能够解译某些蓝牙配置文件，蓝牙配置文件定义了可能的应用，并规定了蓝牙设备之间通信的一般行为。这些配置文件包括对通信参数和控制的最初设定。配置文件能够节约在双向链路起效之前重新发送参数的时间。广泛的蓝牙配置文件描述很多不同种类的应用或设备用例。

4．规格和特性

所有的蓝牙标准版本都支持向下兼容，让最新的版本能够覆盖所有旧的版本。

（1）1.0 版本和 1.0B 版本。

蓝牙 1.0 版本和 1.0B 版本曾出现一些问题，制造商在产品互操作性上遇到了一些困难。蓝牙 1.0 版本和 1.0B 版本还包括连接过程（让协议层不可能匿名）中的强制性蓝牙硬件设备地址（BD_ADDR）传送，这给一些为蓝牙环境而设计的服务带来了不小的打击。

（2）1.1 版本。

- 2002 年获批为 IEEE 802.15.1 标准。
- 1.0B 规格中的许多错误得以修正。
- 添加了未加密频道的可能性。
- 接收信号强度指示（RSSI）。

（3）1.2 版本。

主要的改进内容如下：

- 更快的连接和发现。
- 自适应跳频扩频（AFH），通过避免在跳频序列中使用拥挤的频率，提高了对射频干扰的抵抗。
- 实际应用中的传输速度相较 1.1 版本提升，高达 721kb/s。
- 延伸同步连结（eSCO）通过允许重新发送损坏的封包，提高了音频的音质，还可以选择性地提高音频延迟，以提供更好的并行数据传输。
- 与三线 UART 的主机控制器接口（HCI）操作。
- 为 L2CAP 引入了流量控制和传输模式。

（4）2.0 + EDR 版本。

这一蓝牙核心版本主要不同在于增强数据率（EDR）的推出，它能够实现更快速的数据传输。EDR 的标称速率是 3Mb/s，尽管实践中的数据传输速率为 2.1Mb/s。EDR 使用 GFSK、相移键控（PSK）调制和 π/4-DQPSK、8DPSK 两个变量的组合。EDR 可通过减少工作周期提供更低的功耗。

（5）2.1 + EDR 版本。

2.1 最大的特点是安全简易配对（SSP）：它为蓝牙设备提高了配对体验，同时也提升了安全性的实际应用和强度。2.1 还包括其他一些改进，包括"延长询问回复"（EIR），在查询过程中提供更多信息，让设备能在连接前更好地进行筛选。以及低耗电监听模式（Sniff Subrating），它能够在低功耗模式下降低耗电。

（6）3.0 + HS 版本。

蓝牙 3.0 + HS 的传输速率理论上可高达 24Mb/s，尽管这并非是通过蓝牙链接本身。相反，蓝牙链接是用于协商和建立连接，高速的数据传输是由相同位置的 802.11 链接实现的。

主要的新特性是 AMP（Alternative MAC/PHY），它也是 802.11 新增的高速传输功能。

（7）L2CAP 增强模式。

加强版重传模式（Enhanced Retransmission Mode，简称 ERTM）采用的是可靠的 L2CAP 通道，而流模式（Streaming Mode，简称 SM）采用的是没有重传和流量控制的不可靠的网络通道。

（8）Alternative MAC/PHY。

蓝牙配置文件数据可通过备用的 MAC 和 PHYs 传输。蓝牙射频仍用于设备发现、初始连接和配置文件配置。但是当有大量数据传输需求时，高速的备选 MAC PHY 802.11（通常与 Wi-Fi 有关）可传输数据。这意味着蓝牙在系统闲置时可使用已经验证的低功耗连接模型，在需要传输大量数据时使用更快的无线电。AMP 链接需要加强型 L2CAP 模式。

（9）单向广播无连接数据（Unicast Connectionless Data）。

单向广播无连接数据无需建立明确的 L2CAP 通道即可传输服务数据。主要用于对用户操作和数据的重新连接/传输要求低延迟的应用。它仅适用于小量数据传输。

（10）增强型电源控制（Enhanced Power Control）。

增强型电源控制更新了电源控制功能，移除了开环功率控制，还明确了 EDR 新增调制方式所引入的功率控制。增强型电源控制规定了期望的行为。这一特性还添加了闭环功率控制，意味着 RSSI 过滤可于收到回复的同时展开。此外，还推出了"直接开到最大功率（go straight to maximum power）"的请求，旨在应对耳机的链路损耗，尤其是当用户把电话放进身体对侧的口袋时。

（11）超宽频（Ultra-wideband）。

蓝牙 3.0 版本的高速（AMP）特性最初是为了 UWB 应用，但是 WiMedia 联盟（WiMedia Alliance，负责用于蓝牙的 UWB 特点的组织）2009 年 3 月宣布解散，最终 UWB 也从核心规格 3.0 版本中剔除。

（12）4.0 版本。

蓝牙技术联盟于 2010 年 6 月 30 日正式推出蓝牙核心规格 4.0（称为 Bluetooth Smart）。它包括经典蓝牙、高速蓝牙和蓝牙低功耗协议。高速蓝牙基于 WiFi，经典蓝牙则包括旧有蓝牙协议。

蓝牙低功耗，也就是早前的 Wibree，是蓝牙 4.0 版本的一个子集，它有着全新的协议栈，可快速建立简单的链接。作为蓝牙 1.0～3.0 版本中蓝牙标准协议的替代方案，它主要面向对功耗需求极低、用纽扣电池供电的应用。芯片设计可有两种：双模、单模和增强的早期版本。早期的 Wibree 和蓝牙 ULP（超低功耗）的名称被废除，取而代之的是后来用于一时的 BLE。2011 年晚些时候，新的商标推出，即用于主设备的 Bluetooth Smart Ready 和用于传感器的 Bluetooth Smart。

单模情况下，只能执行低功耗的协议栈。双模情况下，Bluetooth Smart 功能整合入既有的经典蓝牙控制器。单模芯片的成本降低，使设备的高度整合和兼容成为可能。它的特点之一是轻量级的链路层，可提供低功耗闲置模式操作、简易的设备发现和可靠的点对多数据传输，并拥有成本极低的高级节能和安全加密连接。

4.0 版本的一般性改进包括推进蓝牙低功耗模式所必需的改进以及通用属性配置文件（GATT）和 AES 加密的安全管理器（SM）服务。

（13）4.1 版本。

这一规格是对蓝牙 4.0 版本的一次软件更新，而非硬件更新。这一更新包括蓝牙核心规格附录（CSA1、2、3 和 4）并添加了新的功能、提高了消费者的可用性。这些特性包括提升了对 LTE 和批量数据交换率共存的支持，以及通过允许设备同时支持多重角色帮助开发者实现创新。

4.1 版本的特性如下：

- 移动无线服务共存信号。
- Train nudging 与通用接口扫描。
- 低占空比定向广播。
- 基于信用实现流控的 L2CAP 面向连接的专用通道。
- 双模和拓扑。
- 低功耗链路层拓扑。
- 802.11n PAL。
- 宽带语音的音频架构更新。
- 更快的数据广告时间间隔（Fast Data Advertising Interval）。
- 有限的发现时间。

（14）4.2 版本。

它为 IoT 推出了一些关键性能，是一次硬件更新。但是一些旧有蓝牙硬件也能够获得蓝牙

4.2 的一些功能，如通过固件实现隐私保护更新。

　　主要改进之处如下：

● 低功耗数据包长度延展。

● 低功耗安全连接。

● 链路层隐私权限。

● 链路层延展的扫描过滤策略。

● Bluetooth Smart 设备可通过网络协议支持配置文件（Internet Protocol Support Profile，IPSP）实现 IP 连接。

● IPSP 为 Bluetooth Smart 添加了一个 IPv6 连接选项，是互联家庭和物联网应用的理想选择。

● 蓝牙 4.2 通过提高 Bluetooth Smart 的封包容量，让数据传输更快速。

● 业界领先的隐私设置让 Bluetooth Smart 更智能，不仅功耗降低了，窃听者将难以通过蓝牙联机追踪设备。

● 消费者可以更放心不会被 Beacon 和其他设备追踪。

　　这一核心版本的优势如下：

● 实现物联网：支持灵活的互联网连接选项（IPv6/6LoWPAN 或 Bluetooth Smart 网关）。

● 让 Bluetooth Smart 更智能：业界领先的隐私权限、节能效益和和堪称业界标准的安全性能。

● 让 Bluetooth Smart 更快速：吞吐量速度和封包容量提升。

　　5. 蓝牙协议栈

　　蓝牙被定义为协议层架构，包括核心协议、电缆替代协议、电话传送控制协议、选用协议。所有蓝牙堆栈的强制性协议包括：LMP、L2CAP 和 SDP。此外，与蓝牙通信的设备基本普遍都能使用 HCI 和 RFCOMM 这些协议。

　　（1）LMP。

　　链路管理协议（LMP）用于两个设备之间无线链路的建立和控制。应用于控制器上。

　　（2）L2CAP。

　　逻辑链路控制与适配协议（L2CAP）常用来建立两个使用不同高级协议的设备之间的多路逻辑连接传输。提供无线数据包的分割和重新组装。

　　在基本模式下，L2CAP 能最大提供 64kb 的有效数据包，并且有 672 字节作为默认 MTU（最大传输单元），以及最小 48 字节的指令传输单元。

　　在重复传输和流控制模式下，L2CAP 可以通过执行重复传输和 CRC 校验（循环冗余校验）来检验每个通道数据是否正确或者是否同步。

　　蓝牙核心规格在核心规格中添加了两个附加的 L2CAP 模式。这些模式有效地否决了原始的重传和流控模式。

　　增强型重传模式（Enhanced Retransmission Mode，ERTM）：该模式是原始重传模式的改进版，提供可靠的 L2CAP 通道。

　　流模式（Streaming Mode，SM）：这是一个非常简单的模式，没有重传或流控。该模式提供不可靠的 L2CAP 通道。

　　其中任何一种模式的可靠性都是可选择的，并/或由底层蓝牙 BDR/EDR 空中接口通过配置重传数量和刷新超时而额外保障的。顺序排序是是由底层保障的。

只有 ERTM 和 SM 中配置的 L2CAP 通道才有可能在 AMP 逻辑链路上运作。

（3）SDP。

服务发现协议（SDP）允许一个设备发现其他设备支持的服务，和与这些服务相关的参数。比如当用手机去连接蓝牙耳机（其中包含耳机的配置信息、设备状态信息，以及高级音频分类信息（A2DP）等）。并且这些众多协议的切换需要被每个连接他们的设备设置。每个服务都会被全局独立性识别号（UUID）所识别。根据官方蓝牙配置文档给出了一个 UUID 的简短格式（16 位）。

（4）RFCOMM。

射频通信（RFCOMM）常用于建立虚拟的串行数据流。RFCOMM 提供了基于蓝牙带宽层的二进制数据转换和模拟 EIA-232（即早前的 RS-232）的串行控制信号。

RFCOMM 向用户提供了简单而且可靠的串行数据流，类似 TCP。它可作为 AT 指令的载体直接用于许多电话相关的协议，以及通过蓝牙作为 OBEX 的传输层。

许多蓝牙应用都使用 RFCOMM。由于串行数据的广泛应用和大多数操作系统都提供了可用的 API，所以使用串行接口通信的程序可以很快地移植到 RFCOMM 上面。

（5）BNEP。

网络封装协议（BNEP）用于通过 L2CAP 传输另一协议栈的数据。主要目的是传输个人区域网络配置文件中的 IP 封包。BNEP 在无线局域网中的功能与 SNAP 类似。

（6）AVCTP。

音频/视频控制传输协议（AVCTP）被远程控制协议用来通过 L2CAP 传输 AV/C 指令。立体声耳机上的音乐控制按钮可通过这一协议控制音乐播放器。

（7）AVDTP。

音视频分发传输协议（AVDTP）被高级音频分发协议用来通过 L2CAP 向立体声耳机传输音乐文件。适用于蓝牙传输中的视频分发协议。

（8）TCS。

电话控制协议－二进制（TCS BIN）是面向字节协议，为蓝牙设备之间的语音和数据通话的建立定义了呼叫控制信令。此外，TCS BIN 还为蓝牙 TCS 设备的群组管理定义了移动管理规程。TCS-BIN 仅用于无绳电话协议，因此并未引起广泛关注。

（9）其他采用的协议。

其他采用的协议是由其他标准制定组织定义并包含在蓝牙协议栈中，仅在必要时才允许蓝牙对协议进行编码。采用的协议包括：

点对点协议（PPP）：通过点对点链接传输 IP 数据报的互联网标准协议。

TCP/IP/UDP：TCP/IP 协议组的基础协议。

对象交换协议（OBEX）：用于对象交换的会话层协议，为对象与操作表达提供模型。

无线应用环境/无线应用协议（WAE/WAP）：WAE 明确了无线设备的应用框架，WAP 是向移动用户提供电话和信息服务接入的开放标准。

6. 基带纠错

根据不同的封包类型，每个封包可能受到纠错功能的保护，或许是 1/3 速率的前向纠错（FEC），或者是 2/3 速率。此外，出现 CRC 错误的封包将会被重发，直至被自动重传请求（ARQ）

承认。

7. 设置连接

任何可发现模式下的蓝牙设备都可按需传输以下信息：

- 设备名称。
- 设备类别。
- 服务列表。
- 技术信息（例如设备特性、制造商、所使用的蓝牙版本、时钟偏移等）。

任何设备都可以对其他设备发出连接请求，任何设备也都可能添加可回应请求的配置。但如果试图发出连接请求的设备知道对方设备的地址，它就总会回应直接连接请求，且如果有必要会发送上述列表中的信息。设备服务的使用也许会要求配对或设备持有者的接受，但连接本身可由任何设备发起，持续至设备走出连接范围。有些设备在与一台设备建立连接之后，就无法再与其他设备同时建立连接，直至最初的连接断开，才能再被查询到。

每个设备都有一个唯一的 48 位的地址。然而这些地址并不会显示于连接请求中。但是用户可自行为他的蓝牙设备命名（蓝牙设备名称），这一名称即可显示在其他设备的扫描结果和配对设备列表中。

多数手机都有蓝牙设备名称（Bluetooth name），通常默认为制造商名称和手机型号。

8. 配对和连接

（1）动机。

蓝牙所能提供的很多服务都可能显示个人数据或受控于相连的设备。出于安全上的考量，有必要识别特定的设备，以确保能够控制哪些设备能与蓝牙设备相连。同时，蓝牙设备也有必要让蓝牙设备能够无需用户干预即可建立连接（比如在进入连接范围的同时）。

蓝牙可使用一种叫 bonding（连接）的过程。Bond 是通过配对（paring）过程生成的。配对过程通过或被自用户的特定请求引发而生成 bond（比如用户明确要求"添加蓝牙设备"），或是当连接到一个出于安全考量要求需要提供设备 ID 的服务时自动引发。这两种情况分别称为 dedicated bonding 和 general bonding。

配对通常包括一定程度上的用户互动，已确认设备 ID。成功完成配对后，两个设备之间会形成 Bond，日后再相连时则无需为了确认设备 ID 而重复配对过程。用户也可以按需移除连接关系。

（2）实施。

配对过程中，两个设备可通过创建一种称为链路字的共享密钥建立关系。如果两个设备都存有相同的链路字，他们就可以实现 paring 或 bonding。一个只想与已经 bonding 的设备通信的设备可以使用密码验证对方设备的身份，以确保这是之前配对的设备。一旦链路字生成，两个设备间也许会加密一个认证的异步无连接（Asynchronous Connection-Less，ACL）链路，以防止交换的数据被窃取。用户可删除任何一方设备上的链路字，即可移除两设备之间的 bond，也就是说一个设备可能存有一个已经不再与其配对的设备的链路字。

蓝牙服务通常要求加密或认证，因此要求在允许设备远程连接之前先配对。一些服务，比如对象推送模式，选择不明确要求认证或加密，因此配对不会影响服务用例相关的用户体验。

（3）配对机制。

在蓝牙 2.1 版本推出安全简易配对（Secure Simple Pairing）之后，配对机制有了很大的改变。以下是关于配对机制的简要总结：

1）旧有配对。

这是蓝牙 2.0 版及其早前版本配对的唯一方法。每个设备必须输入 PIN 码；只有当两个设备都输入相同的 PIN 码方能配对成功。任何 16 比特的 UTF-8 字符串都能用作 PIN 码。然而并非所有的设备都能够输入所有可能的 PIN 码。

有限的输入设备：显而易见的例子是蓝牙免提耳机，它几乎没有输入界面。这些设备通常有固定的 PIN，如 0000 或 1234，是设备硬编码的。

数字输入设备：比如移动电话就是典型的这类设备。用户可输入长达 16 位的数值。

字母数字输入设备：比如个人电脑和智能电话。用户可输入完整的 UTF-8 字符作为 PIN 码。如果是与一个输入能力有限的设备配对，就必须考虑到对方设备的输入限制，并没有可行的机制能够让一个具有足够输入能力的设备去决定应该如何限制用户可能使用的输入。

2）安全简易配对（SSP）。

这是蓝牙 2.1 版本要求的，尽管蓝牙 2.1 版本的设备也许只能使用旧有配对方式和早前版本的设备互操作。安全简易配对使用一种公钥密码学（public key cryptography），某些类型还能防御中间人（man in the middle，MITM）攻击。SSP 有以下特点：

- 即刻运行（Just works）：正如其字面含义，这一方法可直接运行，无需用户互动。但是设备也许会提示用户确认配对过程。此方法的典型应用见于输入输出功能受限的耳机，且较固定 PIN 机制更为安全。此方法不提供中间人（MITM）保护。
- 数值比较（Numeric comparison）：如果两个设备都有显示屏，且至少一个能接受二进制的"是/否"用户输入，他们就能使用数值比较。此方法可在双方设备上显示 6 位数的数字代码，用户需比较并确认数字的一致性。如果比较成功，用户应在可接受输入的设备上确认配对。此方法可提供中间人（MITM）保护，但需要用户在两个设备上都确认，并正确地完成比较。
- 万能钥匙进入（Passkey Entry）：此方法可用于一个有显示屏的设备和一个有数字键盘输入的设备（如计算机键盘），或两个有数字键盘输入的设备。第一种情况下，显示屏上显示 6 位数字代码，用户可在另一设备的键盘上输入该代码。第二种情况下，两个设备需同时在键盘上输入相同的 6 位数字代码。两种方式都能提供中间人（MITM）保护。
- 非蓝牙传输方式（OOB）：此方法使用外部通信方式，如近场通信（NFC），交换在配对过程中使用的一些信息。配对通过蓝牙射频完成，但是还要求非蓝牙传输机制提供信息。这种方式仅提供 OOB 机制中所体现的 MITM 保护水平。

（4）安全性担忧。

蓝牙 2.1 之前版本是不要求加密的，可随时关闭。而且，密钥的有效时限也仅有约 23.5 小时。单一密钥的使用如超出此时限，则简单的 XOR 攻击有可能窃取密钥。一些常规操作要求关闭加密，如果加密因合理的理由或安全考量而被关闭，就会给设备探测带来问题。

蓝牙 2.1 版本从以下几个方面进行了说明：

- 加密是所有非 SDP（服务发现协议）连接所必需的。
- 新的加密暂停和继续功能用于所有要求关闭加密的常规操作，更容易辨认是常规操作还是安全攻击。

- 加密必须在过期之前再刷新。
- 链路字可能储存于设备文件系统，而不是在蓝牙芯片本身。许多蓝牙芯片制造商将链路字储存于设备，然而，如果设备是可移动的，就意味着链路字也可能随设备移动。

9．空中接口

这一协议在无需认证的 2.402～2.480GHz ISM 频段上运行。为避免与其他使用 2.45 GHz 频段的协议发生干扰，蓝牙协议将该频段分割为间隔为 1MHz 的 79 个频段并以 1660 跳/秒的跳频速率变化通道。1.1 和 1.2 版本的速率可达 723.1kb/s。2.0 版本有蓝牙增强数据率（EDR）功能，速率可达 2.1Mb/s，这也导致了相应的功耗增加。在某些情况下，更高的数据速率能够抵消功耗的增加。

9.1.2 BlueNRG

BlueNRG 是一个功耗极低的 BLE 单模网络处理器，符合蓝牙规范 4.1。它可以在主从模式间切换。整个低功耗蓝牙堆栈在嵌入式 Cortex-M0 内核上运行。非易失性闪存实现了现场堆栈升级。BlueNRG 让应用能够满足使用标准纽扣电池为其施加的严格的峰值电流要求。在输出功率为 1dBm 时，最大峰值电流仅 10mA。超低功耗休眠模式和工作模式之间极短的过渡时间实现了超低平均电流消耗，进而延长了电池寿命。BlueNRG 提供了利用 SPI 传输层连接外部微控制器的选项。

它集 2.4GHz RF 收发器和功能强大的 Cortex-M0 微控制器于一身，在面向蓝牙单模协议的功率优化堆栈上运行，提供了：

- 主、从角色支持。
- GAP：中央、外设、观测器或广播员角色。
- ATT/GATT：客户端和伺服器。
- SM：隐私、验证和授权。
- L2CAP。
- 链路层：AES-128 加密和解密。

该器件让应用能够满足使用标准纽扣电池为其施加的严格的峰值电流要求。如果采用了高效率嵌入式 DC-DC 步降转换器，那么最高输出功率(+8dBm)下的最大输入电流仅为 15 mA。即使未使用 DC-DC 转换器，最高输出功率（+8dBm）下的最大输入电流也只有 15mA，仍维持原有电池使用寿命。

超低功耗休眠模式和工作模式之间极短的过渡时间在实际操作条件下实现了超低平均电流消耗，进而延长了电池寿命。建议使用 2 种不同的外部匹配网络：标准模式（TX 输出功率高达+5dBm）和大功率模式（TX 输出功率高达+8dBm）。外部主应用处理器通过基于标准 SPI 接口的应用控制器接口协议与 BlueNRG 连接。

9.1.3 BALF-NRG-01D3

BALF-NRG-01D3 为意法半导体 BlueNRG 智能蓝牙无线网络处理器的辅助芯片（Companion Chip），集成了所需的全部外部平衡功能与匹配电路，以确保最优秀的性能。然而在过去,这些电路设计对于设计人员是一个不小的挑战,设计人员必须具备相当优秀的能力,才可胜任电路的开发工作。

　　BlueNRG 应用框图如图 9-3 所示。

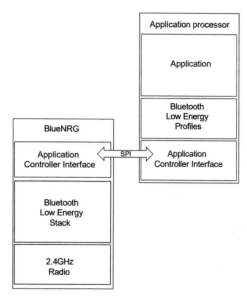

图 9-3　BlueNRG 应用框图

　　为最大幅度地提升灵敏度与输出功率，平衡－不平衡转换器输入阻抗必须与 BlueNRG 元件匹配，而谐滤波器也必须符合产业法规标准。BALF-NRG-01D3 最多可替代 15 组贴装元件，与分离的变压器解决方案相比，空间节省比例高达 75%。

　　BALF-NRG-01D3 集成了射频前端电路（RF front-end circuitry），适用于行动装置、穿戴式装置和物联网（Internet of Things，IoT）终端应用。

9.2　蓝牙模块配置

　　我们可以使用 Mbed API 进行开发，以简化开发流程。

9.2.1　Mbed

　　Mbed 是一个面向 ARM 处理器的原型开发平台，它具有免费的软件库（SDK）、硬件参考设计（HDK）和在线工具（Web）三部分内容，各个部分的具体介绍如下：

　　SDK：Mbed 设计了一个硬件抽象层，从而屏蔽了不同 MCU 厂商提供的微处理之间的差异，对于用户来说，他只需要和这个硬件抽象层打交道即可，也就是说，用户基于 Mbed 开发的应用可以很方便地更换使用不同厂商的 ARM 微处理器，从而留给用户更多的选择。

　　HDK：HDK 是 Mbed 提供的硬件参考设计，它是面向用户开发设计的，所以 HDK 提供了统一的程序上载接口、单步调试接口、串口调试接口，用户无需购买其他硬件就可以开始软件开发工作。

　　Web：为了省去用户开发环境安装的麻烦，Mbed 提供了一个完备的基于浏览器的微处理器软件开发环境，包括代码编写、程序编译、版本控制等功能，用户只要上网就可以开发，编译结果只要下载保存到 Mbed 开发板上即可工作，非常方便。

9.2.2　可能用到的函数

可能用到的函数如表 9-1 所示。

表 9-1　可能用到的函数

函数名	描述
BLE 设备的函数	
init (void)	初始化 BLE 控制器，在 BLE_API 其他函数使用之前需要调用这个函数
reset (void)	重置 BLE 控制器
setAddress(Gap::addr_type_t type，const uint8_t address[6])	设置 BLE 的 MAC 地址和类型
setAdvertisingType(GapAdvertisingParams::AdvertisingType)	设置当前设备的 GAP 广播模式
setAdvertisingInterval(uint16_t interval)	以 0.625ms 为单位设置间隔
setAdvertisingTimeout(uint16_t timeout)	设置广播超时，1～16383 秒之间，输入 0 则禁止超时
setAdvertisingParams(const GapAdvertisingParams &advParams)	设置广播参数
setAdvertisingPayload(void)	该 API 在广播前将广播数据存储到载荷中
clearAdvertisingPayload(void)	清除之前调用时存储在载荷中的数据
accumulateAdvertisingPayload(uint8_t flags)	存储一个 AD 结构到广播载荷（最多 31 字节） 外围设备出现的标志 控制器的最大传输能耗
accumulateAdvertisingPayload(GapAdvertisingData::Appearance app)	
accumulateAdvertisingPayloadTxPower(int8_t power)	
accumulateAdvertisingPayload(GapAdvertisingData::DataType type，const uint8_t *data，uint8_t len)	存储一个可变长度的字节型字符串到广播载荷中作为 AD 结构
accumulateScanResponse(GapAdvertisingData::DataType type，const uint8_t *data，uint8_t len)	
startAdvertising (void)	开启广播的函数，使用已设置的参数广播
stopAdvertising(void)	停止广播
onConnection(Gap::ConnectionEventCallback_t connectionCallback)	设置 GAP 连接的回调函数
onDisconnection(Gap::DisconnectionEventCallback_t disconnectionCallback)	设置 GAP 断开连接的回调函数
onDataSent(GattServer::ServerEventCallbackWithCount_t callback)	设置 GATT 事件 DATA_SENT 的回调函数
onDataWritten(void (*callback)(const GattCharacteristicWriteCB-Params*eventDataP))	设置客户端更新特征值时的回调函数
readCharacteristicValue(uint16_t handle，　uint8_t *const buffer，uint16_t *const lengthP)	读取被客户端写入的指定特征值

续表

函数名	描述
updateCharacteristicValue(uint16_t handle,　const uint8_t* value，uint16_t size，bool localOnly = false)	将某特征的值写入客户端
waitForEvent(void)	睡眠函数，当应用中断时唤醒程序
setDeviceName(const uint8_t *deviceName)	在 GAP 服务中设置设备名称
getDeviceName(uint8_t *deviceName，unsigned *lengthP)	从 GAP 服务中获取设备名称
setAppearance(uint16_t appearance)	在 GAP 服务中设置 appearance 特征
getAppearance(uint16_t *appearanceP)	从 GAP 服务中获取 appearance 特征
GapAdverstisingData 函数	
GapAdvertisingData (void)	创建一个新的 GapAdvertisingData 实例
addData (DataType，uint8_t *，uint8_t)	基于指定的 AD 类型加入广播数据
addAppearance (Appearance appearance = GENERIC_TAG)	将 APPEARANCE 数据加入到广播载荷中的帮助函数
addFlags (Flags flag = GENERAL_DISCOVERABLE)	将 FLAGS 数据加入到广播载荷中的帮助函数
addTxPower (int8_t txPower)	将 TX_POWER_LEVEL 数据加入到广播载荷中的帮助函数
clear (void)	清除载荷并重置载荷长度计数器
getPayload (void)	返回指向当前载荷的指针
getPayloadLen (void)	返回当前载荷长度（0…31 字节）
getAppearance (void)	返回当前设备的 16 位 appearance 值
GapAdvertisingParams 函数	
GapAdvertisingParams (AdvertisingType advType = GapAdvertisingParams::ADV_CONNECTABLE_UNDIRECTED，uint16_t interval = GAP_AVD_PARAMS_INTERVAL_MIN_NONCON，uint16_t timeour = 0)	将一个新的 GapAdvertisingParams 实例化
getAdvertisingType (void)	返回当前广播类型值
getInterval (void)	返回当前广播延迟（以 0.625ms 为单位）
getTimeout (void)	返回当前广播超时（单位：s）

9.2.3　程序框架

程序需要使用图 9-4 所示框架将系统配置为 BLE 设备。

1. 初始化
- 建立 BLEDevice、Ticker 和 DigitalOut 对象。
- 初始化变量和表格，如：设备名、list_of_services、update_characteristics_flag……
2. 处理程序
- 翻转 LED 状态，显示程序正在运行。

- 将标识置 1 表示需要更新特征。
- 当设备断开连接并重启广播时调用该处理程序。
- 指示设备已经通过 BLE 建立连接。

图 9-4   BLE 设备系统框架

3. 主函数

- 启动 BLE 无线通信。
- 设置服务。
- 将广播参数加入到载荷中。
- 开始广播。
- 如果标识为 1，则更新特征。
- 等待事件。

9.3   应用实例

9.3.1   开发环境与实例说明

硬件：NUCLEO F401RE 开发板、5V 电源线、PC、NUCLEO 蓝牙扩展板、智能手机。

软件：Keil-ARM 开发软件，安装 Keil::STM32F4xx_DFP.2.8.0.pack，安卓系统下的 BLE Tool（https://play.google.com/store/apps/details?id=com.lapis_semi.bleapp），iOS 系统下的 Alpwise i-BLE （https://itunes.apple.com/us/app/alpwise-i-ble/id573963350?mt=8）。

实例名称：UART 蓝牙模块实例。

实例说明：本实例要求读者建立一个 BLE 心率设备，在手机上搜索到该设备并且能连接，对心率数据进行读取。使用 9.2.3 中给出的结构作为程序的结构。程序框架如图 9-5 所示。

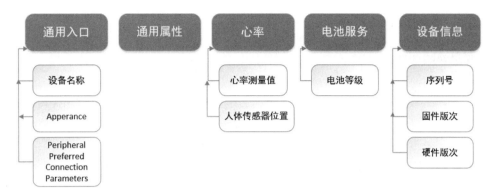

图 9-5　程序框架

9.3.2　蓝牙实例代码

```
/*------------------------------------------------------------------
文件名：main.cpp
主函数描述：本实例创建了一个 BLE 心率检测仪发送数据给其他设备，其他文件过多，在这里不过多
描述
  *------------------------------------------------------------------*/
#include "mbed.h"//包含了可以调用的库函数
#include "BLEDevice.h"
#include "HeartRateService.h"
#include "BatteryService.h"
#include "DeviceInformationService.h"
#include "Utils.h"/*通过改变本文件中的 NEED_CONSOLE_OUTPUT 1/0 来打开或者关闭编译信息，影响
代码大小以及功耗*/
BLEDevice    ble;
DigitalOut led(LED1);    //库函数方法的定义输出
Ticker update;
Ticker aliveness;
const static char        DEVICE_NAME[]    = "MY_BLE_HRM";    //定义设备名称
static const uint16_t uuid16_list[]    = {GattService::UUID_HEART_RATE_SERVICE,
                            GattService::UUID_BATTERY_SERVICE,GattService::UUID_
                            DEVICE_INFORMATION_SERVICE};    //定义 UUID 名称
static volatile bool    triggerSensorPolling = false;
void disconnectionCallback(Gap::Handle_t handle, Gap::DisconnectionReason_t reason)
{
    DEBUG("Disconnected!\n\r");
    DEBUG("Restarting the advertising process\n\r");
    ble.startAdvertising();    //重启广播
}
void connectionCallback(Gap::Handle_t handle, const Gap::ConnectionParams_t *reason)
{
    DEBUG("Connected\r\n");
}
void update_handler(void)
```

```
{
    /*注意到 periodicCallback()函数在中断中执行，将高权重的传感器轮询放在主函数下执行比较安全*/
    triggerSensorPolling = true;
}
void aliveness_handler (void)
{
    led = !led;
}
/*------------------------------------------------------------------

 MAIN function
 *----------------------------------------------------------------*/
int main(void)
{
    update.attach(update_handler, 1);
        aliveness.attach(aliveness_handler,0.5);
    DEBUG("Initialising \n\r");
    ble.init();//BLE 初始化函数
        ble.onDisconnection(disconnectionCallback);//BLE 连接上
    ble.onConnection(connectionCallback);//BLE 未连接上
    /* 配置基础服务 */
    uint8_t hrmCounter = 100;
    HeartRateService hrService(ble, hrmCounter, HeartRateService::LOCATION_FINGER);
    /* 配置辅助服务 */
        uint8_t batterylevel = 25;
    BatteryService                battery(ble,batterylevel);
    DeviceInformationService deviceInfo(ble, "ST", "Nucleo", "SN1" );
    /* 配置广播 */
    ble.accumulateAdvertisingPayload(GapAdvertisingData::BREDR_NOT_SUPPORTED |
        GapAdvertisingData::LE_GENERAL_DISCOVERABLE);
    ble.accumulateAdvertisingPayload(GapAdvertisingData::COMPLETE_LIST_16BIT_SERVICE_IDS,
        (uint8_t *)uuid16_list, sizeof(uuid16_list));
    ble.accumulateAdvertisingPayload(GapAdvertisingData::GENERIC_HEART_RATE_SENSOR);
    ble.accumulateAdvertisingPayload(GapAdvertisingData::COMPLETE_LOCAL_NAME, (uint8_t *)
        DEVICE_NAME, sizeof(DEVICE_NAME));
    ble.setAdvertisingType(GapAdvertisingParams::ADV_CONNECTABLE_UNDIRECTED);
    ble.setAdvertisingInterval(1600); /* 1000ms; in multiples of 0.625ms. */
    ble.startAdvertising();
    while (true)
    {
        if (triggerSensorPolling & ble.getGapState().connected)//设备连接上并且正在发出传感器轮询
        {
            triggerSensorPolling = false;
            /* Do blocking calls or whatever is necessary for sensor polling. */
            /* 本次实验，我们采用虚拟的心率数据从 80 至 150 之间循环 */
            hrmCounter++;
            if (hrmCounter == 150)
```

```
                {
                    hrmCounter = 80;
                }
                hrService.updateHeartRate(hrmCounter);
        }
        else
        {
                ble.waitForEvent();
        }
    }
}
```

9.3.3　测试结果及分析

将蓝牙扩展板插到开发板上进行代码的下载。下载之后即可在手机软件中搜索到设备 MY_BLE_HRM，单击连接即可进入如下页面（这里我们选择 Alpwise i-BLE 这款软件用于测试）。测试结果如图 9-6 所示。

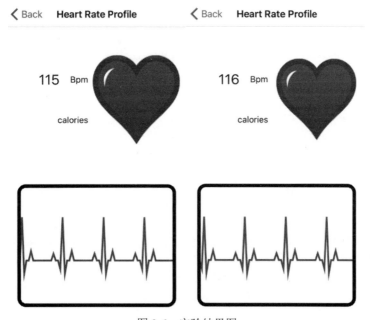

图 9-6　实验结果图

我们看到心率会随着 LED 的闪烁而增加，这样就完成了蓝牙模块测试。在物联网系统中，数据传输十分重要。可以使用很多种方式，我们这里采用蓝牙的方式，请读者仔细研究该部分代码。

参考资料

[1]　BALF-NRG-01D3 datasheet，http://www.st.com/content/ccc/resource/technical/document/datasheet/0d/f4/d5/7f/90/c0/4a/bf/DM00122278.pdf/files/DM00122278.pdf/jcr:content/translations/en.DM00122278.pdf.

[2]　X-NUCLEO-IDB04A1 datasheet，http://www.st.com/content/ccc/resource/technical/document/data_brief/42/

b5/94/64/60/c7/40/8a/DM00114523.pdf/files/DM00114523.pdf/jcr:content/translations/cn.DM00114523.pdf.

[3]   ST BlueNRG-MS 低功耗蓝牙（BLE）单模式网络处理方案，http://www.stmcu.org/module/forum/thread-602515-1-1.html.

[4]   基于 ST BlueNRG-1 之运动手环方案，http://www.wpgholdings.com/news/detail/zhcn/program/20456.

[5]   Bluetooth® low energy wireless network processor，http://www.st.com/content/st_com/en/products/wireless-connectivity/bluetooth-bluetooth-low-energy/bluenrg.html?icmp=bluenrg_pron_bluetoothlowenergy_aug2013.

[6]   什么是 Mbed，http://www.mbed.com.

[7]   ST Americas Mbed Team /NUCLEO_BLE_BlueNRG. https://os.mbed.com/teams/ST-Americas-mbed-Team/code/NUCLEO_BLE_BlueNRG/.

[8]   ST Americas Mbed Team /NUCLEO_BLE_API. https://os.mbed.com/teams/ST-Americas-mbed-Team/code/NUCLEO_BLE_API/docs/tip/.

第 10 章　STM32F401 传感器模块

10.1　功能描述

X-NUCLEO-IKS01A1 扩展板是一个 MEMS 惯性和环境传感器评估板，适用于 Arduino UNO R3 连接器，也可以安装到 STM32 NUCLEO 板子上，如图 10-1 所示。

图 10-1　X-NUCLEO-IKS01A1 扩展板

X-NUCLEO-IKS01A1 扩展板上包括一个三轴加速度计和三轴陀螺仪（ST LSM6DS0）、一个三轴磁力计（LIS3MDL）、一个湿度传感器（HTS221）、一个温度传感器和一个压力传感器（LPS25H）。单片机与所有的传感器之间通过 I²C 串行通信进行连接。

X-NUCLEO-IKS01A1 功能框图如图 10-2 所示。

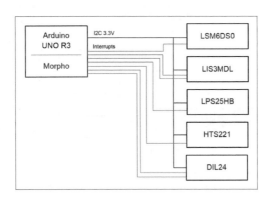

图 10-2　X-NUCLEO-IKS01A1 功能框图

1．LSM6DS0

LSM6DS0 封装了三维数字加速度计和三维数字陀螺仪，它能够测量的加速度范围为±2/
±4/±8/±16g，角速度范围±245/±500/±2000dps。LSM6DS0 有两种操作模式，加速度计和
陀螺仪传感器可以在同一个 ODR 下激活，或者在陀螺仪断电的情况下，启用加速度计。图 10-3
为芯片引脚说明及方向轴示意图。表 10-1 为 LSM6DS0 的机械特性。

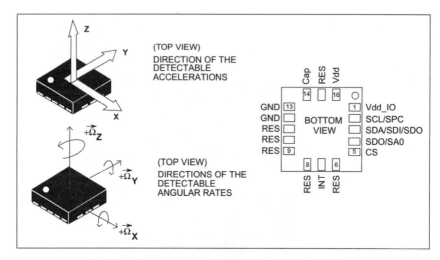

图 10-3　LSM6DS0 引脚说明及方向轴示意图

表 10-1　LSM6DS0 的机械特性

Symbol	Parameter	Test conditions	Min.	Typ.（1）	Max.	Unit
LA_FS	Linear acceleration measurement range			±2		g
				±4		
				±8		
				±16		
G_FS	Angular rate measurement range			±245		dps
				±500		
				±2000		
LA_So	Linear acceleration sensitivity	FS =±2g		0.061		mg/LSb
		FS =±4g		0.122		
		FS =±8g		0.244		
		FS =±16g		0.732		
G_So	Angular rate sensitivity	FS =±245dps		8.75		mdps/LSb
		FS =±500dps		17.5		
		FS =±2000dps		70		
LA_TyOff	Linear acceleration typical zero-g level offset accuracy	FS =±8g		±90		mg

Symbol	Parameter	Test conditions	Min.	Typ.（1）	Max.	Unit
G_TyOff	Angular rate typical zero-rate leve1	FS =±2000dps		±30		dps
LA_ODR	Linear acceleration output data rate	Gyro ON		952 476 238 119 59.5 14.9		Hz
		Gyro OFF		952 476 238 119 50 10		Hz
G_ODR	Angular digital output data rate			952 476 238 119 59.5 14.9		Hz
Top	Operating temperature range		-40		85	℃

2. LIS3MDL

LIS3MDL 是一款高性能独立式微型 3 轴磁力计，测量范围为±4/±8/±12/±16 高斯。可配合 3 轴 MEMS 加速度计或 3 轴 MEMS 陀螺仪，构成 9 个自由度（DOF）的传感器模块。

LIS3MDL 引脚说明及方向轴示意图如图 10-4 所示；LIS3MDL 功能框图如图 10-5 所示；LIS3MDL 机械特性如表 10-2 所示。

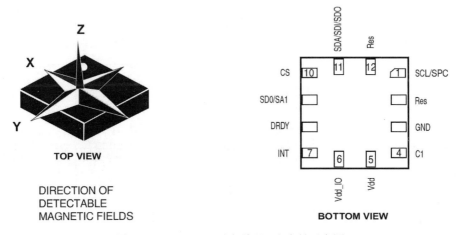

图 10-4　LIS3MDL 引脚说明及方向轴示意图

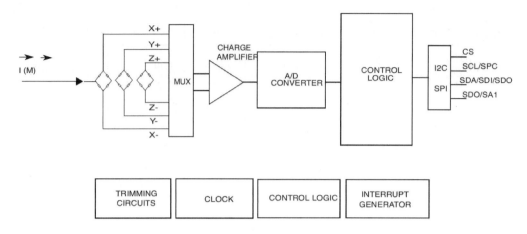

图 10-5   LIS3MDL 功能框图

表 10-2   LIS3MDL 机械特性

Symbol	Parameter	Test conditions	Min.	Typ.	Max.	Unit
FS	Measurement range			±4		gauss
				±8		
				±12		
				±16		
GN	Sensitivity	FS=±4 gauss		6842		LSB/gauss
		FS=±8 gauss		3421		
		FS=±12 gauss		2281		
		FS=±16 gauss		1711		
Zgauss	Zero-gauss level	FS=±4 gauss		±1		gauss
RMS	RMS noise	X-axis; FS=±12 gauss; Ultra-high performance mode		3.2		mgauss
		Y-axis; FS=±12 gauss; Ultra-high performance mode		3.2		mgauss
		Z-axis; FS=±12 gauss; Ultra-high performance mode		4.1		mgauss
NL	Non-linearity	Best fit straight line FS= ±12 gauss Happlied = ±6 gauss		±0.12		%FS
ST	Self Test	X-axis FS =±12 gauss	1		3	gauss
		Y-axis FS =±12 gauss	1		3	
		Z-axis FS =±12 gauss	0.1		1	

Symbol	Parameter	Test conditions	Min.	Typ.	Max.	Unit
DF	Magnetic disturbing field	Zero-gauss offset starts to degrade			50	gauss
top	Operating temperature range		−40		85	℃

3. LPS25H

LPS25H 是 ST 生产的 MEMS 数字气压传感器，测量范围：260～1260 hPa 绝对气压，内置温度补偿，24 位 ADC，先入先出（FIFO）存储器。功能框图如图 10-6 所示。

主要特性有：

- 测量范围：260～1260 hPa 绝对气压。
- 分辨率：均方根 1Pa。
- 工作电压：1.7～3.6V。
- 功耗：4μA（低分辨率模式）～25μA（高分辨率模式）。
- 数据刷新频率：1～25Hz 可选择。
- 接口：I²C，三线制/四线制 SPI。
- 内置温度补偿。
- 内置 24 位 ADC。
- 内置先入先出（FIFO）存储器。

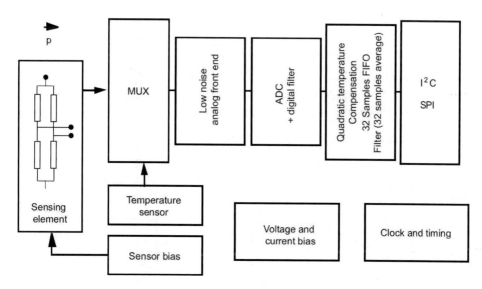

图 10-6 LPS25H 功能框图

4. HTS221

HTS221 是一款数字式温湿度传感器 IC，数据输出频率（ODR）1Hz～12.5Hz 可设。温度精度：误差典型值±0.5℃，15℃～40℃，湿度精度：误差典型值±4.5%RH，20%～80%RH，内置 16bit ADC。

HTS221 引脚示意图如图 10-7 所示；功能框图如图 10-8 所示。

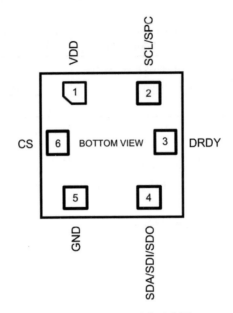

图 10-7   HTS221 引脚示意图

和其他的温湿度传感器相比，HTS221 的芯片管脚功能更多，也略显复杂：

● **VDD**：电源，支持 1.7～3.6V 电压。

● **GND**：地。

● **CS**：I^2C/3-wire SPI 接口选择，当 CS=1 时为 I^2C 接口，反之为 3-wire SPI 接口。默认为 1。

● **SCL/SPC**：I^2C 或 3-wire SPI 接口的时钟线，由 CS 选择。

● **SDA/SDI/SDO**：I^2C 或 3-wire SPI 接口的数据线，由 CS 选择。

● **DRDY**：提供 Data Ready 信号输出。当测量完成、有温湿度数据可供读取时，DRDY 为高电平；当无温湿度数据或温湿度数据已被读取完毕后，DRDY 为低电平。该功能也可以通过设置控制寄存器（CTRL_REG3）关闭。

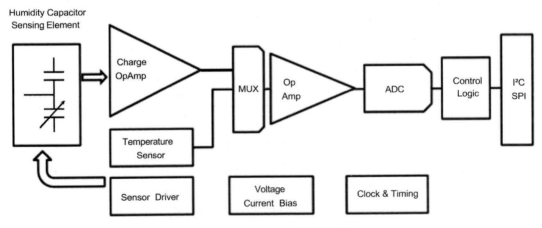

图 10-8   HTS221 的功能框图

10.2　传感器模块配置

10.2.1　传感器 I²C 地址的选择

大多数的传感器可以通过将 SD0 引脚拉低/高，来对 I²C 地址的 LSB 进行选择。通过板子上已焊接的通路来控制 SD0 的电平，如表 10-3 所示（注意，SBx 为板子上对应的电阻，用户可以根据需要改变电阻的焊接，达到拉低拉高的效果）。

表 10-3　各传感器 I²C 地址选择关联焊接桥

Sensor	SD0 High	SD0 Low
LIS3MDL(U1)	SB3(default)	SB4
LSM6DS0(U2)	SB7(default)	SB8
LPS25HB(U4)	SB13(default)	SB14
DIL24 Adapter(J1)	SB15/SB17	SB16/SB18(default)

10.2.2　传感器的断开

断开传感器时，应断开 I²C 总线以及电源的连接。表 10-4 将帮助确定适当的跳线和焊接桥。

表 10-4　各传感器总线以及电源的连接关联焊接桥及跳线

Sensor	Power	SDA	SCL
LIS3MDL(U1)	JP1	SB2	SB1
LSM6DS0(U2)	JP2	SB6	SB5
HTS221(U3)	JP3	SB9	SB10
LPS25HB(U4)	JP4	SB12	SB11

10.2.3　可能用到的函数

我们利用 ST 提供的软件包"X-CUBE-MEMS1"使用扩展板。它包含配置和使用 X-NUCLEO-IKS01A1 扩展板上传感器的驱动程序。这些驱动基于 STM32 微处理器的通用 API ——STM32Cube 软件。另外，我们可以使用 X-NUCLEO-IKS01A1 扩展板的 Mbed API。可能用到的函数如表 10-5 所示。

表 10-5　可能用到的函数

Function name	Description
UART 函数程序	
Serial (PinName tx，　PinName rx，　const char *name=NULL)	创建一个串口，连接到指定的发送接收引脚上
void　baud (int baudrate)	设置串口的波特率

续表

Function name	Description
void　format (int bits=8，　Parity parity=SerialBase::None，　int stop_bits=1)	设置串口的发送格式
int　readable ()	确定是否有可读的字符
int　writeable ()	确定是否有可以写一个字符的空间
void　attach (void(*fptr)(void)，　IrqType type=RxIrq)	指定一个函数，当串口终端产生时调用它
void　send_break ()	在串口线上产生一个暂停状态
void　set_flow_control (Flow type，　PinName flow1=NC，　PinName flow2=NC)	设置串口的流控制类型
int putc(int ch，　FILE *stream)	将字符 ch 写入 stream，函数返回写入的字符，若出错则返回 EOF
int getc(FILE *stream)	从 stream 读入一个字符，EOF 表示到达文件末尾
int printf(const char *format，　...)	根据传递到 printf()的格式和其他对象，打印输出文本和数据

定时器函数程序

Function name	Description
void attach (void(*fptr)(void)，　float t)	指定一个 Ticker 调用的函数，并且以秒为单位指定间隔
void attach (T *tptr，　void(T::*mptr)(void)，float t)	指定一个 Ticker 调用的成员函数，并且以秒为单位指定间隔
void attach_us (void(*fptr)(void)，　unsigned int t)	指定一个 Ticker 调用的函数，并且以微秒为单位指定间隔
void attach_us (T *tptr，　void(T::*mptr)(void)，unsigned int t)	指定一个 Ticker 调用的成员函数，并且以微秒为单位指定间隔
void detach ()	解除指定函数
static void irq (uint32_t id)	定时器的中断控制器

传感器 X_CUBE_MEMS 函数程序

static X_CUBE_MEMS*name Instance(void)	创建一个传感器扩展板对象	
X_CUBE_MEMS classes:	HTS221	表示 HTS221 传感器元件的类
	LPS25H	表示 LPS25H 传感器元件的类
	LIS3MDL	表示 LIS3MDL 传感器元件的类
	LSM6DS0	表示 LSM6DS0 传感器元件的类
HTS221 class	int GetTemperature(float* pfData)	从 HTS221 传感器获取温度
	int GetHumidity(float* pfData)	从 HTS221 传感器获取湿度
	int HTS221_Calibration()	校准 HT221 传感器
LPS25H class	void GetPressure(float* pfData)	从 LPS25H 获取压力
	void ReadRawPressure(uint32_t *raw_press)	获取压力传感器的原始数据
	int LPS25H_Calibration()	校准 LPS25H 压力传感器

LIS3MDL class	void GetAxes(AxesRaw_TypeDef *pData)	获取磁力计三个方向上的数值
	void GetAxesRaw(int16_t *pData);	获取磁力计三个方向上的原始数据
LSM6DS0	void Gyro_GetAxes(AxesRaw_TypeDef *pData)	获取陀螺仪三个方向上的数值
	void Gyro_GetAxesRaw(int16_t *pData)	获取陀螺仪三个方向上的原始数据
	void Acc_GetAxes(AxesRaw_TypeDef *pData)	获取加速度计三个方向上的数值
	void Acc_GetAxesRaw(int16_t *pData)	获取加速度计三个方向上的原始数据
	int LIS3MDL_Calibration()	校准 LSM6DS0 传感器
Common	uint8_t　　ReadID(void)	读取传感器 ID
	void RebootCmd(void)	重启传感器
	int Power_OFF(void)	关闭传感器
	int Power_ON(void)	打开传感器

10.2.4　程序框架

（1）初始化：

● 　为 USB 转串口通信创建一个 Serial 对象。

● 　创建 Ticker 对象实现重复任务。

● 　初始化变量。

（2）函数：

● 　更新测量结果。

● 　产生一个标志表示测量结果需要重新读取并显示。

（3）主函数：

● 　检查标志是否为 1。

● 　从传感器读数。

● 　通过串口发送数据。

● 　进入睡眠模式等待中断。

10.3　应用实例

10.3.1　开发环境与实例说明

硬件：NUCLEO F401RE 开发板、5V 电源线、PC、NUCLEO MEMS 扩展板。

软件：Keil-ARM 开发软件，安装 Keil::STM32F4xx_DFP.2.8.0.pack。

实例名称：UART 传感器模块实例。

实例说明：本实例要求读者建立一个气象站，实时地监控环境中的温度、湿度以及压力。使用串口程序每 3 秒输出一次当前环境的信息数据。使用 9.2.3 节中给出的结构作为程序的结构。使用 10.2.4 节中的程序框架来编写程序。

10.3.2　传感器模块实例代码

```cpp
/*-----------------------------------------------------------------------
文件名：main.cpp
主函数描述：本实例创建了一个气象站发送数据给串口，其他文件包括传感器板卡的配置，在这里不过
多描述
    *-----------------------------------------------------------------------*/
#include "mbed.h"
#include "x_cube_mems.h"
//创建 LED 的输出
DigitalOut led(LED1);
//创建串口与 USB 传递数据
Serial pc(USBTX, USBRX);
//创建两个 ticker 对象来返回中断，一个用于闪烁 LED，一个用于更新传感器数据
Ticker blinky;
Ticker update;
volatile float TEMPERATURE_C;
volatile float TEMPERATURE_F;
volatile float TEMPERATURE_K;
volatile float HUMIDITY;
volatile float PRESSURE;
bool measurements_update = false;
void blinky_handler(){
    led = !led;
}
void sensors_handler(){
    measurements_update = true;
}
int main() {
        /* 创建传感器数据对象 */
    static X_CUBE_MEMS *Sensors = X_CUBE_MEMS::Instance();
        /* 定义中断的时间间隔并将其输入函数 */
    blinky.attach(&blinky_handler, 0.5);
        update.attach(&sensors_handler, 3);
    while(1) {
            if(measurements_update == true){
        /* 读取环境数据 */
        Sensors->hts221.GetTemperature((float *)&TEMPERATURE_C);
        Sensors->hts221.GetHumidity((float *)&HUMIDITY);
        Sensors->lps25h.GetPressure((float *)&PRESSURE);
        TEMPERATURE_F = (TEMPERATURE_C * 1.8f) + 32.0f;    //转换为华氏温度
            TEMPERATURE_K = (TEMPERATURE_C + 273.15f);            //转换为开氏温度
        pc.printf("Temperature:\t %.2f C / %.2f F / %.2f K\r\n", TEMPERATURE_C,
            TEMPERATURE_F,TEMPERATURE_K);
```

```
        pc.printf("Humidity:\t %.2f%%\r\n", HUMIDITY);
        pc.printf("Pressure:\t %.2f hPa\r\n", PRESSURE);
        pc.printf("\r\n");
                    measurements_update = false;
            }
        __wfi();
    }
}
```

10.3.3　测试结果及分析

将 MEMS 板卡与开发板相连，将代码下载到板卡后打开串口调试助手可读出环境数据。测得环境数据如图 10-9 所示。

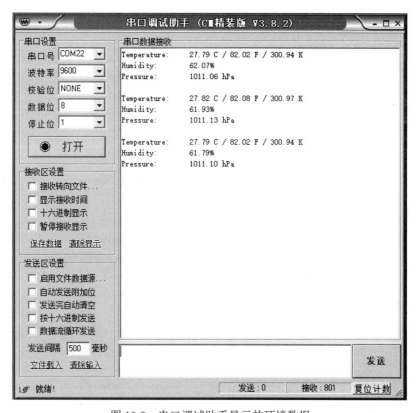

图 10-9　串口调试助手显示的环境数据

测得数据正常，完成了传感器模块的简单实验。

参考资料

[1] ST X-NUCLEO-IKS01A1 扩展板评测，http://www.21ic.com/evm/evaluate/expansion/201602/663574.html.

[2] LSM6DS0 datasheet，http://www.st.com/content/ccc/resource/technical/document/datasheet/6e/09/28/0b/01/06/42/24/DM00101533.pdf/files/DM00101533.pdf/jcr:content/translations/en.DM00101533.pdf.

[3]　LIS3MDL datasheet，http://www.st.com/content/ccc/resource/technical/document/datasheet/54/2a/85/76/e3/97/42/18/DM00075867.pdf/files/DM00075867.pdf/jcr:content/translations/en.DM00075867.pdf.

[4]　HTS221 datasheet，http://www.st.com/content/ccc/resource/technical/document/datasheet/4d/9a/9c/ad/25/07/42/34/DM00116291.pdf/files/DM00116291.pdf/jcr:content/translations/en.DM00116291.pdf.

[5]　LPS25H datasheet，http://www.st.com/content/ccc/resource/technical/document/datasheet/58/d2/33/a4/42/89/42/0b/DM00066332.pdf/files/DM00066332.pdf/jcr:content/translations/en.DM00066332.pdf.

第 11 章　嵌入式物联网系统设计与实例

经过以上的学习，读者可以自行设计小型的物联网系统。我们知道物联网系统的三个层级分别是感知层、网络层以及应用层。在感知层，我们使用多个传感器对各种数据进行采集；在传输层，我们学习的是使用蓝牙模块对采集到的数据进行发送并与蓝牙设备通信；在应用层，我们则使用 NUCLEO F401RE 开发板对相应的智能硬件进行控制。这三个部分相辅相成，缺一不可。我们在设计系统时，要兼顾几个部分的功能，设计出最符合实际要求的系统。

11.1　传感器数据采集

在感知层，传感器在数据采集方面尤为重要。这里介绍一下各种传感器，读者可以根据系统设计要求合理地选择传感器。

11.1.1　温度传感器

温度传感器主要分为以下两种类别：热电偶以及热敏电阻。

热电偶是最常使用的温度传感器。它的好处在与温度范围比较宽，适应各种大气环境，造价低廉、结实耐用并且无需供电。热电偶是由一端连接的两条不同的金属线构成，一段受热时，电路就会产生电势差，通过换算即可得出温度值。但由于其结构简单，不适合高精度的温度测量。

热敏电阻是随温度而改变电阻的一种温度传感器，其测量特别灵敏，集成度很高，尺寸可以很小。

在我们的开发中，比较常用的温度传感器有 DS18b20、NTC、PT100 以及 AD590 等，如图 11-1 所示。

图 11-1　DS18b20 和 AD590

11.1.2　温湿度传感器

温湿度传感器是一种可以同时测量温度以及湿度的传感器，在农业、食品行业以及养殖业等应用广泛。常用的温湿度传感器包括 SHT11 以及 DHT11 等，如图 11-2 所示。

图 11-2　SHT11 和 DHT11

11.1.3　超声波传感器

超声波传感器通过发送以及接收超声波来对某些参数进行检测，可以用于测距。常见的型号有 HC-SR04 和 US100 等，如图 11-3 所示。

图 11-3　HC-SR04 和 US100

11.1.4　烟雾传感器

烟雾传感器是用来检测空气中的烟雾浓度的一种传感器，可用于火灾报警。分为离子式烟雾传感器、光电式烟雾传感器和气敏式烟雾传感器。其中气敏式烟雾传感器适用于特定气体的检测，光电式烟雾传感器更适用于闷烧等环境的火灾报警，离子式烟雾传感器对微小的烟雾离子感应更加灵敏，适用于大型场景的监测。常用型号有 MQ-2 等，如图 11-4 所示。

图 11-4　MQ-2

11.1.5　声音传感器

声音传感器用于监测声音强度以及对声音波形的研究。具体根据用户的需求进行选择，没有固定的型号，如图 11-5 所示。

图 11-5　声音传感器

11.1.6　光敏传感器

光敏传感器的种类多样，包括光电二极管、光敏电阻、光电三极管、红外线传感器等。其工作基础为光电效应，即光照射到某些物质上会使其电特性发生变化的物理现象。光敏传感器型号众多，读者可根据需求进行选择，如图 11-6 所示。

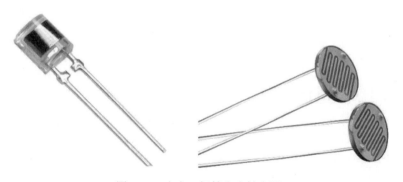

图 11-6　光电二极管和光敏电阻

11.2　蓝牙气象站实例

经过了以上章节的学习，相信各位读者已经对物联网系统的设计有了全面的了解。在这里，我们结合以上所学的知识，给出一个简单的蓝牙气象站实例。

11.2.1　开发环境与实例说明

硬件：NUCLEO F401RE 开发板、5V 电源线、PC、NUCLEO MEMS 扩展板、NUCLEO 蓝牙扩展板、安卓手机。

软件：Keil-ARM 开发软件，安装 Keil::STM32F4xx_DFP.2.8.0.pack。

实例名称：蓝牙气象站实例。

实例说明：本实例要求读者建立一个蓝牙气象站，实时地监控环境中的温度、湿度以及压力和风向。使用蓝牙来传输测得的数据。使用安卓手机安装所给程序进行数据的显示（安卓软件编程不属于本书内容，下面仅给出蓝牙部分的关键代码）。

利用第 9 章与第 10 章所给实例进行综合，与第 9 章的不同在于服务和广播设备的特征。BLE_API 当前发布的版本只允许我们在每个服务中包含两个通知特征。因此，为了能够支持所有的四个参数，我们需要创建两个环境检测服务，每个服务包含两个通知特征。同样需要增加设备信息服务，视情况可选电池服务。框架如图 11-7 所示，我们可以利用一个 BLE 分析器应用检查程序框架是否正确。

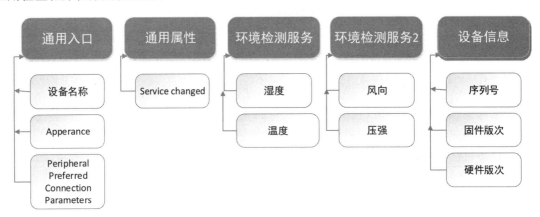

图 11-7　程序框架

11.2.2　蓝牙气象站实例代码

```
/*------------------------------------------------------------------
文件名：main.cpp
主函数描述：本实例创建了一个蓝牙气象站通过蓝牙发送数据给安卓手机，其他文件在这里不过多描述
 *------------------------------------------------------------------*/
#include "mbed.h"
#include "x_cube_mems.h"
#include "BLEDevice.h"
#include "EnvironmentalSensingService.h"
#include "EnvironmentalSensingService2.h"
#include "DeviceInformationService.h"
#include "Utils.h"/* 通过改变本文件中的 NEED_CONSOLE_OUTPUT 1/0 来打开或者关闭编译信息。影
响代码大小以及功耗*/
#define PI 3.1415169f
```

```cpp
BLEDevice    ble;
DigitalOut led(LED1);
Ticker update;
Ticker aliveness;
float TEMPERATURE_C = 20;
float HUMIDITY = 50;
float PRESSURE = 1000;
float WIND_DIRECTION = 0;
int16_t MagRaw[3];
AxesRaw_TypeDef MAGNETIC;
const static char        DEVICE_NAME[]            = "WEATHER";
static const uint16_t uuid16_list[]              = {GattService::UUID_ENVIRONMENTAL_SENSING_
        SERVICE};
static volatile bool    triggerSensorPolling = false;
void disconnectionCallback(Gap::Handle_t handle, Gap::DisconnectionReason_t reason)
{
    DEBUG("Disconnected!\n\r");
    DEBUG("Restarting the advertising process\n\r");
    ble.startAdvertising(); //重启广播
}
void connectionCallback(Gap::Handle_t handle, const Gap::ConnectionParams_t *reason)
{     DEBUG("Connected\r\n");}
void update_handler(void)
{     triggerSensorPolling = true;}
void aliveness_handler (void)
{     led = !led;   }
int main(void)
{
        /* 创建传感器对象 */
    static X_CUBE_MEMS *Sensors = X_CUBE_MEMS::Instance();
    update.attach(update_handler, 2);
        aliveness.attach(aliveness_handler,0.5);
    DEBUG("Initialising \n\r");
    ble.init();
    ble.onDisconnection(disconnectionCallback);
    ble.onConnection(connectionCallback);
        /* 设置基础服务. */
        EnvironmentalSensingService air (ble, (uint16_t) HUMIDITY, (int16_t) TEMPERATURE_C );
        EnvironmentalSensingService2 wind (ble, (uint16_t) WIND_DIRECTION, (uint32_t) PRESSURE);
     /* 设置辅助服务. */
    DeviceInformationService deviceInfo(ble, "ST", "Nucleo", "SN1" );
    /* 设置广播. */
    ble.accumulateAdvertisingPayload(GapAdvertisingData::BREDR_NOT_SUPPORTED |
        GapAdvertisingData::LE_GENERAL_DISCOVERABLE);
    ble.accumulateAdvertisingPayload(GapAdvertisingData::COMPLETE_LIST_16BIT_SERVICE_IDS,
        (uint8_t *)uuid16_list, sizeof(uuid16_list));
```

```
ble.accumulateAdvertisingPayload(GapAdvertisingData::GENERIC_THERMOMETER);
ble.accumulateAdvertisingPayload(GapAdvertisingData::COMPLETE_LOCAL_NAME, (uint8_t *)
    DEVICE_NAME, sizeof(DEVICE_NAME));
ble.setAdvertisingType(GapAdvertisingParams::ADV_CONNECTABLE_UNDIRECTED);
ble.setAdvertisingInterval(1600); /* 1000ms; in multiples of 0.625ms. */
ble.startAdvertising();
while (true)
{
    if (triggerSensorPolling & ble.getGapState().connected)
    {
            /* 读取传感器参数 */
            Sensors->hts221.GetTemperature((float *)&TEMPERATURE_C);
            Sensors->hts221.GetHumidity((float *)&HUMIDITY);
            Sensors->lps25h.GetPressure((float *)&PRESSURE);
            Sensors->lis3mdl.GetAxes((AxesRaw_TypeDef *)&MAGNETIC);
                    TEMPERATURE_C = TEMPERATURE_C*100;     //两位小数
            HUMIDITY = HUMIDITY*100;                                    //两位小数
            PRESSURE = PRESSURE*1000;              //hPa to Pa + 1 decimal
            //计算方位
            if (MAGNETIC.AXIS_X < 140) WIND_DIRECTION = 0; //北
            else if (MAGNETIC.AXIS_X >= 140 && MAGNETIC.AXIS_X < 200 && -MAGNETIC.
                AXIS_Y > 250 ) WIND_DIRECTION = 45;    //东北
            else if (MAGNETIC.AXIS_X >= 140 && MAGNETIC.AXIS_X < 200 && -MAGNETIC.
                AXIS_Y < 250 ) WIND_DIRECTION = 315; //西北
            else if (MAGNETIC.AXIS_X >= 200 && MAGNETIC.AXIS_X < 280 && -MAGNETIC.
                AXIS_Y > 250 ) WIND_DIRECTION = 90;    //东
            else if (MAGNETIC.AXIS_X >= 200 && MAGNETIC.AXIS_X < 280 && -MAGNETIC.
                AXIS_Y < 250 ) WIND_DIRECTION = 270; //西
            else if (MAGNETIC.AXIS_X >= 280 && MAGNETIC.AXIS_X < 380 && -MAGNETIC.
                AXIS_Y > 250 ) WIND_DIRECTION = 135; //东南
            else if (MAGNETIC.AXIS_X >= 280 && MAGNETIC.AXIS_X < 380 && -MAGNETIC.
                AXIS_Y < 250 ) WIND_DIRECTION = 225; //西南
            else if (MAGNETIC.AXIS_X >= 380) WIND_DIRECTION = 180;    //南
                    WIND_DIRECTION *=100;                                //2 位
            air.updateTemperature(TEMPERATURE_C);
            air.updateHumidity(HUMIDITY);
            wind.updateWinddirection(WIND_DIRECTION);
            wind.updatePressure(PRESSURE);
            triggerSensorPolling = false;
    }
    else
    {
        ble.waitForEvent();
    }
    }
}
}
```

```
/*********************************************************
文件名：WeatherActivity.java
文件描述：该文件是安卓程序的编写包括了蓝牙的连接与断开，参数的读入与显示等内容
*********************************************************/
package com.arm.university.weather;
import android.app.Activity;
import android.app.AlertDialog;
import android.bluetooth.BluetoothAdapter;
import android.bluetooth.BluetoothDevice;
import android.bluetooth.BluetoothGatt;
import android.bluetooth.BluetoothGattCallback;
import android.bluetooth.BluetoothGattCharacteristic;
import android.bluetooth.BluetoothGattDescriptor;
import android.bluetooth.BluetoothGattService;
import android.bluetooth.BluetoothManager;
import android.bluetooth.BluetoothProfile;
import android.content.Context;
import android.content.DialogInterface;
import android.content.Intent;
import android.os.Bundle;
import android.os.Handler;
import android.util.Log;
import android.view.View;
import android.widget.Button;
import android.widget.TextView;
import android.widget.Toast;
import java.util.LinkedList;
import java.util.List;
import java.util.Queue;
/**
 * Created by joatei01 on 13/05/2015.
 * ARM University Program Copyright © ARM Ltd 2015
 */
public class WeatherActivity extends Activity {
    private static final String TAG = "WeatherActivity";
    AlertDialog mSelectionDialog;
    DevicesAdapter mDevicesAdapter;
    BluetoothAdapter mBluetoothAdapter;
    Handler mHandler;
    boolean mScanning;
    BluetoothGatt mGatt;
    private Queue<BluetoothGattDescriptor> descriptorWriteQueue = new LinkedList<>();
    private static final int SCAN_PERIOD = 10000;
    private static final int REQUEST_ENABLE_BT = 1;
    @Override
    protected void onCreate(Bundle savedInstanceState) {
```

```
        super.onCreate(savedInstanceState);
        mHandler = new Handler();
        mDevicesAdapter = new DevicesAdapter(getLayoutInflater());
        AlertDialog.Builder builder = new AlertDialog.Builder(this);
        builder.setTitle(R.string.select_device);
        builder.setAdapter(mDevicesAdapter, new DialogInterface.OnClickListener() {
            @Override
            public void onClick(DialogInterface dialogInterface, int i) {
                finishScanning();
                BluetoothDevice device = (BluetoothDevice) mDevicesAdapter.getItem(i);
                if (device != null) {
                    Log.i(TAG, "Connecting to GATT server at: " + device.getAddress());
                    mGatt = device.connectGatt(WeatherActivity.this, false, mGattCallback);
                }
            }
        });
        builder.setNegativeButton(R.string.cancel, null);
        builder.setOnDismissListener(new DialogInterface.OnDismissListener() {
            @Override
            public void onDismiss(DialogInterface dialogInterface) {
                finishScanning();
            }
        });
        mSelectionDialog = builder.create();
        BluetoothManager bluetoothManager = (BluetoothManager) getSystemService(Context.
            BLUETOOTH_SERVICE);
        mBluetoothAdapter = bluetoothManager.getAdapter();
        setContentView(R.layout.activity_weather);
    }
    public void onConnectClick(View view) {
        if (!mBluetoothAdapter.isEnabled()) {
            Intent enableBtIntent = new Intent(BluetoothAdapter.ACTION_REQUEST_ENABLE);
            startActivityForResult(enableBtIntent, REQUEST_ENABLE_BT);
        } else {
            String btnText = ((Button) view).getText().toString();
            if (btnText.equals(getString(R.string.connect))) {
                openSelectionDialog();
            } else if (btnText.equals(getString(R.string.disconnect))) {
                mGatt.disconnect();
                mGatt.close();
                updateConnectButton(BluetoothProfile.STATE_DISCONNECTED);
            }
        }
    }
    void openSelectionDialog() {
        beginScanning();
```

```java
                mSelectionDialog.show();
        }
        private void beginScanning() {
            if (!mScanning) {
                //Stops scanning after a pre-defined scan period.
                mHandler.postDelayed(new Runnable() {
                    @Override
                    public void run() {
                        finishScanning();
                    }
                }, SCAN_PERIOD);

                mDevicesAdapter.clear();
                mDevicesAdapter.add(null);
                mDevicesAdapter.updateScanningState(mScanning = true);
                mDevicesAdapter.notifyDataSetChanged();
                mBluetoothAdapter.startLeScan(mScanCallback);
            }
        }
        private void finishScanning() {
            if (mScanning) {
                if (mDevicesAdapter.getItem(0) == null) {
                    mDevicesAdapter.notifyDataSetChanged();
                }
                mBluetoothAdapter.stopLeScan(mScanCallback);
            }
        }
        private void disconnect() {
            if (mGatt != null) {
                mGatt.disconnect();
                mGatt.close();
                mGatt = null;
            }
        }
        @Override
        protected void onPause() {
            super.onPause();
            finishScanning();
        }
        @Override
        protected void onDestroy() {
            super.onDestroy();
            disconnect();
        }
        @Override
        protected void onActivityResult(int requestCode, int resultCode, Intent data) {
```

```
            if (requestCode == REQUEST_ENABLE_BT) {
                if (resultCode == Activity.RESULT_OK) {
                    openSelectionDialog();
                } else if (resultCode == Activity.RESULT_CANCELED) {
                    Toast.makeText(this, "App cannot run with bluetooth off", Toast.LENGTH_LONG).show();
                    finish();
                }
            } else
                super.onActivityResult(requestCode, resultCode, data);
    }
    private void updateConnectButton(int state) {
        Button connectBtn = (Button) WeatherActivity.this.findViewById(R.id.connect_button);
        switch (state) {
            case BluetoothProfile.STATE_DISCONNECTED:
                connectBtn.setText(getString(R.string.connect));
                runOnUiThread(new Runnable() {
                    @Override
                    public void run() {
                        TextView humidityTxt = (TextView) WeatherActivity.this.findViewById
                            (R.id.Hvalue);
                        humidityTxt.setText(R.string.Hvalue);
                        TextView temperatureTxt = (TextView) WeatherActivity.this.findViewById
                            (R.id.Tvalue);
                        temperatureTxt.setText(R.string.Tvalue);
                        TextView windTxt = (TextView) WeatherActivity.this.findViewById
                            (R.id.Wvalue);
                        windTxt.setText(R.string.Wvalue);
                        TextView pressureTxt = (TextView) WeatherActivity.this.findViewById
                            (R.id.Pvalue);
                        pressureTxt.setText(R.string.Pvalue);
                    }
                });
                break;
            case BluetoothProfile.STATE_CONNECTING:
                connectBtn.setText(getString(R.string.connecting));
                break;
            case BluetoothProfile.STATE_CONNECTED:
                connectBtn.setText(getString(R.string.disconnect));
                break;
        }
    }
    private BluetoothAdapter.LeScanCallback mScanCallback = new BluetoothAdapter.LeScanCallback() {
        @Override
        public void onLeScan(final BluetoothDevice bluetoothDevice, int i, final byte[] bytes) {
            runOnUiThread(new Runnable() {
                @Override
```

```java
                public void run() {
                    if (mDevicesAdapter.getItem(0) == null) {
                        mDevicesAdapter.remove(0);
                    }
                    mDevicesAdapter.add(bluetoothDevice);
                    mDevicesAdapter.notifyDataSetChanged();
                    //}
                }
            });
        }
    };
    private BluetoothGattCallback mGattCallback = new BluetoothGattCallback() {
        @Override
        public void onConnectionStateChange(BluetoothGatt gatt, int status, final int newState) {
            super.onConnectionStateChange(gatt, status, newState);
            if (newState == BluetoothProfile.STATE_CONNECTED) {
                Log.i(TAG, "Connected to GATT server.");
                if (mGatt.discoverServices()) {
                    Log.i(TAG, "Started service discovery.");
                } else {
                    Log.w(TAG, "Service discovery failed.");
                }
            } else if (newState == BluetoothProfile.STATE_DISCONNECTED) {
                Log.i(TAG, "Disconnected from GATT server.");
            }
            runOnUiThread(new Runnable() {
                @Override
                public void run() {
                    updateConnectButton(newState);
                }
            });
        }
        /**************** Callback called when a service is discovered *********************/
        /****** Make a list of supported GATT services and subscribe to the characteristics. ******/
        @Override
        public void onServicesDiscovered(BluetoothGatt gatt, int status) {
            super.onServicesDiscovered(gatt, status);
            List<BluetoothGattService> gattServices = getSupportedGattServices();
            if (gattServices == null) {
                Log.w(TAG, "Not services found.");
                return;
            }
            for (BluetoothGattService gattService : gattServices) {
                List<BluetoothGattCharacteristic> gattCharacteristics = gattService.getCharacteristics();
                for (BluetoothGattCharacteristic gattCharacteristic : gattCharacteristics) {
                    if (gattCharacteristic.getUuid().equals(AssignedNumber.getBleUuid("Humidity"))) {
```

```
                        mGatt.setCharacteristicNotification(gattCharacteristic, true);//Enable notifications.
                        BluetoothGattDescriptor descriptor = gattCharacteristic.getDescriptor
                            (AssignedNumber.getBleUuid("Client Characteristic Configuration"));
                        descriptor.setValue( BluetoothGattDescriptor.ENABLE_NOTIFICATION_
                            VALUE );
                        writeGattDescriptor(descriptor);
                        Log.i(TAG, "Humidity characteristic subscription done");
                    }
                    if (gattCharacteristic.getUuid().equals(AssignedNumber.getBleUuid("Temperature"))) {
                        mGatt.setCharacteristicNotification(gattCharacteristic, true);//Enable notifications.
                        BluetoothGattDescriptor descriptor = gattCharacteristic.getDescriptor
                            (AssignedNumber.getBleUuid("Client Characteristic Configuration"));
                        descriptor.setValue( BluetoothGattDescriptor.ENABLE_NOTIFICATION_
                            VALUE );
                        writeGattDescriptor(descriptor);
                        Log.i(TAG, "Temperature characteristic subscription done");
                    }
                    if (gattCharacteristic.getUuid().equals(AssignedNumber.getBleUuid("True Wind Direction"))) {
                        mGatt.setCharacteristicNotification(gattCharacteristic, true);//Enable notifications.
                        BluetoothGattDescriptor descriptor = gattCharacteristic.getDescriptor
                            (AssignedNumber.getBleUuid("Client Characteristic Configuration"));
                        descriptor.setValue( BluetoothGattDescriptor.ENABLE_NOTIFICATION_
                            VALUE );
                        writeGattDescriptor(descriptor);
                        Log.i(TAG, "Wind direction characteristic subscription done");
                    }
                    if (gattCharacteristic.getUuid().equals(AssignedNumber.getBleUuid("Pressure"))) {
                        mGatt.setCharacteristicNotification(gattCharacteristic, true);//Enable notifications.
                        BluetoothGattDescriptor descriptor = gattCharacteristic.getDescriptor
                            (AssignedNumber.getBleUuid("Client Characteristic Configuration"));
descriptor.setValue( BluetoothGattDescriptor.ENABLE_NOTIFICATION_VALUE );
                        writeGattDescriptor(descriptor);
                        Log.i(TAG, "Pressure characteristic subscription done");
                    }
                }
            }
        }
    }
    /***************** Callback called when a characteristic change *******************/
    /****** Check which characteristic has changed and update the TextView accordingly ********/

    @Override
    public void onCharacteristicChanged (BluetoothGatt gatt, BluetoothGattCharacteristic characteristic) {
        super.onCharacteristicChanged(gatt, characteristic);
        //Log.i(TAG, "One characteristic has changed");
        if (characteristic.getUuid().equals(AssignedNumber.getBleUuid("Humidity"))) {
            Log.i(TAG, "Humidity has changed");
```

```
            float humidity100 = characteristic.getIntValue
                (BluetoothGattCharacteristic.FORMAT_UINT16,0).floatValue();
            final float humidity = humidity100 / 100.0f;    //2 decimals
            runOnUiThread(new Runnable() {
                public void run() {
                    TextView humidityTxt = (TextView) WeatherActivity.this.findViewById
                        (R.id.Hvalue);
                    humidityTxt.setText(String.format("%.2f%%", humidity));
                }
            });
    Log.d(TAG, String.format("Update humidity: %.2f%%", humidity));
    }
    if (characteristic.getUuid().equals(AssignedNumber.getBleUuid("Temperature"))) {
        Log.i(TAG, "Temperature has changed");
        float temperature100 = characteristic.getIntValue(BluetoothGattCharacteristic.FORMAT_
            SINT16,0).floatValue();
        final float temperature = temperature100 / 100.0f; //2 decimals
        runOnUiThread(new Runnable() {
            public void run() {
                TextView temperatureTxt = (TextView) WeatherActivity.this.findViewById
                    (R.id.Tvalue);
                temperatureTxt.setText(String.format("%.2f° C", temperature));
            }
        });
        Log.d(TAG, String.format("Update temperature: %.2f° C", temperature));
    }
    if (characteristic.getUuid().equals(AssignedNumber.getBleUuid("True Wind Direction"))) {
        Log.i(TAG, "Wind direction has changed");
        int wind100 = characteristic.getIntValue(BluetoothGattCharacteristic.FORMAT_
            UINT16,0);
        final int wind = wind100/ 100;
        runOnUiThread(new Runnable() {
            public void run() {
                TextView windTxt = (TextView) WeatherActivity.this.findViewById
                    (R.id.Wvalue);
                if ((wind >= 0 && wind <= 22)||(wind >= 338 && wind <= 360 ) )
                    windTxt.setText("N");
                if (wind >= 23 && wind <= 67)    windTxt.setText("NE");
                if (wind >= 68 && wind <= 112)   windTxt.setText("E");
                if (wind >= 113 && wind <= 157)  windTxt.setText("SE");
                if (wind >= 158 && wind <= 202)  windTxt.setText("S");
                if (wind >= 203 && wind <= 247)  windTxt.setText("SW");
                if (wind >= 248 && wind <= 292)  windTxt.setText("W");
                if (wind >= 293 && wind <= 337)  windTxt.setText("NW");
            }
        });
```

```java
            Log.d(TAG, String.format("Update wind: %d", wind));
        }

        if (characteristic.getUuid().equals(AssignedNumber.getBleUuid("Pressure"))) {
            Log.i(TAG, "Pressure has changed");
            float pressure1000 = characteristic.getIntValue(BluetoothGattCharacteristic.
                FORMAT_UINT32,0);
            final float pressure = pressure1000 / 1000.0f; //Convert to hPa with one decimal
            runOnUiThread(new Runnable() {
                public void run() {
                    TextView pressureTxt = (TextView) WeatherActivity.this.findViewById
                        (R.id.Pvalue);
                    pressureTxt.setText(String.format("%.1f hPa",pressure));
                }
            });
            Log.d(TAG, String.format("Update pressure: %fhPa",pressure));
        }
    }
    /*************** Callback called when descriptor is written ************************/
    /**** Indicates the result of the operation and deals with the descriptor write queue. ****/
    @Override
    public void onDescriptorWrite(BluetoothGatt gatt, BluetoothGattDescriptor descriptor, int status) {
        Log.d(TAG, "GATT onDescriptorWrite()");
        if (status == BluetoothGatt.GATT_SUCCESS) {
            Log.d(TAG, "GATT: Descriptor wrote successfully."); //Operation ended successfully.
        } else {
            Log.d(TAG, "GATT: Error writing descriptor (" + status + ").");
        }
        descriptorWriteQueue.remove();
        if (descriptorWriteQueue.size() > 0) {
            mGatt.writeDescriptor(descriptorWriteQueue.element());
        }
    }
}; //End of BluetoothGattCallback
/********************** Method to write a descriptor. *****************************/
public void writeGattDescriptor(BluetoothGattDescriptor descriptor) {
    descriptorWriteQueue.add(descriptor);
    Log.d(TAG, "Subscribed to " + descriptorWriteQueue.size() + " notification/s");
    try {
        if (descriptorWriteQueue.size() == 1)
            mGatt.writeDescriptor(descriptor);
    } catch (Exception e) {
        e.getLocalizedMessage();
    }
}
/**
```

```
 * Retrieves a list of supported GATT services on the connected device. This should be
 * invoked only after {@code BluetoothGatt#discoverServices()} completes successfully.
 *
 * @return A {@code List} of supported services.
 */
public List<BluetoothGattService> getSupportedGattServices() {
    if (mGatt == null)
        return null;

    return mGatt.getServices();
}
}
```

11.2.3　测试结果及分析

在完成实例代码以后，将 MEMS 板卡与 BLE 板卡连接到开发板上，下载程序。LED 开始闪烁，说明蓝牙设备已能被搜索到。使用安卓手机下载安装编写的安卓程序，通过蓝牙连接到开发板就可以读出相应的气象数据，如图 11-8 所示。

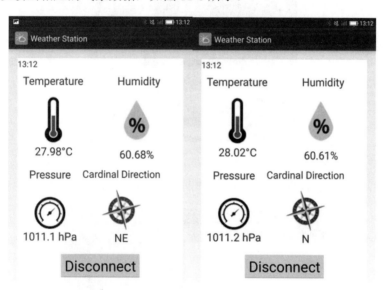

图 11-8　测试结果图

我们可以看到随着开发板的移动，四个参数会随之发生变化。这样就完成了简单的蓝牙气象站的搭建。经过本书的学习，相信读者已经对嵌入式物联网设计有了系统的了解。接下来可以设计你自己的物联网系统，是时候一展拳脚了。

11.3　设计建议

如果读者缺少设计的方向，这里给出了一些小型物联网系统的建议。

智能可穿戴系统：对身体的各项体征进行检测并在手机上显示出各种状态数值，如图 11-9 所示。

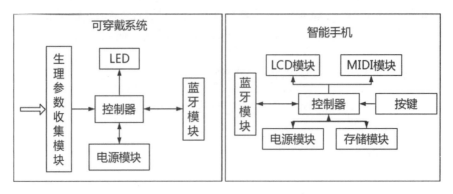

图 11-9　智能可穿戴系统的设计框图

智能水杯：可通过手机调节水温并提醒你每天按时喝水的水杯，如图 11-10 所示。

图 11-10　智能水杯

浇花提醒器：可提醒用户浇花的系统，如图 11-11 所示。

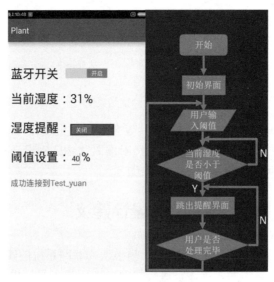

图 11-11　智能浇花系统

火灾报警系统：对环境温度以及烟雾进行检测，发生火情时发送短信报警，如图 11-12 所示。

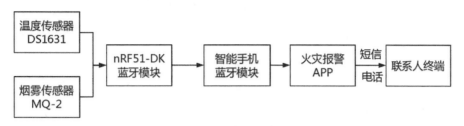

图 11-12　火灾报警系统

第 12 章　物联网和云

12.1　物联网需要云

物联网模型往往面对的是众多终端海量数据的处理和操作，这使其需要保证高效的计算能力、存储能力和数据的安全，而同时其"万物互联"的特点又决定了其对低成本的追求。云计算的强计算、存储能力、高可靠性和经济性等技术特点可以说完美满足了物联网的需求。因此，物联网与云计算的结合是物联网迅速发展的必然需求，物联网广泛有效的构建和应用离不开云的支持。

12.1.1　云计算

云计算的命名灵感通常被认为来自于在确定电信网关键要素的图表中常表现出来的云朵形状。在 2006 年，Google 首席执行官埃里克·施密特正式提出"云计算"的概念。

美国国家标准与技术研究院（NIST）认为云计算是一种按使用量付费的模式，这种模式可以进入能够被快速提供的可配置的计算资源共享池。在这方面我们可以认为云计算已可取代传统服务器，与传统的服务器相比，云计算提供的云服务可将硬件资源集约化后分割出租，以实现动态调配计算机资源。根据硬件资源需求的变化进行优化，可以解决高峰时的处理速度问题，这正是传统服务器所欠缺的。

事实上到目前为止云计算并没有一个被人们普遍接受的定义，它有着不同的阐述方式。然而无论云计算怎么定义，我们可以把云计算视为网格计算、分布式计算、并行计算、效用计算、网络存储、虚拟化、负载均衡等传统计算机概念和网络技术混合演进并跃升的产物。

从目前的研究上看来，云计算能赋予用户前所未有的计算能力，总的来说有以下特点：

（1）超强的计算、存储能力。用户可以通过网络，随时随地以各种终端使用从几台到几十万台的服务器资源。

（2）高可靠性。云使用冗余数据、多副本容错等措施来保障服务的高可靠性。云计算系统可以自动检测失效节点，并将失效节点排除而不影响系统的正常运行。

（3）通用性。云计算不针对特定的应用，同一个云可以同时支撑不同的应用；不针对特定的用户，用户端的设备要求低。

（4）按需服务。云是一个庞大的资源地，可以按需购买、计费，规模可以动态伸缩。

（5）高层次的编程模型。云计算系统提供高级别的编程模型。用户通过简单的学习，就可以编写自己的云计算程序，在"云"系统上执行，满足自己的需求。

（6）经济性。云计算具有的特殊容错措施使其允许使用廉价节点构成云，云的自动化集中式管理降低数据中心管理成本，而云的通用性使资源利用率大幅提升，从总体上大幅降低成本。

12.1.2　云计算的基本概念术语

我们可以把云计算简单地分为三层结构，分别为：云服务、云平台和硬件平台。云服务可以为在互联网上访问的一个或多个软件功能提供一个标准接口。云平台首先提供了服务开发工具和基础软件，从而帮助云服务的开发者开发服务，另外也是云服务的运行平台。硬件平台是包括服务器、网络设备、存储设备等在内的所有硬件设施，是云计算的数据中心。基于这三层结构，云计算有着基本的三种服务模式和三种部署模式。

1. 云计算的三种服务模式

云计算的三种服务模式为：基础设施即服务（Infrastructure as a Service，IaaS）、平台即服务（Platform as a Service，PaaS）和软件即服务（Software as a Service，SaaS）。它们的主要区别在于服务程度不同，分层架构如图 12-1 所示。

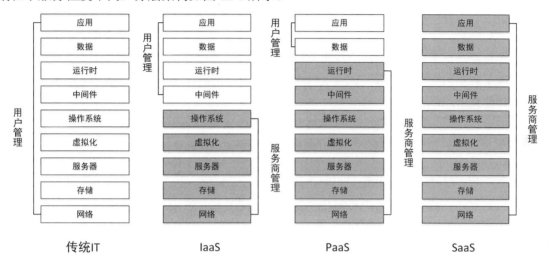

图 12-1　云的分层架构

（1）基础设施即服务（IaaS）。

基础设施即服务对应的层次为硬件平台（基础设施层），是指用户可以从供应商那里获得所需要的计算或者存储等资源来装载相关应用。类似 IaaS 的想法由来已久，其能够得到大规模推广的核心原因在于虚拟化技术的出现，通过虚拟化技术可以整合数据中心内形形色色的设备，将计算机设备统一虚拟化为虚拟资源池中的计算资源，将存储设备统一虚拟化为虚拟资源池中的存储资源，将网络设备统一虚拟化为虚拟资源池中的网络资源。当用户订购这些资源时，数据中心管理者直接将订购的份额打包提供给用户，从而实现 IaaS。IaaS 通过网络为用户提供基本存储和计算标准化服务。服务器、存储系统、交换机、路由器等 IT 设施都是合用的，并可用来处理从应用程序组件到高性能计算应用的各级工作负荷。

基础设施即服务的功能包括：

1）资源抽象。

当开始搭建基础设施层的时候，首先要面对的是大规模的硬件资源，例如通过网络相互连接的服务器和存储设备等。为了能够实现高层次的资源管理逻辑，必须对资源进行抽象，也就是对硬件资源进行虚拟化。

在技术设施层这样大规模的资源集群环境中，单个节点的负载可能会有大有小，但如果总体节点的资源利用率合理，这并不会导致严重的问题。基础设施层的自动化负载平衡机制可以将负载进行转移，即从负载过高节点转移到负载过低节点，从而使得所有的资源在整体负载和整体利用率上面趋于平衡。

2）资源部署。

资源部署指的是通过自动化部署流程将资源交付给上层应用的过程，也就是使基础设施服务变得可用的过程。在应用程序环境构建的初期，当所有虚拟化的硬件资源环境都已经准备就绪时，就需要进行初始化过程的部署资源。另外，在应用运行过程中，往往会进行二次甚至多次资源部署，从而满足上层服务对于基础设置层中资源的需求，也就是运行过程中的动态部署。动态部署有多种应用场景，一个典型的场景就是实现基础设施层的动态可伸缩性，另外一个典型场景是故障恢复和硬件维护。资源部署的方法也会随构建基础设施层所采用技术的不同而有着巨大的差异。

3）资源监控。

资源监控是计费管理的前提，如果不能有效地对资源进行监控，也就无法进行负载管理。基础设施层对不同类型的资源监控方法是不同的。对于 CPU，通常监控的是 CPU 的使用率。对于内存和存储，除了监控使用率外，还会根据需要监控读/写操作。对于网络，则需要对网络实时的输入、输出及路由状态进行监控。

云计算倡导按量计费的模式。通过监控上层的使用情况，可以计算出在某个时间段内应用所消耗的存储、网络、内存等资源，并根据这些计算结果向用户收费。基础设施即服务所采用的都是一些底层技术，其中以下四种比较常用。

- 虚拟化。也可以将它理解为基础设施层的"多租户"。通过虚拟化技术，能够在一台物理主机上生成多个虚拟机，并且能在这些虚拟机之间实现全面的隔离。这样不仅能降低服务器的购置成本，而且还能降低服务器的运维成本。
- 分布式存储。为了承载海量的数据，同时也要保证这些数据的可管理性，所以需要一整套分布式存储系统。
- 关系型数据库。基本上是在原有的关系型数据库的基础上，进行扩展和管理等方面的优化，使其在云中更适应。
- NoSQL。为了一些关系数据库所无法满足的目标，如支撑海量数据等，一些公司专门设计了一批不是关系模型的数据库。例如 Google 的 BigTable。

（2）平台即服务（PaaS）。

云架构中的平台层负责为用户的应用提供开发、运行和运营环境，同时满足该应用的业务动态需求，为其按需提供底层资源的伸缩。使用云架构云平台的用户通常是独立软件提供商，其拥有专业的开发和运营团队，借助平台层提供的资源，为最终用户提供服务。

平台即服务是软件即服务技术发展的延伸，主要面对开发人员。PaaS 能给客户带来更高性能，更个性化的服务。如果一个软件即服务软件同时给客户在互联网上提供开发（自定义）、测试、在线部署应用程序的功能，就叫提供平台服务，即 PaaS。

平台即服务从不同角度看是不同的。首先，从研发室、架构师的角度。PaaS 是一个可扩展的，独立于第三方的平台，它由具备很大程度共性的若干模块或中间件组成。PaaS 提供开发接口，例如 Net 和 Java，还有一些数据服务等。典型的 PaaS 应用平台诞生在 2007 年，是 Salesforce 的 Force.com。通过这个平台，用户能使用 Salesforce 提供的完善的开发功能，从而能利用其强大的多租户系统。

其次从业务层的角度。平台是多种形态的应用的集合。淘宝为把商家和买家聚集到一起提供大量的应用，从业务角度来讲，淘宝也是一种 PaaS。

平台即服务的功能包括：

1）开发测试环境。

平台层对于在其上运行的应用来说，首先扮演的是一个开发平台的角色。一个开发平台需要清晰地定义应用模型，具备一套 API 代码库，提供必要的开发测试环境。

一个完备的应用模型包括开发应用的编程语言、应用的元数据模型，以及应用的打包发布格式。平台层提供定义清晰、功能丰富的代码库（SDK）以及 API，能够有效地减少重复工作，缩短开发周期。平台层需要为用户提供应用的开发和测试环境，具体有两种方式：通过网络向软件开发者提供在线应用开发和测试环境以及离线的集成开发环境。

2）运行时环境。

完成开发测试工作以后，开发人员需要做的就是对应用进行部署上线。应用上线首先要将打包好的应用上传到远程的云平台上。之后，云平台通过解析元数据信息对应用进行配置，使应用能够正常访问其所依赖的平台服务。此外，该层还需要具备更多的高级功能来充分利用基础设施层提供的资源，通过网络交付给客户高性能、安全可靠的应用。为此，平台层与传统的应用运行环境相比，必须具备三个重要的特性：隔离性、可伸缩性和资源的可复用性。

3）运营环境。

随着业务和客户需求的变化，开发人员往往需要改变现有系统从而产生新的应用版本。云计算环境简化了开发人员对应用的升级任务，因为平台层提供了升级流程自动化向导。为了提供这一功能，云平台要定义出应用的升级补丁模型及一套内部的应用自动化升级流程。对于应用运行状态的监控，平台层可以直接检测到诸如响应时间、吞吐量和工作负载等实时信息，从而判断应用的运行状态。平台层需要提供卸载功能，帮助用户淘汰过时的应用。平台层运营环境还应该具备根据资源使用和应用访问情况两种统计计费的功能。

平台即服务采用的技术与软件即服务相比更加多样，常用的 5 种技术包括：

- REST。通过表述性状态转移（Representational State Transfer，REST）技术，能够非常方便地将中间层所支撑的部分服务提供给调用者。
- 多租户。它能让一个单独应用实例为多个组织服务，而且能保持良好的隔离性和安全性。通过这种技术，能有效地降低应用的购置和维护成本。
- 并行处理。为了处理海量数据，需要利用庞大的 x86 集群进行规模巨大的并行处理。
- 应用服务器。在原有应用服务器的基础上对云计算进行一定程序的优化。
- 分布式缓存。通过这种技术，不仅能有效降低对后台服务器的压力，而且还能加快相应的反应速度。

（3）软件即服务（SaaS）。

软件即服务（Software as a Service，SaaS）是最先出现的云计算服务形态。通过 SaaS 这种模式，用户只要接上网络，通过浏览器就能直接使用在云上运行的应用。SaaS 云服务提供商负责维护和管理云中的软、硬件设施，同时以免费或者按需使用的方式向用户收费。用户不需要顾虑类似安装、升级和防病毒等琐事，并且免去了初期高额的硬件投入和软件许可证费用的支出。

应用层是运行在云平台层上的应用集合。每个应用都对应一个业务需求。实现一组特定的业务逻辑，并且通过与用户的交互提供服务。总的来说，应用层的应用可以分为三大类：第一类是面向大众的标准应用，如 Google 的文档服务 GooglcDocs；第二类是为某个领域的客户而专门开发的客户应用，如 SalesforceCRM；第三类是由第三方的独立软件开发商，在云计算平台层开发的满足用户多元化需求的应用，如礼物清单应用 Giftag 等。

不同于基础设施层和平台层，应用层上的运行软件千变万化，难以定义应用层的基本功能。它为企业和机构用户简化 IT 流程，也包括为个人用户简化日常工作生活的方方面面。和传统桌面软件相比，现有的 SaaS 服务优势主要体现在：

- 使用简单。在任何时候或者任何地点，只要接上网络，用户就能访问 SaaS 服务，并且无须安装、升级和维护。
- 支持公开协议。现有的 SaaS 服务在公开协议的支持方面都做得很好。用户只需一个浏览器，或者具有开放的 API，允许用户或者受客户的调用完成 SaaS 应用的使用。
- 安全保障。SaaS 提供商需要提供一定的安全机制。不仅要使存储在云端的用户数据处于绝对安全的境地，而且也要通过一定的安全机制来确保与用户之间通信的安全。
- 初始成本低。使用 SaaS 服务时，不仅无须在使用前购买昂贵的许可证，而且几乎所有的 SaaS 提供商都允许免费试用。用户在使用云服务时，不需要进行一次性投入，只需要在使用的过程中按照其实际的使用情况付费。

软件即服务层离普通用户非常近，其所用到的主要技术为广为熟悉的 HTML、JavaScript、CSS、Flash 和 Silverlight 等。而根据通用性和较低的学习成本，大多数云计算产品倾向于采用 HTML、JavaScript 和 CSS 的组合。

软件即服务的功能包括：

1）标准应用。

标准应用是人们日常生活中不可或缺的服务，包括文档处理、电子邮件和日程管理等。标准应用采用多租户技术为众多的应用提供相互隔离的操作空间，提供的服务是标准的、一致的。标准应用的一个重要特点就是代码运行在平台层上，而不是用户本地的机器上。很多以前在本地运行的复杂应用，都陆续被迁移到云中，由用户通过浏览器来执行。这需要在网页中提供和本地窗口应用一样丰富的功能集合，并且在服务质量上和本地窗口应用差别不大。

2）客户应用。

客户应用针对的是某种具有普遍性的需求，如客户管理系统（CRM）和企业资源计划系统（ERP）等。这种应用可以被不同的客户定制，为数量较大的用户群所使用。客户应用的类型较丰富，但往往集中在若干种通用的业务需求上。客户应用的供应商也可以是规模较小的专业公司。该类应用提供标准的功能模块，也允许用户进行不限于界面的深度定制。前面说到，标准应用是面向最终用户的、立即可以用的软件。与标准应用不同，客户应用一般针对的是企业级用户，需要用户进行相对更加复杂的自定义和二次开发。客户应用往往是传统的企业解决方案的云上版本。

3）多元应用。

多元应用满足的一般是小部分用户群体的个性化需求，这样的应用追求新颖和快速，虽然应用的用户群体可能有限，但是它却对该目标群体有着巨大的价值。这类云应用一般由独立软件开发商或者开发团队在公有云平台上搭建，是满足用户某一类特定需求的创新型应用。不同于标准应用提供的是大多数用户日常普遍需求的服务，多元应用满足了特定用户的多元化需求。

2. 云计算的三种部署模式

为了适应用户的不同需求，云计算主要延伸出三种部署模式，分别为公有云、私有云和混合云。

（1）公有云。

公有云面向的群体是个人用户或团体用户。公有云提供的服务包括各种公众性的服务，既有传统的网络内容传送服务，也有数据库服务、计算服务、虚拟计算资源租借服务、应有软件服务等。公有云服务拓宽了过去互联网运营商的运营范围，给它们带来更多的商业服务门类，也给互联网用户带来更多方便的接入云计算和应用的方式。公有云的提供商一般是运营商和互联网内容提供商。云供应商负责从应用程序、软件运行环境到物理基础设施等 IT 资源的安全、管理、部署和维护。

公有云的计算模型有着以下三个重点：

1）云资源中心。

云资源中心包括公有云服务集群和公有云网络设施。资源中心负责建立用于提供云服务的分布式计算集群，组织协调计算资源，集成大数据量的计算，并对公有云的服务提供封装，统一对用户提供封装的 API 入口。

公有云的数据中心网络，即计算机服务中心网络，是将服务器、存储等连接在一起的大型二层网络。在数据中心的资源虚拟化后，数据中心网络变成了扁平化的二层网络。数据中心的网络是私有网络，和接入网络及其管理网络隔离。每个虚拟机在产生的时候，都要到地址池中获取一个私网的 IP 地址和二层网络域（VLAN）。

数据中心网络本质是一个多租户网络。因为数据中心网络需要给云计算用户提供服务，这些服务的计算节点（虚拟机）是面向云用户提供租借计算机资源和应用软件服务的。在多租户网络中，需要保持各个租户之间的相互独立和隔离，需要为每个租户实施不同的网络服务和应用提供策略。同时，租户网络又是变化的，需要根据用户的请求，快速实现部署和配置，实现公有云的商业服务模式。

2）云管理监控网络。

公有云服务必须基于统一的公有云管理、监控和服务计费。单独的管理机构和运营商共同运营独立的管理监控网络，对公有云服务进行配置、管理和监控。

管理监控网络对于公有云非常必要。因为互联网的计算服务不同于其他类型服务，其商业模式在互联网平台上很容易受到干扰，服务质量也难于保证，用户使用服务的需求方式又非常灵活。为了更好地提供优质的公有云服务，公有云的管理监控网络必须变得更加智能化和自动化。

公有云的管理监控网络，是为公有云运营和管理维护人员对公有云的计算资源和应用提供管理、部署和配置的接口和工具。例如，网络服务的管理人员可以通过该网络对公有云网络进行配置、监控；存储管理人员可以通过该网络对存储设施进行配置、管理和维护；应用管理人员可以通过该网络对公有云的用户提供配置和部署相关的服务等。

管理监控网络是公有云运营的核心网络，所以对其安全性和可靠性要求是非常高的。在公有云部署中，可以为公有云的管理者提供多种接入到管理资源的途径。例如在大型的数据中心中，可以为公有云的管理者提供多种接入到管理资源的途径。在管理网络中，经常要使用防火墙，对不同的管理域配置策略，确保其管理监控的空间在许可的范围内。管理监控网络还要有日志管理和维护操作的数据库，对公有云的整个运营状况进行实时的跟踪和监控。对于存储网络和日志的数据库，都要配置相关的策略实现热备份等措施。

管理监控网络对数据中心网络在安全性和可靠性及其策略部署方面，提出了更高的技术要求。这使得目前的公有云的管理监控网络，对网络设备厂家提出了网络架构中控制平面和数据平面分离，管理平面和控制平面分离，以及策略平面和管理平面分离的需求。

3）服务接口。

用户或团体（企业、政府等）通过公有云接入网络，能够接入到公有云的服务提供点。用户需要通过互联网的网络接入点（Point of Access Service，PoAS）提交服务请求，同时通过服务接入点获得相关的服务内容。客户端可以基于普通的互联网浏览器客户端来获取服务。用户通过 HTTP 的互联网服务连接提交服务请求，服务的传送和接收也基于 HTTP。

服务接入点是公有云网络中一个重要的位置。它负责处理对于服务的鉴权（即判断请求服务的用户是否有资格获得服务），对用户进行认证，对服务的请求内容进行鉴别，对服务的条件进行判断。同时，根据请求服务的内容，判断哪个服务提供点（Point of Supply Service，PoSS）适合提供服务等。

云用户使用各种终端，通过互联网进入公有云的计算服务中心，请求或获取公有云服务。公有云基本的接入方式是宽带互联网，也可以是某种私有网络。

公有云用户接入到公有云的服务中心，要经过云用户的接入网关。该网关实现了用户的请求服务地址和数据中心服务应答地址的映射，即将用户的公网 IP 地址转换为私网 IP 地址，从而将数据中心的网络和公有云用户接入网络分隔开来。公有云接入服务的网络中，为了实现在互联网中安全可靠地提供服务项目，需要采用多种网络技术（如 VPN 业务、QoS 保障等）。

公有云接入网络将公有云的服务和互联网连接起来，是公有云用户接入公有云服务的管道。公有云服务的质量好坏与接入网络有很大关系。因此，公有云接入网络的 QoS 受到很大关注度，这是实现公有云服务的最重要环节。另外，接入网络的安全同样重要，管理网络需要对接入网络的流量和服务请求进行监控和认证。

（2）私有云。

私有云又被称为内部云或公司云，是一种面向防火墙背后的特定组织的人群提供托管服务的计算框架。私有云使用虚拟化、自动化和分布式计算，为内部用户提供按需使用的弹性计算能力。最重要的是，私有云承诺，通过更高的工作量密度和更高的资源利用率，获得的效益会超过虚拟化基础设施带来的效益。这些效益包括但不限于，企业可以提高敏捷性和响应能力，降低总体拥有的成本等。

根据上文内容，公有云是第三方提供商交付给用户使用的云。公有云一般可通过互联网使用，可能是免费或低成本的。而私有云，通常是企业自己使用的云，它所有的服务不允许别人使用，而是提供自己内部人员或分支机构使用。私有云的部署比较适合于有众多分支机构的大型企业或政府部门。随着这些大型企业数据中心的集中化，私有云将会成为它们部署 IT 系统的主流模式。

公有云与私有云之间的本质区别主要体现在以下几个方面：

1）IT 设施的位置。

当企业自己构建一个私有云平台时，IT 基础设施是属于自己的，一般位于企业内部。而采用公有云平台的时候，IT 基础设施位于第三方的数据中心。而若采用现有的一些服务提供商所使用的虚拟私有云（Virtual Private Cloud，VPC）技术，则可在第三方数据中心内部通过技术手段隔离出来一个专用计算环境，并通过安全通道与企业相连接。

2）基础设施差异性。

对于许多大型企业，由于经过了多年 IT 建设和技术演变，其 IT 基础设施往往采用不同的技术和平台，也就是说，这些企业采用的是异构平台环境。但是，对于目前大部分公有云服务提供商来说，其平台往往是通过廉价和标准的硬件平台来构建的。这些标准化方式构建的平台能够以比较好的性价比满足大部分用户的需求。另外，在服务的提高方面，公有云服务提供商往往提供最为大众化的、需求量最为广泛和集中的服务。因此，对于公有云服务来说，其服务和环境往往是同构的，这与企业自建的 IT 环境不一样。

3）成本构成。

企业如果选择自己构建 IT 系统，那么显然需要进行一次性的大量投资来采购软/硬件设备，甚至包括数据中心的基础建设等，这属于一个比较大的固定成本。但是，如果企业采用第三方提供的公有云服务，那么根据目前云计算服务的收费方式，企业可以选择按月服务费的方式或按 IT 资源使用量的方式来付费。这样，对于企业来说不需要一个大量的前期投入就可以使用 IT 服务，其体现为一个持续变动的运营成本。

4）控制程度不同。

企业自己构建的 IT 系统作为企业资产，完全由企业自己拥有，并由企业自己来运维。虽然企业需要自己的 IT 运维团队，但好处是企业可以独立控制 IT 系统，并根据实际需要来进行改造和客户化。而对于公有云服务，企业实际上是采用租用服务的方式，其好处是不需要自己来管理维护基础平台服务，但是对于企业来说这同时也降低了其定制化的能力，因为所有的基础设施，包括服务器、网络和存储等，以及上面的软件平台都是由服务提供商来进行维护和管理的。

5）存储区别。

私有云存储建立在私有云上面，客户独立拥有其存储设施。私有云服务的用户不需要了解云组成的具体细节，只要知道相应的接口，并提供相应的策略，剩下的工作交由私有云来完成。公有云存储往往基于地理位置分割使用它的服务器。云存储服务提供商一般把基本存储作为一个初级的数据服务。一些价值增值云存储提供商还提供备份和恢复、内容管理、虚拟文件服务等功能。公有云和私有云存储两者在设计部署上相比，最大差异在于存储架构、计费或计量支持。公有云存储需要计费支持，私有云则是计量服务，提供内部结算。

6）协议开放程度。

公有云是协议开放的云计算服务，不需要专有的客户端软件解析。所有应用都是以服务的形式提供给用户的，而不是以软件包的形式提供。而私有云采用"云+端"的使用方式，最终用户需要有专用的软件。

7）服务对象不同。

私有云是为单个客户专门构建的，提供对数据、安全性和服务质量的最有效控制。该公司拥有基础设施，并可以控制在此基础设施上部署应用程序的方式。私有云可部署在企业数据中心的防火墙内，也可以将它们部署在一个安全的主机托管场所。私有云也可由云服务提供商进行构建，通过托管模式，构建一个企业数据中心内的私有云。而公有云则针对外部客户，通过网络方式提供可扩展的弹性服务。

（3）混合云。

用户很多时候需要将关键、私密的业务系统，放在内部基础设施（私有云）上去运行，对于那些需要多用户通过公网（互联网）访问的内容和应用，放在公有云上，内容和应用则通过类似 VPN 的方式进行云间（Inter-Cloud）传递，这就形成了混合云。

混合云能够结合现有的基础设置，针对不同的需求来提供各种资源。企业可以根据自身情况来确定承载其数据和程序的最佳平台，然后更加合理地分发处理资源。并不是每件事都必须考虑公有云计算安全限制、性能要求及合规性问题。所以到目前为止，混合模式才是企业的最佳选择。混合云策略，能够混合和匹配内部与公有云计算的各种元素，任何企业都可以找到最适合自身的解决方案。

混合云是至少包括一个私有云和一个公有云的组合体。私有云可以是公司内部的私有云，或者是位于企业数据中心的一个虚拟私有云。

从理论上讲，一个混合云还可以包括多个私有云和公有云。企业数据中心可以包括并不属于私有云的活动服务器（无论是虚拟的还是物理的）。出于以无缝方式同时利用公有云和私有云优势的考虑，产生了混合云。但与公有云和私有云相关的某些风险，同样存在于混合云中。

12.1.3　云计算的安全

云计算涉及个人和企业运算模式的改变，涉及个人和企业的敏感信息而且云计算业务部署在一个开放的或者半开放网络环境下，因此云计算面临的一个重要问题就是云计算的安全。云安全架构是云计算安全的核心问题，而云安全架构主要需要考虑以下几个部分：

（1）云端数据安全。

云计算中的数据采用集中管理方法，数据的安全是用户最关心的也是云计算安全中的重点内容。在云计算环境中，数据保存在云计算平台中，需要用数据隔离、访问控制、数据加密、数据残留等技术手段来保证数据的安全性、完整性、可用性和私密性。

- 数据隔离。虚拟化的资源池是云计算的一个重要特征，虚拟技术是实现云计算的关键核心技术，它意味着不同用户的数据可能存放在一个共享的物理存储中。这种虚拟化的多用户环境可能存在着安全漏洞，因此可根据不同应用需求，采取一定的安全措施将不同用户的数据进行隔离，确保每个用户数据的安全和隐私。

- 访问控制。为了维护数据的私密性，在数据的访问控制方面，云计算平台可建立统一、集中的身份管理、安全认证与访问权限。用户安全认证与访问权限控制旨在云计算多租户环境下授权合法用户进入系统访问数据。传统的认证技术有数字签名、单点登录认证、双因子登录认证等。

- 数据加密。对数据加密是保证数据私密性的一个重要方法，通过对重要敏感数据自行进行加密，即使被非法用户窃取，也无须担心数据泄密。成熟的数据加密算法有很多种，应该选择加密性能较高的对称加密算法，对数据进行加密传输，对数据进行加密存储，来保障重要数据网络传输和存储的安全。

- 数据残留消除。在云计算平台中，数据被存储在共享的基础设备中，数据残留可能会无意中泄露敏感数据，因此存储资源被重新分配前，必须将数据进行多次擦除，以免数据被非法重建。

- 数据备份还原。不论数据存放在何处，用户都应该充分考虑数据丢失的风险，为应对突发、极端情况造成的数据丢失和业务停止，云计算平台迅速执行灾难恢复计划，继续提供服务，所以应该完善云计算平台的容灾备份机制。

（2）云平台安全。

构建云平台时，往往把整体系统架构尽可能地分割成各个子功能模块，在将一些子功能模块公开为外部用户可见的服务时，要围绕各个子模块构建各自的安全区，这样更便于保证整个系统架构的安全。即使一个子模块受到了安全攻击，也可以保证其他模块相对安全。同时还需要的技术手段有数据库的安全加固、安全补丁、虚拟化隔离、防止病毒和黑客入侵。

（3）管理安全。

管理安全在技术上包括统一账户管理和认证、日志审计、三权分立等，以保证数据的安全性、服务的连续性。

（4）接入安全。

接入安全包括接入认证，如 USB KEY、令牌、指纹等，传输通道加密，防止非法接入等。

（5）网络安全。

云服务基于网络提供服务，因此云服务提供商的网络安全是否可靠是正常、持续提供服务的关键。网络安全主要在网络拓扑安全、安全域的划分以及边界防护、网络资源的访问控制、入侵检测的手段、网络设施防病毒等方面加以保证。

（6）终端安全。

云终端包括瘦客户端、普通 PC、移动终端。普通 PC 和移动终端往往有着自己的安全架构体系，这里的终端安全主要指瘦客户端安全。瘦客户端相比其他终端能最大程度防止非法接入，但瘦客户端本身也容易被黑客作为入侵切入点。要保证瘦客户端安全，主要需要做到尽可能使用精简后的操作系统，BIOS 只从内置存储引导，禁止直接访问内置存储。

12.2　物联网与云的结合

物联网是一个将人、物理实体和信息系统互联起来的遍布全球的系统。它通过可扩展，价格低廉的技术来更好地管理物理世界。相对于传统互联网，物联网将计算机之间的互联互通，延伸和扩展到物与物之间。云计算与物联网在概念上有很强的关联性。

我们可以将物联网看作：处于前端的传感器和网络设备，与处于核心的云计算海量数据处理平台，以及处于上层的应用系统，这三者的结合体。云计算作为物联网数据处理的平台，能够在物联网中地域分散、海量数据、动态性和虚拟性强的应用场景中发挥出优秀的作用。云计算能够促进物联网底层传感数据的共享，为分析与优化提供超级计算机能力，从而更高效地提供可靠的服务。云计算为物联网提供了使其发挥效用的核心能力。

12.2.1　物联网的端到云

物联网的发展方向离不开云，由于不同的物联网系统对云的服务需求不同，物联网和云结合的工作模式也不相同。传统的物联网系统可依赖于物联网技术提供商提供网络服务、平台服务和应用服务等服务。而通过引入云软/硬件供应商，物联网系统可与云计算结合从而享受到云计算的服务，如图 12-2 所示。

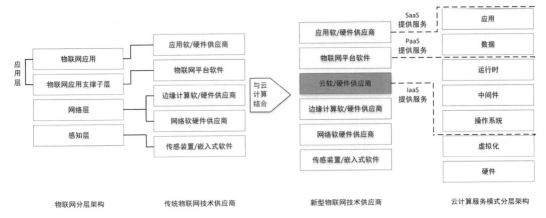

图 12-2　云-端物联网

在物联网的应用服务中，云计算服务平台可提供数据连接、数据存储、数据注入、数据分析和信息表示这五种应用模式。我们将这五种应用模式定义如下：

数据连接：指通过云平台完成端与云的上行及下行数据交换，即设备数据反馈和远程设备控制，并可以此通过云服务平台完成设备端与端之间的信息交换。

数据存储：云服务平台将一定时间内来自设备端的信息存储在云端数据服务器，同时也包括对数据库的基本管理。

数据注入：通过网络传输获取公共数据库内的信息，为云平台的用户提供数据支撑。常见的如获取天气信息。

数据分析：指云平台运行程序对数据的处理，包括基本的数据处理以及大数据的深入处理，如利用机器学习分析数据的特征，并计算得到系统需要的输出结果。

信息表示：信息管理平台能提供的标准信息管理、信息服务的模块，为不同用户的不同需求提供可定制或可组合的服务。

12.2.2　物联网与云计算结合的模式分类

物联网与云计算作为两个仍在不断蓬勃发展的新事物，两者的结合是有步骤多层次且多样化的。云计算作为实现物联网的核心，有着多种结合模式来对物联网中各类物品实现实时动态管理和智能分析。两者的结合协调了物联网的工作，使得物联网发挥了应有的作用。

对结合了云计算的物联网技术进行划分，可把两者的结合分为以下几个主要模式：

（1）单中心多终端。

单中心多终端即单一云计算中心，多个物联终端。此类模式分布范围较小，该模式下的物联网终端都是把云中心作为数据处理中心，终端所获得信息和数据都是由云中心处理和存储的，云中心通过提供统一的界面给用户操作和查看。这类应用的云中心可提供海量存储，统一界面和分级管理等功能，对人类日常生活提供了便利。这种模式主要应用在小区及家庭的监控、企业内部的私有云和某些公共基础设施等方面。

（2）多中心多终端。

多中心多终端即多个云计算中心，多个物联终端。这个模式的应用前提是云中心必须包括公共云和私有云两种云形式，并且他们之间的网络互联没有任何障碍。这样对于安全性要求高的信息和数据，就可以较好地达到安全要求而不影响其他数据和信息的传播。该模式适用于跨地区或多国家的企业，这种情况因其分公司较多，要对其各公司或工厂的生产流程进行监控与质量跟踪等，需要使用多个不同类型的云计算及云服务，涉及众多类型的物联终端。另外有些数据和信息需要实时共享给所有终端的用户也可采取该方式。

（3）信息和应用分层处理，海量终端。

这种模式可以针对用户的范围广、信息及数据种类多、安全性要求高等特征来打造。对需要大量数据传送，但是安全性要求不高的，如视频数据、游戏数据等，可以采取本地云中心处理存储。对于计算要求高、数据量不大的，可以存储在专门负责高速运算的云中心里。而对于数据安全要求非常高的信息和数据，可以存储在具有安全中心的云中心中。

12.2.3　物联网与云计算的分阶段融合

物联网与云计算结合作为一个完整的系统的过程有着显著的阶段性，两者的融合程度越高，其对经济社会发展的引领作用就越显著。我们对物联网和云计算融合过程可分为以下三个阶段：第一个阶段中信息和数据成为生产要素被利用，提高了企业产业效率。第二个阶段改变了传统的生产和管理方式，逐渐优化结构体系。第三个阶段促使了信息的融合促进和优化产业整体结构。

（1）第一阶段。

云计算结合以后的物联网技术可以获取更多的以往难以获得的隐形数据和信息。云计算的强大计算能力和存储能力能够很好地反映出生产流程的状态，及时地满足各种需求。同时，信息和数据可以被集中管理以进行详细的数据分析，获得相关结论和进行总结，可不断调整优化整个产业体制，使生产变得高效率、低成本。

（2）第二阶段。

第二阶段的工作重点是以信息的管理和使用为基础，对生产方式进行优化。智能化的物联网技术对各部分生产环节实施了自动监控和远程调度，使生产达到了自动化、集中化。并且，通过云计算的智能信息平台，可显著减少人为误差，达到精准的控制和管理模式。

（3）第三阶段。

最后一个阶段是完全融合的阶段，这一阶段信息融合促进了企业整体的重构和升级。物联网实现了应用领域和服务模式的不断创新，云计算技术可以搭建一个协同平台辅助生产模式。新阶段的信息融合是一种跨行业的信息融合，它们的结合不断催生出新的技术，创造新的价值。

12.2.4　物联网与云计算的结合优势

物联网与云计算结合的优势是全方面的，无论是处于何种模式何种阶段，其都能发挥极大的作用。这主要得益于物联网和云计算间优势互补的关系，过去制约着物联网的问题正好是云计算的特点，物联网与云计算的结合优势主要可以表现为：

（1）具体成本优势。

物联网技术中，IT 基础设施的成本问题一直是最具有竞争力的。信息技术产业的开销在业界内被主要划分为三部分：硬件开销、能耗费用以及管理成本。云计算在资源的利用率方面相比传统的互联网数据中心有很大优势，传统的互联网采用的技术手段相对来说比较简单，在互联网中访问量会因为时间的不同而不同，这就使得很大一部分资源被空缺，从而导致资源的平均利用率很低。恰恰相反的是高效的云计算平台所提供给用户的是一种可伸缩的弹性服务端，它可以根据不同用户的需求来分配和释放资源，还有就是云计算平台内规模庞大，数据用户众多，所以平均利用率提高很多，从这个层面上分析，云计算技术给物联网的实现大大降低了运营成本。

（2）核心技术优势。

物联网之中庞大的数据产生和收集的过程具有实时性和不间断性等特点。时间的延长也必然会导致数据量的扩大。这些现象都将要求着物联网技术中数据挖掘技术的提高。由于数据量大、节点数目有限、数据存储地点不同、数据安全性要求高等原因，导致物联网技术的数据挖掘不仅仅是传统意义上的数据统计分析，而且是一种潜在模式的挖掘技术。云计算技术最主要的应用是分布式技术，它就很好地解决了上述问题，可以有效地管理和控制多模式、多源、多位置的不同数据，并且保证了数据的安全性，所以说云计算的技术手段也是物联网不可或缺的。

（3）计算资源优势。

物联网器件具有有限的处理资源，该资源不允许现场数据处理。数据收集通常是传送到更强大的节点，其中聚集和处理是可能的，但在没有一个适当的基础设施的情况下，可扩展性的实现是具有挑战性的。无限的云计算的处理能力和其按需模式让物联网处理需要得到满足。云计算主要通过网格计算的技术得到的强大的计算系统可以再把其计算能力均匀分配到终端用户之中。

（4）存储资源优势。

物联网通过定义包含大量信息来源，从而产生了巨大的非结构化或半结构化的数据，该数据具有典型的大数据的三个特点：容量大（即数据大小）、多样化（即数据类型）和速度快（即数据产生频率）。因此，它意味着收集、访问、处理、可视化、归档、共享和搜索庞大的快数据量。提供几乎无限的、低成本的和点播存储容量，云是最方便和具有成本效益的解决方案，以处理物联网所产生的数据。这种整合实现了新的融合方案，其中对于数据汇总、整合以及与第三方共享，产生了新的机遇。一旦进入云计算，数据可通过标准 API 在一个均匀的方法上处理，可通过施加顶层安全被保护、直接访问以及从任何地方可视化。

（5）通信资源优势。

物联网的要求之一是使 IP 功能的设备通过专用硬件进行通信，但是用于这种通信的载体是非常贵的。云计算提供了一个有效和廉价的解决方案，来连接、跟踪和管理从任何地方任何时间使用自定义门户网站和内置的应用程序的任何东西。由于高速网络的可用性，它可实现远程事物的协调、通信以及对其所产生的数据的实时访问的监测和控制。物联网的新功能特征在于非常高的异质性的设备、技术和协议。因此，可扩展性、互操作性、可靠性、效率、可用性和安全性是很难获得的。物联网与云整合解决大部分问题，还提供了额外的功能，如易于访问、易于使用，并减少了部署成本。

（6）新范式优势。

云和物联网范式的采用对于通过基于云的延伸的智能服务和应用能够实现新场景：

- SaaS（传感服务），提供随时随地访问的传感器数据。
- SAaaS（传感和自动服务），实现全自动控制逻辑云计算。

- SEaaS（传感器事件服务），通过传感器事件调度消息服务触发。
- SenaaS（传感器服务），实现远程传感器的管理。
- DBaaS（数据库服务），实现无处不在的数据库管理。
- DaaS（数据服务），提供随时随地访问任何类型的数据。
- EaaS（以太网服务），提供无处不在的网络连接到远程设备。
- IPMaaS（身份识别，策略管理服务），实现随时随地访问政策及身份管理功能。
- VSaaS（视频监控服务），提供在云中随时随地访问录制的视频和实施复杂的分析。

12.2.5　物联网与云的结合实例

物联网与云的结合可以应用在很多领域，结合模式为单中心多终端的智慧牧场就是一个典型的例子，其融合阶段较高，为畜牧业带来了新的生产管理方式，有助于产业的升级优化以解决我国畜牧业生产水平低下、环境污染、行业数据资源分散等种种问题。

智慧牧场利用物联网技术把牧场的重要信息实现数字化的同时利用云计算技术保障了系统对牧场内海量信息的存储和处理能力。因此，智慧牧场可实现科学化管理、信息化服务和全程化追溯，对提升资源利用率和劳动生产率，提高产量、质量和安全性，改善广大牧民的收入水平和畜牧产品消费者的健康水平，都具有十分重要的意义。

智慧牧场的系统主要可分为养殖环节和加工销售环节两个部分，智慧牧场里的牲畜从出生开始就会被全程记录，实现从养殖开始到最终屠宰加工的高效管理和安全保障。智慧牧场的代表功能包括：草场环境检测、棚舍养殖监护、精准饲料配备、安全追溯和信息处理中心等。

根据用户的具体需要，结合云计算服务模式结构，智慧农场技术供应商也可提供三个层次的服务模式：

- 物联网硬件开发和集成设计。为了方便用户快速搭建物联网测试环境，提供硬件开发板和核心板的完整硬件开发模式配置。
- 物联网管理平台服务。提供设备 API 接口，方便不同用户、不同设备通过 IoT 硬件接入；提供设备升级管理、固件升级、数据库管理、虚拟设备和网页报警推送等服务；提供前端开放式 API，方便用户调用数据，开发专属的管理界面。
- 客户软件及 App 设计开发服务。提供相应 App 的开发定制，可用手机或平板电脑进行数据管理。

经典的智慧牧场框架如图 12-3 所示。

智慧牧场是一个大型的物联网系统，其应用的覆盖范围很广，但我们依然可以把这些应用归纳为数据连接、数据存储、数据注入、数据分析和信息表示这五种模式：

（1）数据连接。

在智慧牧场系统里，对牧场的监控主要在草场环境和棚舍监护两个重点上，通过数据连接服务，用户利用智能终端即可以实现实时监控。草场环境监测主要监测草场的温度、湿度、光照度、土壤水分、雨雪、风速等信息；棚舍养殖监护主要监测棚舍内温度、湿度、光照度、二氧化碳浓度和饲料状况等，同时用户可以根据这些信息控制暖风机、加湿器等设备对棚舍内环境进行自动或手动的调节以及调整棚舍内的摄像头位置以达到全面监控。另外，用户还可以通过智能终端查询牧场产品的运输情况、销售记录等，实现产业链信息一体化。在智慧牧场里数据连接应用主要为用户提供了对牧场的情况的实时监控和一些必要的设备控制功能。

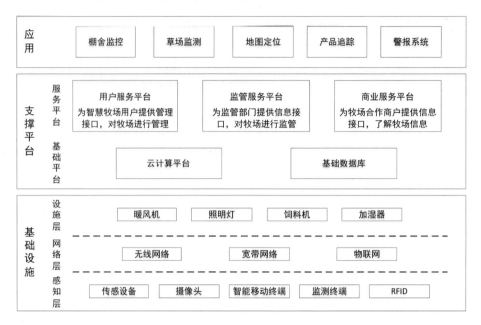

图 12-3　智慧牧场框架图

（2）数据存储。

智慧牧场的一大优势是对整个系统的完整掌握，通过数据存储服务，可以把海量传感设备收集的信息详细地记录在数据库中。除了上述的数据连接服务中传感设备的数据，智慧牧场还可以记录牲畜的产地、年龄、种类、活动、健康状况、饲养情况和产量等信息。对养殖基础数据的采集和记录，经过简单的统计处理，可以让用户对整个牧场管理拥有宏观的掌控，同时能为整个养殖行业提供完整的数据以便后续分析利用。

（3）数据注入。

智慧牧场通过云端可获取众多资讯，通过数据注入服务，用户能主动在信息管理界面获取如疫情、天气、市场等与牧场关联密切的消息。同时，结合通过数据存储记录的牧场信息，可以分析出与本牧场关系最密切的重要消息，例如根据牧场实时温度、湿度、风速等信息，结合天气咨询，可以对可能会发生的天气变化提出警告和根据卫星遥感信息、气象、草场牧草的生长历史信息以及专家系统来给用户的放牧提出科学的指引。

（4）数据分析。

智慧牧场记录的海量数据，通过数据分析服务，可以利用云计算强大的计算能力对牧场的状况进行机器学习而得到高效牧场管理决策。例如根据对牧场牲畜的全方位跟踪数据，包括身体状况、活动、饲养状况和最终的产品信息，可以分析实现精准配备饲料，有效减少饲料浪费。

（5）信息表示。

尽管智慧牧场对传统的牧场实现了数字化管理，但囿于牧场系统原本作为一个大系统，智慧牧场有着大量繁琐的信息存在。而通过信息表示服务，用户可以通过智能终端的一体化信息管理系统做到对牧场高效的管理。同时，监管部门和合作商家也可以通过信息表示服务获取实时有效的牧场状况信息，有利于保障产品的安全和产业链的顺畅。

智慧牧场只是物联网与云计算结合的一个优秀例子，结合了云计算的物联网系统在各个领域都还有着大量经典的应用和无穷的潜力，其在未来的世界里必然还将迸发出更加夺目的光彩。

12.3 使用 Bluemix 连接设备实例

经过了以上章节的学习，相信各位读者已经对物联网系统与云的关系有了一定的了解。这一小节我们将以 Bluemix 为例熟悉和使用云平台。

Bluemix 是 IBM Open Cloud Architecture 基于 Cloud Foundry 的开源 PaaS。Bluemix 为组织和开发者更简单快速地创建、部署、管理云端应用提供了可能。

在这里可以选择 IBM、第三方或社区提供的服务，拓展应用的功能，如图 12-4 所示。

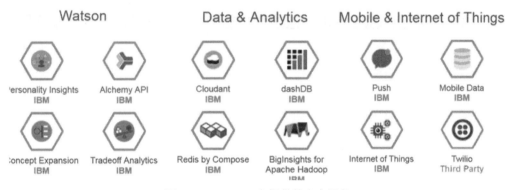

图 12-4　Bluemix 上提供的丰富服务

IBM Bluemix 提供了非常多的免费应用，例如 Node.js、PHP、Python、Ruby 甚至 SQL DB、NoSQL。而用户只要注册 IBM Bluemix 就可以免费获得 30 天的试用机会，如图 12-5 所示。

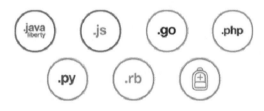

图 12-5　免费应用

下面将介绍 Bluemix 的申请注册流程以及基本操作：

（1）IBM Bluemix 官网：https://console.ng.bluemix.net/。

（2）进入到 IBM Bluemix 官网，单击"创建免费账号"按钮。

（3）填写个人信息，完成后单击最下面的"创建账户"按钮。

（4）完成注册，登录所填写的邮箱并单击验证链接。

（5）登录账号，通过仪表板管理应用，如图 12-6 所示。

（6）单击右上角"创建资源"按钮，选择所需服务，如图 12-7 所示。

图 12-6　仪表板界面

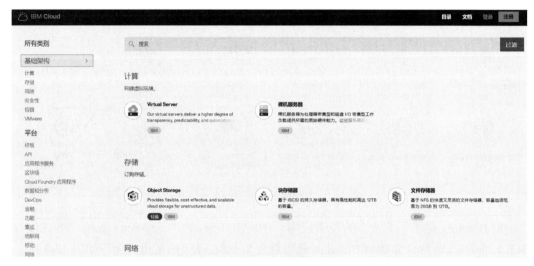

图 12-7　资源列表

从左侧标签可以看到，IBM 云中提供了非常多的应用可供选择，但是部分应用需要升级成为付费用户后才可以使用。

在这里，我们结合之前所学的知识，给出一个简单的将温度传感器的数据上传到 IBM 云端进行实时监测报警的实例。

12.3.1　开发环境与实例说明

硬件：Freedom FRDM-K64F、5V 电源线、PC、Mbed Application Shield 扩展板、网线。

软件：Mbed 在线编译，IBM Bluemix 云服务网站。

实例名称：温度监控实例。

实例说明：本实例要求读者通过云端建立一温度检测系统，实时的监控环境中的温度，并能通过互联网上传都云端实现远程监控和报警。

1. 下载 Mbed 示例代码

在 Mbed Compiler 中，加入"Ethernet IoT Starter Kit"平台，导入并编译 IoT 示例代码。

示例代码可以访问下面地址：https://os.mbed.com/teams/IBM_IoT/code/IBMIoTClientEthernet-Example/。

按图 12-8 所示将 Mbed Application Shield 安装在 Freedom 开发板上，用 USB 线缆连接到计算机上。

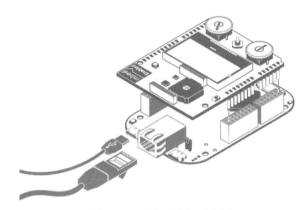

图 12-8　开发板连线示意图

将编译好的示例程序下载到板卡中。

按图 12-8 所示用以太网线缆将 Freedom 开发板连接到 Internet 上，之后使用 Reset 按键复位板卡。计算机上应显示一个名为 Mbed 的移动存储设备。

2. 连接到 Internet of Things Foundation Quickstart 服务

连接设备到 Internet of Things Foundation Quickstart Service 是不需要注册 IoTF 帐号的，上面已经把程序烧写到了设备上，当把设备连接到计算机上时，将自动以 Quickstart 模式运行。

开始连接设备时，连接指示灯显示黄色，当成功建立网络连接时指示灯变为绿色（如图 12-9 所示）。

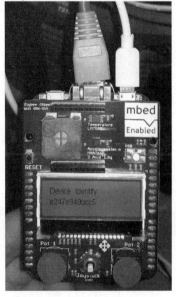

图 12-9　设备就绪前（左）、设备就绪后（右）

3. 创建 Bluemix 应用来处理设备数据

使用 Bluemix 可以创建应用来处理来自 ARM Mbed 设备的数据。

进入 IBM Bluemix 网站。在 Bluemix dashboard 中，完成下列步骤来选择 Internet of Things Platform Starter：

- 在平台一样板中找到 Internet of Things Platform Starter 应用并单击。
- 为应用取一个名字。
- 如果需要的话，可以更改主机名，默认情况下主机名与应用名相同。
- 单击 Create 按钮。
- 稍等片刻，应用将被启动。确认这些过程已经完成，在应用成功运行之后，网页上显示的网址就可以进入了，如图 12-10 所示。

图 12-10　应用信息栏

当应用启动后，单击应用网址来打开 Node-RED Internet of Things 页面，如图 12-11 所示。

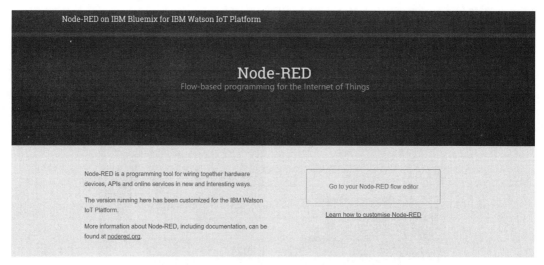

图 12-11　Node-RED Internet of Things 页面

在 Node-RED Internet of Things 页面，单击 Go to your Node-RED flow editor 按钮查看应用流。

Node-RED 是 IBM 新兴技术团队创建的一个新开源工具，让用户可以通过简单地连接各部分来构建应用程序。这些部分可以是硬件设备、Web API 或在线服务。在 IBM Bluemix 上创建一个新的 Node-RED 运行时很容易。只需几次单击，即可拥有一个可用于创建新应用程序的有效环境。

Node-RED 是一个基于 Nodejs 编程语言的、可视化的编程工具，用于集成硬件、应用程序接口和在线服务。它提供了一个以浏览器为基础的流程编辑器，可以很容易地通过各种服务或设备的编程组件创建自己的工作流。支持实时地扩展设备或服务组建和部署工作流。

Node-RED 是一个开放源代码的项目，可以运行在本地服务器上，也可以运行在云端，界面如图 12-12 所示。Bluemix 云计算平台就引入了 Node-RED。在 Bluemix 云计算平台上的 Node-RED 运行时，与社区版本稍有不同。在 Bluemix 云计算平台，将 Node-RED 运行时与持久化分离，利用 Bluemix 云计算平台提供的持久化服务，将 Node-RED 的配置信息，流程定义的信息保存于 Cloudant NoSQL DB。这更方便用户定制化数据的保存与恢复。

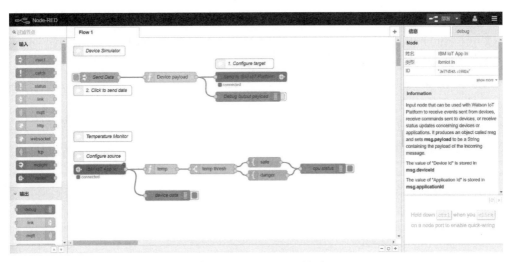

图 12-12　Node-RED 界面

如图 12-13 所示，Node-RED 界面的左侧提供了可以使用的功能块，例如输入、输出、功能、存储等，甚至有针对 IBM IoT 平台的专用模块，用户只需根据需要拖拽相应的模块到右边即可。界面的右侧是信息栏与 debug 栏，用于调试和监控实时参数。

图 12-13　功能块类型（左）与信息调试栏（左）

4. 链接应用与设备

使用 Node-RED 工作流编辑器可以将应用配置并工作在用户的设备上。

（1）在 Node-RED 工作流编辑器上双击 IBM IoT App In 节点，如图 12-14 所示。

图 12-14 IBM IoT App In 节点

（2）在 Authentication Type 区域，选择下拉列表中的 Quickstart。

（3）在 Device ID 区域输入开发板的设备号：

● 只有在 Node-RED 中配置好设备号后，开发板才有权限接入到云端，向云端发送数据，接受云端发送的指令并做出反应。

● 开发板连接到网络后，设备号可以通过滚动扩展板上的五维按键在液晶屏上找到，如图 12-15 所示。

图 12-15 编辑节点信息

（4）单击"完成"按钮关闭节点编辑并返回 Node-RED 编辑器。

（5）双击 Node-RED 工作流编辑器中的 temp thresh 节点（如图 12-16 所示），这里有判断温度是否在"安全"范围内的阈值规则，可以这样进行修改：

1）修改节点中的规则，比如修改阈值，如图 12-17 所示。

2）单击"完成"按钮。

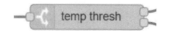

图 12-16 temp thresh 节点

（6）单击右上方的 Deploy 按钮来部署刚刚对工作流的修改。

现在 Node-RED 应用已经在处理来自设备的所有数据，并利用数据生成温度报警消息了。

5. 创建一个子工作流来读取电位器的读数

（1）从左侧 Node 库中的功能组里拖拽一个 Function 节点到工作流靠近 IBM IoT App In 节点的地方。

（2）单击 IBM IoT App In 的输出端口（右侧）并拖拽至 Function 节点，建立两个节点之间的连接。

图 12-17　修改 temp thresh 节点参数

（3）双击 Function 节点打开 JavaScript 编辑器，用下面一行代码来替代它原有的代码，实现读取电位器的值，如图 12-18 所示。

```
return {payload:msg.payload.d.potentiometer1};
```

图 12-18　使用 JavaScript 编辑器改写 Function 程序

（4）将这个节点重命名为 pot1，如图 12-19 所示。

（5）单击 OK 按钮。

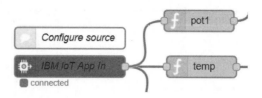

图 12-19　修改成功添加 pot1 函数

（6）从左侧 output nodes 库中拖拽一个 Debug 节点，连接 Pot1 节点的输出到这个 Debug 节点的输入上，最后单击 Deploy 按钮，如图 12-20 所示。

图 12-20　为 pot1 添加 Debug 节点

12.3.2　测试结果及分析

在完成上面的操作以后，就可以通过网页，在云端实时获取开发板上传感器的数值了。

1. 使用 Quickstart 查看数据

将设备连接到 Quickstart 之后，我们将数据可视化。访问 IBM IoT Foundation 网站并指定用户的平台，如图 12-21 所示。

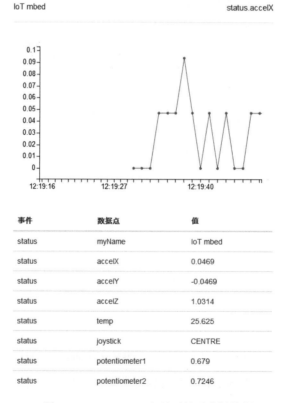

图 12-21　Quickstart 上显示的开发板数据

按扩展板液晶屏上的指示，访问 IoT Quickstart 网站（如：ibm.biz/iotqstart）。只要在输入框中输入设备号（Device ID，12 位十六进制数）并单击 Go 按钮，即可显示设备上的数据。设备号可以通过滚动扩展板上的五维按键在液晶屏上找到。

现在你可以看到开发板传送到云端的数据了。

2. 使用刚刚创建的 Node-RED 应用监控数据

在 Node-RED 编辑器中选择右侧的 debug 选项卡，可以看到设备上的传感器原始数据，如图 12-22 所示。工作流会生成一个 Temperature Status 消息，传感器附近温度的改变可以在应用中得到验证。同时我们也可以读取到电位器数值 0.7336。

图 12-22　实时温度，电位器数值及安全信息显示

参考资料

[1]　物联网智慧牧场实训系统，http://blog.sina.com.cn/s/blog_177d47ed50102y22m.html.

[2]　智慧畜牧 IoT：传统牧场智能化升级的"神器"，http://www.gkzhan.com/company_news/Detail/142801.html.

[3]　关于云计算的四种模式，http://blog.e-works.net.cn/572794/articles/231353.html.

[4]　[科普]云的基本概念（公有云/私有云,Iaas/PaaS/SaaS），http://www.seo96.com/xgkj/1033.html.

[5]　宋述东：物联网和云计算是一个优势互补关系，https://www.aliyun.com/zixun/content/1_1_282160.html.

[6]　陈红松. 云计算与物联网信息融合[M]. 北京：清华大学出版社，2017.

[7]　谢朝阳. 云计算：规划、实施、维护[M]. 北京：电子工业出版社，2015.

[8]　杨正洪，周发武. 云计算和物联网[M]. 北京：清华大学出版社，2011.

[9]　Mosco V. 云端：动荡世界中的大数据[M]. 北京：中国人民大学出版社，2017.

[10]　张志强. 移动物联网下智慧家庭控制系统的设计与实现[D]. 郑州大学，2017.

[11]　陈华伟. 物联网与大数据整合的应用研究[D]. 南京邮电大学，2015.

[12] 徐大成. 基于物联网和云计算的智慧园区信息系统的研究与实现[D]. 西安电子科技大学，2015.

[13] 李爽. 基于云计算的物联网技术研究[D]. 安徽大学，2014.

[14] 包厚华. 基于云计算和物联网的供应链库存协同管理和信息共享机制[D]. 华南理工大学，2012.

[15] IBM Cloud，https://console.bluemix.net/catalog/，https://www.ibm.com/cloud/.

[16] Node-RED，https://nodered.org/.

[17] IBM Bluemix 云平台上的 Node-Red，https://www.ibm.com/developerworks/cn/cloud/library/cl-cn-bluemix-nodered/index.html.

[18] IBM developerWorks，https://www.ibm.com/developerworks/cn/.

[19] ARM mbed IoT Starter Kit，https://developer.ibm.com/recipes/tutorials/arm-mbed-iot-starter-kit-part-1/.

附录 1 Keil 软件使用详细教程

1．Keil 软件评估版：MDK 4.7x 和 MDK 5

MDK 5 以 Software Pack 的形式分发特定于处理器的软件、例程和中间件。MDK 5 安装好之后应该从网络中安装相应软件包。

MDK 4.7x 也是可以使用的。MDK 4.7x 包括所有的运行项目的文件。MDK 4.7x 使用的旧版的文档参见www.keil.com/appnotes/docs/apnt_261.asp。

我们这里推荐使用 MDK 5.10 软件包。

2．Keil 软件下载和安装

从网址 www.keil.com/mdk5/install 下载 MDK 5.10 或者更新的软件。

下载 MDK 至默认目录。本书使用地址 C:\Keil_v5。

推荐使用默认项目地址。本书使用 C:\MDK\作为例子。

读者可以使用评估版软件（MDK-Lite），不需要许可，但是会存在一定的限制。

3．板载 ST-LINK V2 调试适配器

板载 ST-LINK V2 调试适配器是本书唯一使用的调试器。

4．获得 Blinky 例程

（1）可以从http://www.keil.com/appnotes/docs/apnt_230.asp处可以获得 blinky 例程的 zip 文件，解压缩文件到 C:\MDK\Boards\ST\STM32F4-NUCLEO\。

（2）也可以从 pack installer 处获得例程。在 pack installer-NUCLEO-F401RE-example 选项卡中找到 blinky，单击复制将文件复制到 C:\MDK\Boards\ST\STM32F4-NUCLEO\，如附图 1-1 所示。

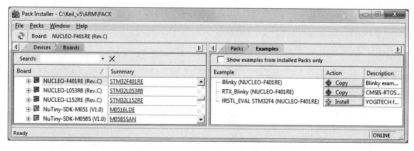

附图 1-1　Keil 软件 PACK 安装

5．测试 ST-LINK V2 连接

（1）用 USB 线将 NUCLEO 开发板连接到电脑上。

（2）如果 ST-Link USB 驱动程序安装正确，应该可以听到正常的 USB 设备连接的系统声音，否则需要手动安装驱动程序。

（3）两个红色 LED 应该点亮：LD1（COM）和 LD3（PWR）。

（4）启动 μVision 并选择 Project/Open Project。

（5）选择 Blinky 工程 C:\MDK\Boards\ST\NUCLEO-F401RE\Blinky\Blinky.uvprojx。

（6）在这个地方选择 STM32F401 Flash：。

（7）单击 Target Options 按钮或者按 ALT+F7 组合键，并选择 Debug 选项卡，如附图 1-2 所示。

附图 1-2   Debug 选项卡

（8）单击 Settings 按钮，会出现附图 1-3 所示的窗口。如果显示出了 IDCODE 和 Device Name，说明 ST-Link 工作良好，可以继续下面的教程。单击两次 OK 按钮返回 μVision 主界面。

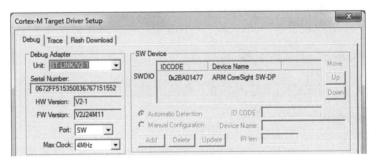

附图 1-3   ST-Link Debugger 设置

（9）附图 1-3 中 Serial Number 框里出现一串数字说明 ST-Link 调试器已经连接到了 μVision。

（10）如果 SW Device 框中没有显示，或者显示 error，这个问题在继续下面步骤之前必须要解决。参照以下内容：安装 ST-Link USB 驱动程序。

（11）如果已经显示正常，ST-Link USB 驱动程序安装良好。单击两次 OK 按钮退出 Target Options 窗口。

提示：①在附图 1-3 Port 框中选择 JTAG，然后再选回 SW，可以刷新 SW Device 框的显示。也可以关闭再重新打开这个窗口进行刷新。

②ST-Link V2 和 ST-Link 的主要区别是添加了 Serial Wire Viewer（SWV）跟踪功能。

6. 安装 ST-LINK V2 的 USB 驱动

只有在上一步（10）中出现的错误才需安装驱动。

USB 驱动必须执行 stlink_winusb_install.bat 手动地安装。这个文件可以在 C:\Keil_v5\ARM\STLink\USBDriver 中找到。找到文件后双击，驱动会自动安装。

开发板与电脑通过 USB 连接，USB 驱动会以正常形式完成安装。

7．使用 NUCLEO 开发板运行 Blinky 例程

我们使用板载 ST-Link V2 调试器连接 Keil MDK 开发平台和真实的目标硬件。

（1）选择 Project/Open Project，打开文件 C:\MDK\Boards\ST\NUCLEO-F401RE\Blinky\Blinky.uvprojx。

（2）ST-Link 会默认被选择。第一次运行 µVision 和 NUCLEO 开发板的时候，可能需要安装 USB 驱动程序，详见上面章节。

（3）单击 Rebuild 图标编译源文件。也可以用旁边的 Build 图标。

（4）单击 Load 图标对 STM32 的 Flash 进行编程。Output 窗口中会显示这个过程。

（5）单击 Debug 图标进入 Debug 模式，如果出现 Evaluation Mode 对话框，单击 OK 按钮。

注意：当下载到 Flash 时才需要使用 Load 图标，如果选择的是 RAM 运行则不需要。

（6）单击 RUN 图标。注意，单击 STOP 图标可以停止程序运行。

（7）NUCLEO 开发板上的绿色 LED 会开始闪烁，按下开发板上蓝色的 USER 按键会暂停闪烁。注意，Blinky 程序已经永久地烧写到 Flash 中了，开发板可以独立运行这个程序，直到下一次被烧写。

8．硬件断点

STM32F4 共有六个硬件断点，可以在程序运行过程中随时设置或取消。

（1）在 Blinky 程序运行过程中，打开 Blinky.c 文件，单击 main()函数中 for 循环里的某一行左侧边缘深灰色区域。

（2）会出现一个红色的圆形标志，程序会停止运行。

（3）请注意断点同时显示在源代码窗口和反汇编窗口，如附图 1-4 所示。

附图 1-4　断点显示

（4）不论是反汇编窗口还是源代码窗口，左侧边缘显示深灰色方形的区域表示这些代码行存在汇编指令，可以在这里设置断点。

（5）每次单击 RUN 图标█，程序会运行到下一次遇到断点。

（6）可以尝试单击 Single Step（Step In）█、Step Over█ 和 Step Out█ 按钮。

提示： ①如果单步调试（Step In）不工作，单击 Disassembly 窗口使它成为焦点，可能需要单击一行反汇编代码。这样操作表示想要汇编级别的单步运行，而不是 C 语言代码级别。

②ARM CoreSight 的断点是 no-skid 的，硬件断点发生在被设置断点的指令执行之前（译者注：有 skid 的断点的意思是，程序停止在断点设置的指令甚至后面几个指令执行之后）。另外 Flash 中烧写的指令不会被替代或修改，这种特性对于高效率软件开发有重要意义。

完成这个实验后，再次单击这些断点以删除它们，为后面的实验做准备。

提示： ①可以通过单击断点，或者选择 Debug/Breakpoints（或按 Ctrl+B 组合键）并选择 Kill All 来删除。

②可以通过选择 Debug/Breakpoints 或按 Ctrl+B 组合键来查看所有断点的设置。

9．Call Stack+Locals 窗口

（1）局部变量。

Call Stack+Locals 窗口被合并在一个集成窗口中，每当程序停止时会显示调用栈和当前函数的所有局部变量。

如果可能，局部变量的值会显示，否则显示 not in scope。菜单中的 View/Call Stack Window 用来切换 Call Stack+Locals 窗口显示或隐藏。

1）运行并停止 Blinky，单击 Call Stack+Locals 选项卡。

2）附图 1-5 展示了 Call Stack+Locals 窗口。

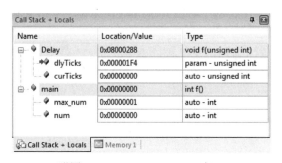

附图 1-5　Call Stack+Locals 窗口

窗口中显示了当前活动函数的名称和局部变量列表。随同每个函数的名字会显示它被哪个函数或中断/异常调用。当函数退出时，会从列表上移除。最早调用的函数会出现在列表的底端。这个列表只有在程序停止运行时有效。

3）单击 Step In 图标█或按 F11 键。

4）当单步运行到不同的函数时，观察它们在窗口上显示的变化。如果陷入到 Delay 函数的循环当中，可以用 Step Out█ 按钮或 Ctrl+F11 组合键快速退出。

5）单击几次 Step In 按钮，观察其他函数。

6）右键单击一个函数名，尝试 Show Callee Code 和 Show Caller Code 选项，如附图 1-6 所示。

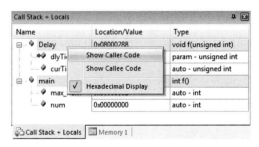

附图 1-6　Call Stack+Locals 窗口调整

7）单击 Step Out 图标 退出所有函数，返回 main()。

提示：①如果单步调试（Step In）不工作，单击 Disassembly 窗口使它成为焦点，可能需要单击一行反汇编代码来执行汇编级别的单步运行。如果焦点在源代码窗口上，则是执行 C 语言代码级别的单步运行。

②可以在程序停止运行时，通过 Call Stack+Locals 窗口来修改变量的值。

③上述是标准的 Stop and Go 调试过程。ARM Coresight 调试技术还可以做很多更强大的事情，比如在程序运行中显示并实时更新全局或静态变量，而不需要修改程序。由于局部变量通常存储在 CPU 寄存器中，不能在程序运行时实时显示，需要转换成全局或静态变量使得作用域不会消失。

如果借助 ULINK pro 和 ETM 跟踪，可以记录所有指令的执行情况。Disassambly 和 Source 窗口是按编写的顺序显示代码的，而 ETM 跟踪可以按执行的顺序显示。另外 ETM 还提供 Code Coverage、Performance Analysis 及 Execution Profiling 等功能。

把局部变量转换成全局或静态变量通常意味着把它从 CPU 寄存器移动到 RAM 上，CoreSight 在程序运行中可以观察 RAM，但不能观察 CPU 寄存器。

（2）调用栈。

如上面可以看到的，当程序停止运行时，函数按栈的方式显示在列表中。当想要了解栈中有哪些函数被调用、存储的返回值是什么的时候，这个功能就很有用。

提示：①可以在程序停止运行时，修改局部变量的值。

②单击菜单 Debug/Breakpoints 或按 Ctrl+B 组合键可以查看 Hardware Breakpoint 列表，同时这也是配置 Watchpoint（观察点，也叫 Access Point）的地方。在这个列表里可以临时屏蔽某些项目。单击 Debug/Kill All Breakpoints 会删除断点，但不会删除观察点。

10．Watch+Memory 窗口

Watch 和 Memory 窗口实时显示变量的值，这是通过 ARM CoreSight 调试技术实现的，这项技术是包含在 Cortex-M 处理器中的一部分。同时，也可以在这些存储器地址上实时地"put"或插入数值。这两个窗口都可以通过拖拽变量名，或者手动输入来添加变量。

（1）Watch 窗口。

添加全局变量：除非程序停止在局部变量所在的函数，否则 Watch 和 Memory 窗口不能观察局部变量。

1）停止运行处理器 并退出 Debug 模式 。

2）在 Blinky.c 的第 24 行左右，声明一个全局变量（这里变量名叫做 value）：unsigned int

value = 0;。

3）在第 104 行左右添加语句"value++;"和"if (value > 0x10) value = 0;"，如附图 1-7 所示。

附图 1-7　代码添加

4）选择菜单 File/Save All 或单击 按钮。

5）单击 Rebuild 按钮，单击 Load 按钮下载到 Flash。

6）进入 Debug 模式 ，单击 RUN 按钮，提示：可以在程序运行中设置 Watch 和 Memory 窗口。

7）在 Blinky.c 中，右键单击变量 value 并选择 Add value to …及 Watch1，Watch1 窗口会打开并显示 value，如附图 1-8 所示。

8）value 会实时增加到 0x10。

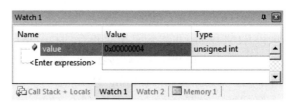

附图 1-8　value 的变化

提示：①也可以框选 value，单击并拖拽到 Watch 或 Memory 窗口。

②请确认菜单 View/Periodic Window Update 在选中状态。

9）也可以在 Name 下面区域双击或按 F2 键，再手动输入或复制粘贴变量名，或是打开菜单 View/Symbols Window 来输入变量。

提示：如果要拖拽到一个非活动的选项卡，选中变量按住鼠标并移动至希望打开的选项卡名字上，等待其打开并拖拽鼠标到窗口内释放。

（2）Memory 窗口。

1）右键单击 value 并选择添加到 Memory 1，或手动添加 value 到 Memory 1。如果需要的话，选择菜单 View/Memory 来打开 Memory 1 窗口。

2）注意 value 被当作了一个指针，其值作为地址显示在了 Memory 1 上。这个操作在想要看一个指针指向的地址的时候很有用，但不是我们现在想看到的。

3）在变量名前面加一个&符号并按回车键，改为显示变量的物理地址（0x2000000C）。

4）右键单击 Memory 1 窗口并选择 Unsigned/Int。

5）value 的值现在以 32 位的形式显示了。

6）Watch 和 Memory 窗口都是实时更新的。

7）在 Memory 窗口中，鼠标移动到数据区域右键单击，选择 Modify Memory，可以修改对应地址的值。

提示：①这些操作通常不会占用 CPU 周期。关于 DAP 是如何运行的，详见下文"原理"。

②在 Debug 模式中选择菜单 View/Symbol Window，可以打开 Symbol 窗口查看变量和各自的位置。

上面展示的 Memory 和 Watch 窗口的操作并不需要配置 Serial Wire Viewer（SWV），这些机制使用的是 SWV 之外的另一个 CoreSight 特性。CoreSight Debug Access Port（DAP）通过 Serial Wire Debug（SWD）或 JTAG 连接来处理读写操作，从而实现实时在线的存储器访问。

11．在 Watch 或 Memory 窗口观测本地变量

（1）运行 Blinky.c 程序。我们将使用 main()中的局部变量 num。

（2）在 Blinky.c 的第 87 行附近，main 函数的开头，找到声明这个局部变量的地方。

（3）右键单击这个变量，把它输入到 Watch 1 窗口中。注意由于局部变量的值可能存放在 CPU 寄存器内，μVision 不能在程序运行时访问，因此会显示 not in scope，如附图 1-9 所示。如果 μVision 显示无法添加变量，请尝试停止再开始 Blinky 程序。

附图 1-9　将 num 加入 Watch 窗口

（4）在 Blinky.c 的主循环里添加一个断点，会使程序停止，这时会出现当前变量的值。

（5）删除这个断点。

（6）局部变量或自动变量可能存放在 CPU 寄存器内，μVision 不能在程序运行时访问。局部变量 num 只有在 main 函数运行时才会存在，在其他函数或中断/异常处理程序中是不存在的，因此 μVision 无法确定这个变量的值。

（7）停止运行处理器⊗并退出 Debug 模式⊕。

如何实时更新局部变量：

只需把 num 改为全局变量定义在 Blinky.c 中。

（1）把 num 的声明移动到 main()的外面、Blinky.c 的最前面，把它改为全局变量：

unsigned int value = 0;

int32_t num = 0;

提示：①也可以定义成静态变量，如"static int32_t num = 0;"。

②在编辑模式和 Debug 模式都可以编辑文件，但编译只能在编辑模式进行。

（2）单击 Rebuild 按钮编译源文件，确认没有 error 和 warning。

（3）单击 Load 按钮下载到 Flash，窗口的左下角会显示进度条。

（4）进入 Debug⊕模式并单击 RUN按钮。

（5）这时 num 变量已经可以实时更新了。

（6）可以读（写）全局或静态的变量、结构体，以及其他以变量形式放在函数与函数之间的东西，包括外设的读写。

（7）停止运行处理器◉并退出 Debug 模式◉。

提示：菜单中的 View/Periodic Window Update 需要选中，否则变量只在程序停止时更新。

原理：

μVision 使用 ARM CoreSight 技术实现不窃取 CPU 周期的情况下对存储器位置进行读写。这种操作几乎是完全非侵入的，不影响程序本身运行时序。我们知道 Cortex-M4 是哈弗架构的，具有分离的指令总线和数据总线。当 CPU 以最大速度取指令时，CoreSight 调试模块有大量的时间读写数值，并不影响 CPU 周期。

有一种罕见情况，当 CPU 和 μVision 恰好同时读写相同的内存地址时，CPU 会暂停一个时钟周期，表现出轻微的侵入性。实际上可以认为这种窃取周期的情况不会发生。

12. 通过逻辑分析仪（Logic Analyzer,LA）观测变量

这里讲解在 Logic Analyzer 中显示全局变量的值。这个功能使用 Serial Wire Viewer，因此不会窃取 CPU 周期，用户代码中也不需要加入任何代码片段。

（1）配置 Serial Wire Viewer（SWV）。

1）停止运行处理器◉并退出 Debug 模式◉。

2）单击 Target Options◪按钮或者按 ALT+F7 组合键，并选择 Debug 选项卡，单击窗口右侧的 Settings，确认选择的是 SW 模式。ST-Link 中，SWV 强制使用 SW 模式。

3）选择 Trace 选项卡，选择 Trace Enable 复选项，取消选择 Periodic 和 EXCTRC，设置 Core Clock 为 48MHz。其他选项如附图 1-10 所示。

4）单击 OK 按钮返回 Target Options。

5）再次单击 OK 按钮返回主界面。

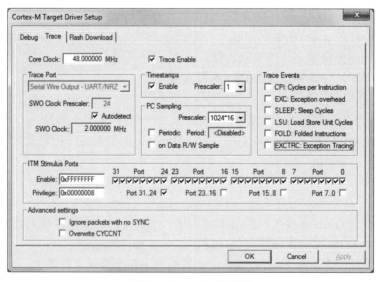

附图 1-10　SWV 的配置

（2）配置 Logic Analyzer。

1）进入 Debug 模式◉。打开菜单 View/Analysis Windows 并选择 Logic Analyzer，或者单击工具栏上的 LA 按钮◪。

提示：可以在程序运行中配置 LA。

2）单击 Blinky.c 选项卡，右键单击 value 变量并选择 Add value to…及 Logic Analyzer。也可以手动拖拽来添加。

3）单击 LA 左上角的 Setup…按钮进入 LA 设置窗口。

4）选择 value，设置 Display Range Max 为 0x15。

5）单击 Close 按钮。

（3）运行程序。

注意：可以在程序运行中配置 LA。

1）单击 RUN按钮。单击 Zoom Out 使图形中网格大小是 5 秒左右。

2）变量 value 的值将其增加到 0x10（十进制 16）再重新设为 0，如附图 1-11 所示。

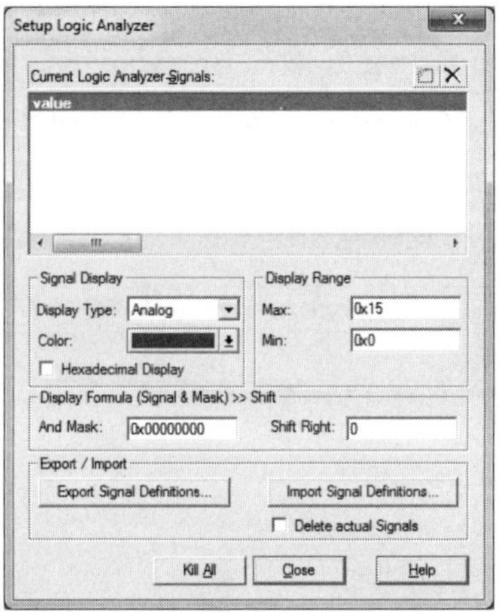

附图 1-11　LA 的配置

提示：①如果没有看到波形，请退出并重新进入 Debug 模式以刷新 LA。可能还需要重新上电 NUCLEO 板卡。请确认 Core Clock 的数值正确。

②Logic Analyzer 中最多可以显示 4 个变量，必须是全局变量、静态变量或原始地址如“*((unsigned long*)0x20000000)”。

3）请注意当 USER 按钮按下时，变量的值会随之停止增加。当然也请注意观察这个现象是如此直观，如附图 1-12 所示。

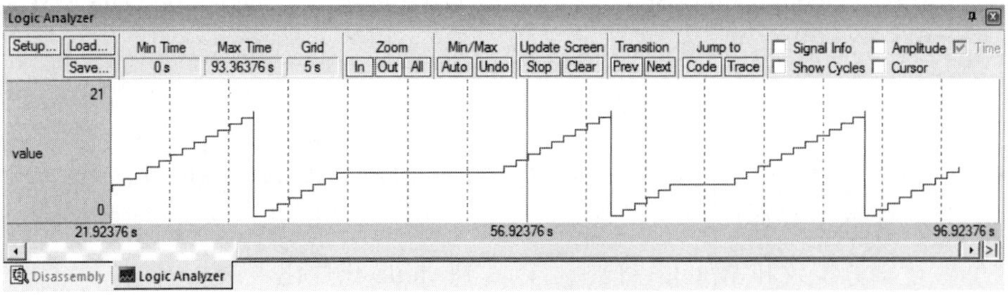

附图 1-12　LA 观测结果

4）选择 Signal Info、Show Cycles、Amplitude 及 Cursor，观察 LA 的测量功能。单击 Update

Screen 栏的 Stop 按钮可以停止 LA。

5）停止运行处理器 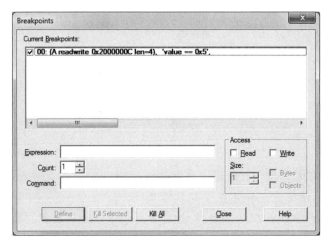。

13．观察点

STM32 处理器有 6 个硬件断点，可以不停止 CPU 运行而在线设置。STM32 还有四个观察点。观察点可以认为是有条件的断点。观察点和逻辑分析仪共用比较器，因此要使用观察点，需要在逻辑分析仪中保证至少两个变量空位置。观察点也被称作 Access Breakpoint。

（1）使用与前文相同的 Blinky 设置，停止程序运行，保持在 Debug 模式。

（2）在 Blinky.c 中创建的全局变量 value 将用于观察点的探究。

（3）配置观察点不需要 SWV Trace，但在这个练习中我们会用到逻辑分析仪。

（4）延续上一个练习，变量 value 应保持在逻辑分析仪中。

（5）在 μVision 菜单中选择 Debug 并单击 Breakpoints，或者按 Ctrl+B 组合键。

（6）将 Read 和 Write 两个 Access 都选中，在 Expression 框中输入"value == 0x5"，不含引号。

（7）单击 Define 按钮，应出现附图 1-13 中所示的一行，单击 Close 按钮。

附图 1-13　观察点设置

（8）如果 Watch 1 中没有 value 变量，添加一个进去。

（9）打开菜单 Debug/Debug Settings 并选择 Trace 选项卡，选择"on Data R/W sample"，并保持 EXCTRC 不选中。

（10）单击两次 OK 按钮回到主界面。打开 Records 窗口。

（11）单击 RUN 按钮。

（12）在逻辑分析仪和 Watch 窗口中可以看到 value 在变化。

（13）当 value 等于 0x5 时，Watchpoint 会停止运行程序。

（14）注意如附图 1-14 所示的 Trace Records 窗口中的 data write 记录：0x5 在 Data 列的最后一行，另外还有写入数据的地址和写入指令对应的 PC 指针。当前使用的是 ST-Link，如果用 ULINK2 会显示相同的窗口，但如果是 ULINK pro 或 J-Link（黑盒子）显示的窗口会略有区别。

Type	Ovf	Num	Address	Data	PC	Dly	Cycles	Time[s]
Data Write			2000000CH	00000001H	0800041AH		47988715	0.99976490
Data Write			2000000CH	00000002H	0800041AH		95988707	1.99976473
Data Write			2000000CH	00000003H	0800041AH		143988707	2.99976473
Data Write			2000000CH	00000004H	0800041AH		191988710	3.99976479
Data Write			2000000CH	00000005H	0800041AH		239988707	4.99976473

附图 1-14　观察点数据记录

（15）单击 Breakpoints 窗口中的 Help 按钮可以了解另一种可用的表达式格式，有些目前没有在 μVision 中实现。

（16）单击 RUN 按钮可以重复本次练习。

（17）练习结束后，停止程序运行，单击 Debug 按钮并选择 Breakpoints（或按 Ctrl+B 组合钮），删除所有断点。

（18）退出 Debug 模式。

提示：①观察点不能像硬件断点那样在程序运行中设置。

②在 Breakpoints 窗口中双击观察点，它的信息会放在下面的配置区域供编辑。单击 Define 按钮会创建另一个观察点。如要删除旧的观察点，需要选中它并单击 Kill Selected 按钮，或者尝试下一条提示。

③表达式旁边的选框可以用来临时屏蔽观察点。

④逻辑分析仪中也可以输入原始地址，如：*((unsigned long*)0x20000000)。

附图 1-15 显示了变量 value 的触发点为 0x5 时，逻辑分析仪的显示情况。这里运行了三次。

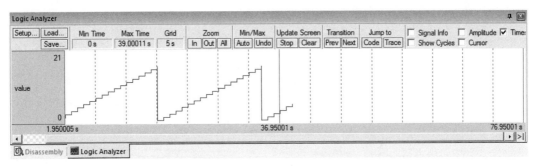

附图 1-15　观察点观测结果

参考资料

[1]　Getting Started MDK 5，www.keil.com/mdk5/.

[2]　使用 Cortex-M3 和 Cortex-M4 的故障异常，www.keil.com/appnotes/files/apnt209.pdf.

[3]　Segger emWin GUIBuilder with μVision™，www.keil.com/appnotes/files/apnt_234.pdf.

[4]　Porting Mbed Project to Keil MDK™，www.keil.com/appnotes/docs/apnt_207.asp.

[5]　MDK-ARM™ Compiler Optimizations，www.keil.com/appnotes/docs/apnt_202.asp.

[6]   Using μVision with CodeSourcery GNU，www.keil.com/appnotes/docs/apnt_199.asp.

[7]   RTX CMSIS-RTOS in MDK 5，C:\Keil_v5\ARM\Pack\ARM\CMSIS\3.20.4\CMSIS_RTXDownload.

[8]   RTX CMSIS-RTX，www.keil.com/demo/eval/rtx.htm and www.arm.com/cmsis.

[9]   Barrier Instructions，http://infocenter.arm.com/help/topic/com.arm.doc.dai0321a/index.html.

[10]   Lazy Stacking on the Cortex-M4，www.arm.com and search for DAI0298A.

[11]   Cortex Debug Connectors，www.arm.com and search for cortex_debug_connectors.pdf.

[12]   Sending ITM printf to external Windows applications，www.keil.com/appnotes/docs/apnt_240.asp.

附录 2　Mbed 编程实例代码

1. Mbed 平台 GPIO 实例

（1）开发环境与实例说明。

硬件：NUCLEO F401RE 开发板、5V 电源线、PC、4 个按键开关、4 个 330Ω 的电阻、导线若干以及面包板。

软件：Keil-ARM 开发软件，安装 Keil::STM32F4xx_DFP.2.8.0.pack。

实验名称：Mbed 平台 GPIO 实例。

实例说明：本实例采用 NUCLEO F401RE 开发板进行实验，使用 Mbed API 函数完成输入输出的定义以及按键控制 RGB LED。电路原理图以及实际硬件连接图如附图 2-1 所示，管脚连接如附表 2-1 所示。

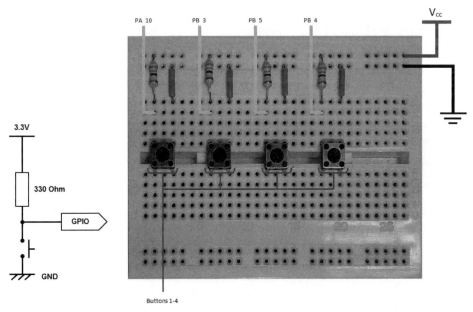

附图 2-1　GPIO 实验电路原理与连接图

附表 2-1　GPIO 实例管脚连接表

管脚	Mbed API 管脚
Button 1	PA_10
Button 2	PB_3
Button 3	PB_5
Button 4	PB_4

管脚	Mbed API 管脚
Red LED	PB_10
Green LED	PA_8
Blue LED	PA_9

（2）使用函数。

DigitalIn 接口用于读取数字输入管脚的值，例如：

```
DigitalIn button_press(Input Pin);
int main(){
    if (button_press)
        Led_out = ~Led_out;
}
```

DigitalOut 接口用于配置与控制数字输出管脚，例如：

```
DigitalOut Led_out(Output Pin);
    int main() {
        Led_out = 1;
}
```

使用睡眠模式来减少应用功耗，可以利用 wfi 操作符来使用 Sleep-on-Exit 特性，例如：

```
__wfi() ;      //go to sleep
```

（3）GPIO 实例代码。

```
/*------------------------------------------------------------------------
LAB EXERCISE 1 - GPIO 实例
------------------------------------
```

本实例需要使用 Mbed API 函数完成：

1）为输入输出定义 BusIn、BusOut 接口。

2）RGB LED 由以下按键操控：

```
                + Button 1 - light RED
                + Button 2 - light BLUE
                + Button 3 - light GREEN
                + Button 4 - light WHITE (RED, GREEN ,BLUE 同时)
    *------------------------------------------------------------------------*/
#include "mbed.h"
#include "pindef.h"
//定义输入总线
BusIn buttons(Din0, Din1, Din2, Din3);
//定义输出总线
BusOut leds(LED_r, LED_g, LED_b);
/*------------------------------------------------------------------------
 主函数
 *------------------------------------------------------------------------*/
int main(){
    while(1){
        if(buttons == 0x08)
```

```
                  leds = ~leds;              //所有 LED 都亮
             else
                  leds = ~buttons;           //指定按键的 LED 颜色点亮
        }
}
```

2．Mbed 平台中断实例

（1）开发环境与实例说明。

硬件：NUCLEO F401RE 开发板、5V 电源线、PC、4 个按键开关、4 个 330Ω 的电阻、导线若干以及面包板。

软件：Keil-ARM 开发软件，安装 Keil::STM32F4xx_DFP.2.8.0.pack。

实验名称：Mbed 平台 GPIO 实例。

实例说明：本实例采用 NUCLEO F401RE 开发板进行实验，使用 Mbed API 函数完成输入输出的定义以及受中断影响的按键控制 RGB LED。电路原理图以及实际硬件连接图如附图 2-1 所示，管脚连接如附表 2-1 所示。

（2）使用函数。

InterruptIn 接口用于在数字输入有所改变时触发一个事件，例如：

```
InterruptIn button_press(Input Pin);
void button_ISR(){
                  Led_out = !Led_out;
        }
        int main(){
             button_press.rise(&button_ISR);
             while(1);//waiting for interrupts
        }
```

其他使用的函数如附表 2-2 所示。

附表 2-2　其他中断函数

函数名	描述
void　rise (void(*fptr)(void))	当输入上升沿时执行某一函数
template<typename T> void　rise (T *tptr, void(T::*mptr)(void))	输入上升沿时执行成员函数
void　fall (void(*fptr)(void))	当输入上升沿时执行某一函数
template<typename T > void　fall (T *tptr, void(T::*mptr)(void))	输入上升沿时执行成员函数
void mode (PinMode pull)	设置输入管脚模式
void　enable_irq ()	使能中断
void　disable_irq ()	关闭中断

（3）中断实例代码。

```
/*-------------------------------------------------------------------------
```

LAB EXERCISE 2 - 中断实例

本实例需要使用 Mbed API 函数完成：

1）为每个按键定义 InterruptIn and ISR。

2）在中断服务周期中，当指定按键按下，RGB LED 执行指定命令。

    + Button 1 - light RED
    + Button 2 - light BLUE
    + Button 3 - light GREEN
    + Button 4 - light WHITE (RED, GREEN ,BLUE 同时)

3）退出中断时使处理器进入休眠模式。

```
 *-------------------------------------------------------------------*/
#include "mbed.h"
#include "pindef.h"
//定义输出
DigitalOut led1(LED_r);
DigitalOut led2(LED_g);
DigitalOut led3(LED_b);
//定义中断输入
InterruptIn button_1(Din0);
InterruptIn button_2(Din1);
InterruptIn button_3(Din2);
InterruptIn button_4(Din3);
//定义中断的中断服务程序 ISR
void button_1_handler(){
    led1 = !led1;
}
void button_2_handler(){
    led2 = !led2;
}
void button_3_handler(){
    led3 = !led3;
}
void button_4_handler(){
    led1 = !led1;
    led2 = !led2;
    led3 = !led3;
}
/*-------------------------------------------------------------
主函数
 *-------------------------------------------------------------------*/
int main(){
    __enable_irq();
    //初始关闭所有 LED
    led1 = 1;
    led2 = 1;
    led3 = 1;
```

```
//中断处理
button_1.rise(&button_1_handler);
button_2.rise(&button_2_handler);
button_3.rise(&button_3_handler);
button_4.rise(&button_4_handler);
//退出休眠
while(1)
    __WFI();
}
```

3．Mbed 平台模拟输入输出实例

（1）开发环境与实例说明。

硬件：NUCLEO F401RE 开发板、5V 电源线、PC、2 个 1kΩ 的电位器、2 个 1kΩ 的电阻、导线若干以及面包板。

软件：Keil-ARM 开发软件，安装 Keil::STM32F4xx_DFP.2.8.0.pack。

实验名称：Mbed 平台 GPIO 实例。

实例说明：本实例采用 NUCLEO F401RE 开发板进行实验，使用 PWM 生成音频，使用两个电位器来调节音频的音量以及音调。实际硬件连接图如附图 2-2 所示，管脚连接如附表 2-3 所示。

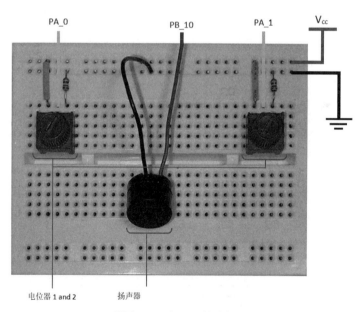

附图 2-2　实际硬件连接图

附表 2-3　管脚连接表

管脚	Mbed API 管脚
电位器 1	PA_0
电位器 2	PA_1
PWM 扬声器	PB_10

（2）PWM 简介与使用函数。

脉冲宽度调制（Pulse Width Modulation，PWM）是一种使用数字方波来制造模拟输出的简单方法。PWM 使用脉冲的宽度来代替振幅。脉冲周期定义为常量，脉冲的宽度则为变量。占空比是脉冲为高的概率，表示为占空比 = 100%×（脉冲为高的时间）/（脉冲周期）。通过控制占空比，我们可以控制平均输出值，如附图 2-3 所示。

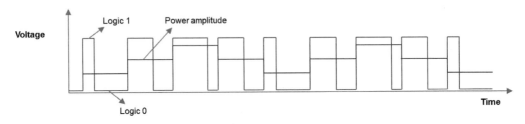

附图 2-3　占空比控制平均输出值

使用 PWM 的函数为：

```
PwmOut led(D5);          //定义 PWM 输出
led = 0.5;               //设置 PWM 的占空比为 50%
led.period(0.02)         //设置输出频率为 50Hz
```

使用 For 循环来生成简单的波形。生成锯齿波可以使用如下形式：

```
for(i=0; i<1; i+=0.05)
    out = i;
```

生成三角波可以使用两个 for 循环：

```
for(i=0; i<1 i+=0.025)
    out = i;
for(i=1; i>0; i-=0.025)
    out = i;
```

其他使用的函数如附表 2-4 所示。

附表 2-4　其他使用的函数

函数名	描述
模拟输入	
AnalogIn (PinName pin)	创建模拟输入 AnalogIn，连接到特定管脚
float read ()	读出输入电压，表示为 float 型，范围为[0.0, 1.0]
unsigned short read_u16 ()	读出输入电压，表示为 unsigned short 型，范围为[0x0, 0xFFFF]
其他函数	
void wait (float s)	等待几秒
void wait_ms (int ms)	等待几毫秒
void wait_us (int us)	等待几微秒
PWM 输出函数	
PwmOut (PinName pin)	创建 PwmOut 并连接到特定管脚
Void write (float value)	设置 PWM 占空比

函数名	描述
float read ()	返回当前输出占空比设置
void period (float seconds)	设置 PWM 周期（以秒为单位）
void period_ms (int ms)	设置 PWM 周期（以毫秒为单位）
void period_us (int us)	设置 PWM 周期（以微秒为单位）
void pulsewidth (float seconds)	设置 PWM 脉冲宽度（以秒为单位）
void pulsewidth_ms (int ms)	设置 PWM 脉冲宽度（以毫秒为单位）
void pulsewidth_us (int us)	设置 PWM 脉冲宽度（以微秒为单位）
PwmOut & operator= (float value)	write()的操作符缩写
PwmOut & operator float ()	read()的操作符缩写

（3）模拟输入输出实例代码。

```
/*-------------------------------------------------------------------
LAB EXERCISE 3 - Analog input and PWM

    -------------------------------------
        使用两个电位器来调节输出声波的音量和音高
        Inputs: 电位器 1、2
        Output: 播放器, PC
    *-----------------------------------------------------------*/
#include "mbed.h"
#include "pindef.h"
//定义 PWM 播放器输出
PwmOut speaker(Dout0);
/定义模拟输入
AnalogIn pot1(Ain0);
AnalogIn pot2(Ain1);
//定义串口输出
Serial pc(UART_TX, UART_RX);
//定义变量
float val1;
float val2;
float i;
/*-------------------------------------------------------------------
主函数
*-----------------------------------------------------------*/
int main(){
    while(1){
        val1 = pot1.read();
        val2 = pot2.read();
        //输出值到电脑
        pc.printf("Pot1: %f        Pot2: %f\r", val1, val2);
        //创建锯齿形声波
```

```
        for(i=0; i<1; i+=0.05){
            speaker.period(0.003125-(0.003*val1));
            speaker = i*0.05*val2;
        }
    }
}
```

4. Mbed 平台定时器与 PWM 实例

（1）开发环境与实例说明。

硬件：NUCLEO F401RE 开发板、5V 电源线、PC、2 个 1kΩ 的电位器、2 个 1kΩ 的电阻、导线若干以及面包板。

软件：Keil-ARM 开发软件，安装 Keil::STM32F4xx_DFP.2.8.0.pack。

实验名称：Mbed 平台 GPIO 实例。

实例说明：本实例采用 NUCLEO F401RE 开发板进行实验，使用 PWM 与定时器 Timer 生成乐曲，使用两个电位器来调节乐曲的音量以及播放速度。实际硬件连接图如附图 2-3 所示，管脚连接如附表 2-3 所示。

（2）使用函数。

以上一节的实例为基础，添加定时器来播放乐曲，可能会使用到的函数如附表 2-5 所示。

附表 2-5　可能用到的函数

函数名	描述
Timer 函数	
void start ()	启动定时器
void stop ()	停止定时器
void reset ()	重置定时器为 0
float read ()	得到定时器运行时间（以秒为单位）
int read_ms ()	得到定时器运行时间（以毫秒为单位）
int read_us ()	得到定时器运行时间（以微秒为单位）
Time Ticker 函数	
void attach (void(*fptr)(void), float t)	附加一个函数，由 Ticker 调用（以秒为单位）
void attach (T *tptr, void(T::*mptr)(void), float t)	附加一个成员函数，由 Ticker 调用（以秒为单位）
void attach_us (void(*fptr)(void), unsigned int t)	附加一个成员函数，由 Ticker 调用（以毫秒为单位）
void attach_us (T *tptr, void(T::*mptr)(void), unsigned int t)	附加一个成员函数，由 Ticker 调用（以微秒为单位）
void detach ()	分离函数
static void irq (uint32_t id)	注册中断号

（3）定时器与 PWM 实例代码。

```
/*-----------------------------------------------------------------
LAB EXERCISE 4 - 定时器与 PWM 实例
-----------------------------------------
制作一个音频播放器播放音乐
Input: 两个电位器，一个调节音量，一个调节播放速度
Output: PWM 扬声器（播放音乐），RGB LED（反映节奏）
 *-----------------------------------------------------------------*/
#include "mbed.h"
#include "pindef.h"
//定义基本音符的频率
# define Do      0.5
# define Re      0.45
# define Mi      0.4
# define Fa      0.36
# define So      0.33
# define La      0.31
# define Si      0.3
# define No      0
//定义播放时长（例如 1 拍，半拍）
# define b1      0.5
# define b2      0.25
# define b3      0.125
# define b4      0.075
//定义乐曲
float  note[] = {Mi,No,Mi,No,Mi,No, Mi,No,Mi,No,Mi,No, Mi,No,So,No,Do,No,Re,No,Mi,No, Fa,No,Fa,No,
Fa,No,Fa,No, Fa,No,Mi,No,Mi,No,Mi,No,Mi,No, Mi,Re,No,Re,Mi, Re,No,So,No};

float  beat[] = {b3,b3,b3,b3,b2,b2, b3,b3,b3,b3,b2,b2, b3,b3,b3,b3,b3,b3,b3,b3,b2,b1, b3,b3,b3,b3,b3,b3,b3,b3,
b3,b3,b3,b3,b3,b3,b4,b4,b4,b4, b2,b3,b3,b2,b2, b2,b2,b2,b2};
//定义模拟输入
AnalogIn pot1(Ain0);
AnalogIn pot2(Ain1);
//定义扬声器的 PWM 输出
PwmOut Speaker(Dout0);
//定义 RGB LED 的 PWM 输出
PwmOut RedLed(LED_r);
PwmOut GreenLed(LED_g);
PwmOut BlueLed(LED_b);
//定义定时器
Ticker timer;

//静态变量
static int k;
/*-----------------------------------------------------------------
 定义中断服务
 *-----------------------------------------------------------------*/
```

```
//定义定时器中断
void timer_ISR(){
    if (k<(sizeof(note)/sizeof(int))){
        if(note[k] == No)                              //如果有声音暂停
            Speaker = 0;                               //设置 PWM 循环到 0
        else{
            Speaker.period(0.005*note[k]);             //设置 PWM 周期，决定音符
            Speaker = 0.01*pot2.read();                //设置 PWM 占空比，决定音量（由一个电位器控制）
            }
        k++;
        //设置下次定时器中断的时间，由默认音乐节奏和电位器决定
        timer.attach(&timer_ISR, ((beat[k]/2)+(pot1.read()/2)));
        //RGB LED 指示
    RedLed = note[k];
    GreenLed = (1-note[k]);
    BlueLed = beat[k];
    }else{
        k = 0;                                         //如果乐曲结束，重复乐曲
        Speaker = 0;
    }
}
/*------------------------------------------------------------------
  主函数
  *----------------------------------------------------------------*/

int main(){
    timer.attach(&timer_ISR, 1);                       //初始化定时器

  while(1)
      __WFI();                                         //退出中断休眠
}
```

5．Mbed 平台串行通信实例

（1）开发环境与实例说明。

硬件：NUCLEO F401RE 开发板、5V 电源线、PC、LCD（NHD-0216HZ-FSW-FBW-33V3C）屏幕、1 个 74HC595N 移位寄存器、1 个 DS1631 温度传感器、2 个 1kΩ 电阻、导线若干以及面包板。

软件：Keil-ARM 开发软件，安装 Keil::STM32F4xx_DFP.2.8.0.pack。

实验名称：Mbed 平台 GPIO 实例。

实例说明：本实例采用 NUCLEO F401RE 开发板进行实验，使用三种串行通信协议与外设交互。

1）EXERCISE 5.1 使用 UART 与 PC 交互。

2）EXERCISE 5.2 使用 I^2C 与温度传感器交互，实际硬件连接图如附图 2-4 所示。

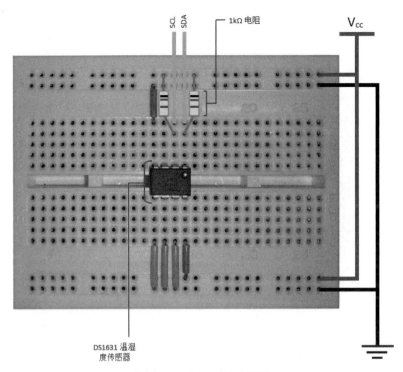

附图 2-4　实际硬件连接图

温度传感器可被 I²C 协议访问。首先要设置温度传感器的地址，将传感器管脚 567 接地得到地址 0x90。

对温度传感器的读写指令必须以控制字节开始，如附表 2-6 所示。

附表 2-6　温度传感器 DS1631 起始控制字节

Bit 7	Bit 6	Bit 5	Bit 4	Bit 3	Bit 2	Bit 1	Bit 0
1	0	0	1	A2	A1	A0	R/W

温度传感器的控制命令如附表 2-7 所示。

附表 2-7　温度传感器 DS1631 控制命令

控制	命令	描述
Start Convert T	0x51	开始温度转换
Stop Convert T	0x22	当设备在持续转换模式时停止温度转换
Read Temperature	0xAA	从 2 字节温度寄存器中读出上一个转换的温度值
Access TH	0xA1	读或写 2 字节 TH 寄存器
Access TL	0xA2	读或写 2 字节 TL 寄存器
Access Config	0xAC	读或写 1 字节控制寄存器
Software POR	0x54	开启软件通电复位（power-on-reset，POR），停止温度转换并且重置所有寄存器使其回到上电状态

更多细节参见网址http://datasheets.maximintegrated.com/en/ds/DS1631-DS1731.pdf。

3）EXERCISE 5.3 使用 SPI 与 LCD 交互，实际硬件连接图如附图 2-5 所示。

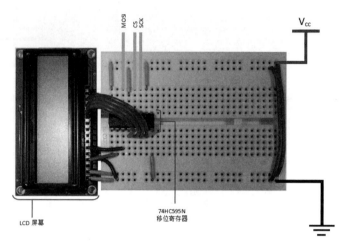

附图 2-5　实际硬件连接图

LCD（NHD-0216HZ-FSW-FBW-33V3C）2 线×16 字符显示，可以通过 SPI 接口控制并写入数据。移位寄存器的资料参考 https://wenku.baidu.com/view/b748e1d216fc700aba68fc46.html。使用 LCD 4-bit 模式，资料参考http://www.newhavendisplay.com/app_notes/ST7066U.pdf，25 至 26 页。

管脚连接如附表 2-8 所示。

附表 2-8　管脚连接表

管脚	Mbed API 管脚
LCD SPI MOSI	PA_7
LCD SPI SCK (SCLK)	PA_5
LCD SPI CS	PB_6
温度传感器 I^2C SCL	PB_8
温度传感器 I^2C SDA	PB_9
USB UART TX	PA_2
USB UART RX	PA_3

（2）使用函数。

可能用到的函数如附表 2-9 所示。

附表 2-9　可能用到的函数

函数名	描述
UART 函数	
Serial (PinName tx, PinName rx, const char *name=NULL)	创建串行端口，连接到特定的发送接收管脚
void　baud (int baudrate)	设置串行端口的波特率

续表

函数名	描述
void　format (int bits=8, Parity parity= SerialBase::None, int stop_bits=1)	设置串行端口的发送格式
int readable ()	判断是否有可用的字符读出
int writeable ()	判断是否有可用的空间写入
void attach (void(*fptr)(void), IrqType type= RxIrq)	当串口中断生成时调用函数
void send_break ()	在串行线上生成 break 条件
void set_flow_control (Flow type, PinName flow1=NC, PinName flow2=NC)	设置串行端口的 flow control 类型
int putc(int ch, FILE *stream)	将字符写入流，函数返回写入字符或者错误发生时返回 EOF
int getc(FILE *stream)	从流中读出字符，返回 EOF 意味着读到文档结尾
int printf(const char *format, ...)	打印输出
SPI 函数	
SPI (PinName mosi, PinName miso, PinName sclk, PinName _unused=NC)	创建 SPI master 连接到特定管脚
void　format (int bits, int mode=0)	配置信息发送格式
void　frequency (int hz=1000000)	设置 SPI 总线时钟频率
virtual int write (int value)	将数据写入 SPI Slave 返回回复
I²C 函数	
I2C (PinName sda, PinName scl)	创建 I²C Master 接口，连接到特定管脚
void　frequency (int hz)	设置 I²C 接口的频率
int　read (int address, char *data, int length, bool repeated=false)	从 I²C slave 读出数据
int　read (int ack)	从 I²C 总线读出一个字节
int　write (int address, const char *data, int length, bool repeated=false)	将数据写入 I²C slave
int　write (int data)	在 I²C 总线写入一个字节
void　start (void)	创建 I²C 总线起始条件
void　stop (void)	创建 I²C 总线终止条件

（3）3 串行通信实例代码。

```
/*-------------------------------------------------------------------
LAB EXERCISE 5.1 - UART 串行通信实例

------------------------------------
    通过 UART 协议给 PC 发送数据

    Input: 无
```

```
     Output: PC
 *----------------------------------------------------------*/
#include "mbed.h"
#include "pindef.h"
//通过 USB 线连接串口 tx,rx 到 PC
Serial device(UART_TX, UART_RX);
/*----------------------------------------------------------
   主函数
 *----------------------------------------------------------*/
int main(){
     //设置波特率  9600 bps
   device.baud(9600);
   device.printf("Hello to the World of mbed!\n\r");        //\n 代表换行, \r 将光标置于初始位置
   }


/*----------------------------------------------------------
LAB EXERCISE 5.2 - I²C 串行通信

   ----------------------------------------
     通过 I²C 接口存取温度传感器信息，通过 UART 输出当前温度到 PC
     Input: DS1631 温度传感器
     Output: PC
 *----------------------------------------------------------*/
#include "mbed.h"
#include "pindef.h"
//I²C 接口
I2C temp_sensor(I2C_SDA, I2C_SCL);
Serial pc(UART_TX, UART_RX);
//温度传感器 DS1631 的 I²C 地址
const int temp_addr = 0x90;
char cmd[] = {0x51, 0xAA};
char read_temp[2];
/*----------------------------------------------------------
   主函数
 *----------------------------------------------------------*/
int main(){
     while(1){
         //写 0x51 到 0x90 进行温度转换
         temp_sensor.write(temp_addr, &cmd[0], 1);
         wait(0.5);
         //写 0xAA 到 0x90 读取转换温度
         temp_sensor.write(temp_addr, &cmd[1], 1);
         //将温度数据存到数组中
         temp_sensor.read(temp_addr, read_temp, 2);

         //温度转换成摄氏度
         float temp = (float((read_temp[0] << 8) | read_temp[1]) / 256);
         //输出温度到 PC
```

```
        pc.printf("Temp = %.2f\r\n", temp);
    }
}


/*-------------------------------------------------------------
LAB EXERCISE 5.3- SPI 与 I²C 接口串口实验

----------------------------------------
  将 DS1631 温度传感器的数据显示在 LCD 上
  Input: DS1631 温度传感器
  Output: LCD 显示屏
  *--------------------------------------------------------*/
#include "NHD_0216HZ.h"
#include "DS1631.h"
#include "pindef.h"
//定义 LCD 和温度传感器
NHD_0216HZ lcd(SPI_CS, SPI_MOSI, SPI_SCLK);
DS1631 temp_sensor(I2C_SDA, I2C_SCL, 0x90);
//定义变量存储温度
float temp;
/*-------------------------------------------------------------
  主函数
  *--------------------------------------------------------*/
int main() {
    //初始化 LCD
  lcd.init_lcd();
    //LCD 输出欢迎界面
  lcd.printf("Let's check the");
    lcd.set_cursor(0,1);
    lcd.printf("temperature");
    wait(5);
    while(1){
        //开始读入温度数据
        temp = temp_sensor.read();
        //根据测量值更新 LCD
        lcd.clr_lcd();
        lcd.printf("Temp: %.2f", temp);
        wait(0.1);
    }
}
```

6. Mbed 平台实时操作系统实例

（1）1 开发环境与实例说明。

硬件：NUCLEO F401RE 开发板、5V 电源线、PC、LCD（NHD-0216HZ-FSW-FBW-33V3C）屏幕、1 个 74HC595N 移位寄存器、1 个 DS1631 温度传感器、两个 1kΩ 欧姆电阻、导线若干以及面包板。

软件：Keil-ARM 开发软件，安装 Keil::STM32F4xx_DFP.2.8.0.pack。

实验名称：Mbed 平台 GPIO 实例。

实例说明：本实例采用 NUCLEO F401RE 开发板进行实验，将实验 5 的函数整合并在 Mbed 实时操作系统中以线程运行。硬件连接图以及管脚连接如附图 2-4、附图 2-5 和附表 2-8 所示。函数使用如附表 2-9 所示。

（2）实时操作系统实例代码。

```
/*-------------------------------------------------------------------------
LAB EXERCISE 6 - 实时操作系统实例
  -------------------------------------
         集成之前实例的函数将其运行在 Mbed 实时操作系统中，运行下列四个线程：
         1. 在 LCD 上显示温度
         2. 使用电位器调整 RGB LED 亮度
         3. 在 LCD 上显示增加的计数
         4. 闪烁 LED
  *------------------------------------------------------------------*/
#include "mbed.h"
#include "rtos.h"
#include "DS1631.h"
#include "NHD_0216HZ.h"
#include "pindef.h"
//定义 mutex
Mutex lcd_mutex;
//定义 LCD 显示和温度传感器
NHD_0216HZ lcd(SPI_CS, SPI_MOSI, SPI_SCLK);
DS1631 temp_sensor(I2C_SDA, I2C_SCL, 0x90);
//定义其他输入输出
AnalogIn      pot1(Ain0);
PwmOut        red(LED_r);
PwmOut        green(LED_g);
PwmOut        blue(LED_b);
DigitalOut    led(Dout0);
//LCD 上显示温度
void temp_thread(void const *args){
    while(1){
        lcd_mutex.lock();
        lcd.set_cursor(0, 0);
        lcd.printf("Temp: %.2f", temp_sensor.read());
        lcd_mutex.unlock();
        Thread::wait(100);
    }
}
//调整 RGB LED 亮度
void adjust_brightness(void const *args){
    float v;
    while(1){
```

```
            v = pot1.read();
            red = 1-v;
            green = 1-v;
            blue = 1-v;
            Thread::wait(500);
        }
}
//闪烁 LED
void led1_thread(void const *args){
    led = 0;
    while(1){
            led = !led;
            Thread::wait(500);
        }
}

//LCD 上显示计数器
void count_thread(void const *args){
    float k = 0.0;
    while(1){
            lcd_mutex.lock();
            lcd.set_cursor(0, 1);
            lcd.printf("Counting: %.2f", k);
            lcd_mutex.unlock();
            k += 0.25f;
            Thread::wait(1000);
        }
}
/*-------------------------------------------------------------------
 主函数
 *------------------------------------------------------------------*/
int main(){
    //初始化 LCD 显示
    lcd.init_lcd();
  lcd.clr_lcd();
    //开始所有的线程
  Thread thread1(led1_thread);
  Thread thread2(count_thread);
  Thread thread3(temp_thread);
  Thread thread4(adjust_brightness);
    //等待定时器中断
  while(1){
            __wfi();
        }
}
```